产业发展与环境治理研究论丛

城镇化过程中的环境政策实践
——日本的经验教训

孟健军 著

The Commercial Press

2017年·北京

图书在版编目(CIP)数据

城镇化过程中的环境政策实践：日本的经验教训／孟健军著．—北京：商务印书馆，2014（2017.3 重印）
（产业发展与环境治理研究论丛）
ISBN 978 - 7 - 100 - 08685 - 1

I.①城… II.①孟… III.①城市化—环境政策—经验—日本 IV.① X–013.13

中国版本图书馆 CIP 数据核字（2014）第 044564 号

权利保留，侵权必究。

产业发展与环境治理研究论丛
城镇化过程中的环境政策实践
——日本的经验教训
孟健军 著

商 务 印 书 馆 出 版
（北京王府井大街 36 号　邮政编码 100710）
商 务 印 书 馆 发 行
三河市尚艺印装有限公司印刷
ISBN 978 - 7 - 100 - 08685 - 1

2014 年 4 月第 1 版　　　开本 710×1000　1/16
2017 年 3 月北京第 3 次印刷　印张 22
定价：56.00 元

CIDEG 研究论丛编委名单如下：

主编 薛澜

编委（按拼音顺序）

巴瑞·诺顿	白重恩	陈清泰	高世楫	胡鞍钢	黄佩华
季卫东	江小涓	金本良嗣	李 强	刘遵义	卢 迈
钱 易	钱颖一	秦 晓	青木昌彦	仇保兴	藤本隆宏
王晨光	王 名	吴敬琏	肖 梦	谢德华	谢维和
薛 澜	查道炯	周大地			

专家推荐

他山之石可以攻玉，我国正在推动新型城镇化建设，如何协调好产业发展、人口集聚和环境治理？国外有许多成功和失败的经验值得吸取。日本是在亚洲率先实现工业化、现代化的国家，人口、资源条件和我国相似，她的经验教训尤其值得我们重视，孟健军博士这本新著为我国的城镇化建设如何少走弯路提供了许多有益的思考，值得大家一读。

——北京大学国家发展研究院教授、名誉院长 林毅夫

2013 年 9 月 23 日

他山之石，可以攻玉。认真借鉴国际经验与教训，可以破解中国城镇化难题。

——清华大学国情研究院院长 胡鞍钢

2013 年 9 月 30 日

城镇化是当前中国经济中的一个重头戏，它不仅涉及城市的规划、基础设施的建设和产业的布局与调整，更涉及与城镇化发展有关的一系列社会和公共政策，如人口、土地、环境政策等。孟健军博士《城镇化过程中的环境政策实践——日本的经验教训》一书，以其对日本经济的深厚研究作为基础，考察日本城市环境政策的演变，以川崎市和北九州市为案例，向我们展示，曾经污染严重的城市如何在日本环境政策的引导下成为世界最为环保的城市，无疑对中国城镇化过程中如何治理环境污染具有重要意义。更为引人入胜的是著作的第二部分，孟健军博士对日本正在进行中的"紧凑城市"的构想以及"智能城市"的设计所做的研究。这些因人口老龄化所带来的对人类居住、生产和生活的冲击将如何改变城市形态的思考，实在是太重要了。这不仅是日本的问题，也是

世界的问题，更是中国即将面临的问题。

——复旦大学经济学院院长 袁志刚
2013 年 10 月 10 日

　　作为长期在国外研究部门和大学从事政策与学术研究工作，并具有国际多元化文明比较研究视野，又持续跟踪国内经济社会发展重大问题的高层次复合型国际学者，孟健军博士的《城镇化过程中的环境政策实践》，是国内第一部全面总结和介绍日本城镇化绿色转型、低碳发展、以人为本的政策实践和发展经验的专著，其中日本城镇化发展中的需求侧主导、生态项优先、多样性选择、精细化管理的理论和方法，确实走出了一条东方特色的环境友好、资源节约的新型城镇化发展模式。可以供我国新时期研究制定城镇化发展规划、发展战略和发展政策学习和借鉴。

——国家发展和改革委员会学术委员会秘书长 张燕生
2013 年 10 月 12 日

　　孟健军博士以开阔的眼界遍览了巴黎、东京、北京这些世界城市的风采，通过大量现地调研，集中阐述了日本城镇化的经验教训。真是三年磨一剑，句句显珠玑，其核心价值渗透着研究城镇化进程中的公共政策实践选择，寻求产业发展与环境治理双赢的协调机制和社会人文环境的发展。

　　本书的价值体现于细节之中。日本的经验表明，经济发展和城镇化过程中的公害环境问题有："基础资源型"产业带来的公害、"城市生活型"污染带来的公害、特殊化学物质问题带来的公害、地球环境问题带来的公害四个阶段性的变化特征。日本城市环境政策经历了环境问题日趋严重及克服公害的时代、环境改善以及国际合作的时代、以产业废弃物处理为核心和循环社会的时代、可持续发展以及低碳社会的时代四个阶段，至今历时 63 年，其间形成了以国家和地方政府注重政策形成和制度设计（制度性）、民间企业和地区社会在重视相关利益各方融合过程中相应的责任和参与（公平性）、大学和研究机构提供长期操作实践并加以不断完善（合理性）的有机结合，形成了公共政策参与者的良性博弈机制，建立了一整套较为完善的精细化公共政策管理和服务体系。并着手实践"紧凑城市"的构想以及展开"智能城市"的设计，使人大开眼界。

阅读和借鉴此书内容，可以对城镇化过程的公共政策的选择达到"欲穷千里目，更上一层楼"。

——国务院发展研究中心研究员　李兆熙

2013 年 12 月 1 日

总　序

作为 CIDEG 研究论丛的主编，我们首先要说明编撰这套丛书的来龙去脉。CIDEG 是清华大学产业发展与环境治理研究中心的英文简称（Center for Industrial Development and Environmental Governance），成立于 2005 年 9 月的 CIDEG，得到了日本丰田汽车公司提供的资金支持。

在清华大学公共管理学院发起设立这样一个公共政策研究中心，是基于一种思考：由于全球化和技术进步，世界变得越来越复杂，很多问题，比如能源、环境、公共卫生等，不光局限在科学领域，还需要其他学科的研究者参与进来，比如经济学、政治学、法学以及工程研究等，进行跨学科的研究。参加者不应仅仅来自学术圈和学校，也应有政府和企业家。我们需要不同学科学者相互对话的论坛，而 CIDEG 正是这样一个公共经济政策研究中心。CIDEG 的目标是致力于在中国转型过程中"制度变革与协调发展"、"资源与能源约束下的可持续发展"和"产业组织、监管及政策"为重点的研究活动，为的是提高中国公共政策与治理研究与教育水平，促进学术界、产业界、非政府组织及政府部门之间的沟通、学习和协调。

中国的改革开放已经有 30 年历程，它所取得的成就令世人瞩目，它为全世界的经济增长贡献了力量，不过，中国今后是否可持续增长，还面临着诸多挑战：资源约束和环境制约；腐败对经济发展造成的危害；糟糕的金融服务体系；远远不足的自主创新能力，以及为构建一个和谐社会所必须面对的来自教育、环境、社会保障和医疗卫生等方面的冲突。这些挑战和冲突正是 CIDEG 开展的重点研究课题。

CIDEG 感到自己有责任对中国转型期的产业发展、环境治理和制度变迁等一系列问题开展独立的、深入的研究。为此，CIDEG 专门设立了重大研究项目，邀请相关领域的知名专家和学者担任项目负责人，并提供相对充裕的资金和条件，鼓励研究者进行深入细致的原创性研究。CIDEG 期望这些研究是本着自由和严谨的学术精神，对当前重大的政策问题和理论问题给出有价值和独特视角的回答。

CIDEG 理事会和学术委员会设立联席会议，对重大研究项目的选题和立项进行严格筛选，并认真评议研究成果的理论价值和实践意义。本丛书编委会亦由 CIDEG 理事和学术委员组成。我们会陆续选择适当的重大项目成果编入论丛。为此，我们感谢提供选题的 CIDEG 理事和学术委员，以及入选书籍的作者、评委和编辑们。

产业发展与环境治理研究中心主任
清华大学公共管理学院院长
2008 年 10 月 28 日

自 序

本书最后修订稿完成于东京白金高轮地区的一座现代摩天住宅楼的 View Lounge（空中休息室）。从这里放眼东望，左边横跨东京湾的彩虹桥，桥上川流不息的汽车和桥下往来穿梭的船只，右边日本世界级大公司总部高楼林立的品川站，一趟又一趟进出的新干线和 JR 线的列车，再加上不远处天边频繁起降于羽田机场方向的超低空飞行的客机，眼底下已经构成了一幅完美的蓝天白云下，现代城市环境的车水马龙画卷。或许，这就是我们憧憬的所谓真正意义上的未来城镇化吧？！

笔者从对本书内容的研究问题意识着手，在此后的课题设计、写作方针、调研访谈、资料收集、内容撰写一直到最后的修改定稿，持续了近三年时间。本书最初课题设计是笔者小住在巴黎市中心塞纳河左岸圣米歇尔街区的一幢为学者研究提供的宿舍里思考完成的。圣米歇尔街区与巴黎圣母院隔河相望，是巴黎这座城市最古老的街区之一。当 850 年前的 1163 年巴黎圣母院始建于对岸，这里就已经是巴黎的市中心。也可以这样说，巴黎这座城市就是始于圣米歇尔街区。2010 年圣诞节前，连续几天的大雪覆盖了整个巴黎，圣米歇尔周围也是一片白茫茫。尽管如此，这里从地上到地下环境秩序井然，并没有严重影响到人们的生活出行。"It is in Paris that the beating of Europe's heart is felt, Paris is the city of cities." 每当读到雨果这段关于巴黎城市的白描时，总会沉思玩味着。

本书执笔于 2012 年春末，大部分撰写于北京天安门广场附近的琉璃厂地区。琉璃厂地区是古老北京城的象征之一，附近也聚集了 800 多年历史的胡同群落。过去 30 余年快速的经济增长，我们获得了生活上的满足感，却面对了生存环境的日益恶化。笔者每天路过周围这些残垣断壁的胡同，真的不知道今后中国城镇化的政策实践去向何处？而从学术研究上来看，当一种政策实践选择一旦开始，一般来说不论结果好坏即所谓已经"开弓没有回头箭"了。本书介绍日本"先污染后治理"的经验教训的初衷，就是源自于笔者对中国城镇化政策的一种危机感。如果本书能够给各位读者以及我国城市公共政策制定者提供一些启示，笔者就知足了。

原本希望本书的内容由中日双方研究者共同执笔完成。但由于过去近三年的研究写作过程中，中日关系的风风雨雨带来了种种不得已原因，笔者只好一个人断断续续地坚持着，一直拖到了现在。但不管怎么说，在此期间还是取得了中国清华大学产业发展与环境治理研究中心（CIDEG）以及日本经济产业省经济产业研究所（RIETI）的大力支持。同时也得到了双方的研究者、政府相关负责人以及学生们和民间有志者的大力协助。在此由衷地表示感谢！

2013年8月28日
孟健军于东京白金高轮

目 录

第一章 日本的城镇化与环境 ································· 1
  1.1 日本的城镇化 ·· 1
    1.1.1 城镇化的法律体系建立与制度变迁 ············· 1
    1.1.2 经济高速发展的光和影
        ——工业发展与基础产业型公害污染 ············· 4
    1.1.3 生活样式变化与城市生活型环境污染 ············· 7
  1.2 发展和制约 ·· 8
    1.2.1 环境 EKC 理论的成立 ························· 8
    1.2.2 日本的教训与中国 ··························· 10
  1.3 从产业废弃物处理来看日本的环境政策实践 ············· 14
    1.3.1 产业废弃物的排放状况 ························· 14
    1.3.2 日本废弃物处理的相关政策与实施 ············· 17
    1.3.3 制度与法律体系的建立 ························· 19
    1.3.4 管理票制度的建立 ··························· 20
    1.3.5 引进三者共赢的优良评价制度 ················· 23
  1.4 环境意识的启发与参与
      ——日本的夏季便装推广经验 ····················· 24
    1.4.1 夏季便装的普及与"我要环保"活动 ············· 24

· I ·

- 1.4.2 成功因素和效果 ······ 25
- 1.4.3 成功的运作机制 ······ 28
- 1.5 日本公共政策的博弈机制形成 ······ 30
  - 1.5.1 公共政策博弈的框架特征 ······ 30
  - 1.5.2 居民运动和地方政府的作用 ······ 31
  - 1.5.3 国家层面的措施 ······ 32
  - 1.5.4 企业的努力和应对 ······ 34
  - 1.5.5 良性博弈机制的形成与中国城镇化 ······ 34

第二章 川崎市的环境行政实践 ······ 36

- 2.1 产业发展与环境 ······ 36
  - 2.1.1 城市基本概况 ······ 36
  - 2.1.2 川崎市的产业发展与环境政策的概况 ······ 38
  - 2.1.3 川崎市大气、水质以及土壤的污染 ······ 41
- 2.2 川崎市环境行政政策的机制 ······ 44
  - 2.2.1 政府的行政对策与制度体系 ······ 44
  - 2.2.2 政府对企业的监督
    ——川崎市与企业签订防治污染协议 ······ 47
  - 2.2.3 企业的责任与节能体系的建立 ······ 48
- 2.3 川崎市的水环境治理事例 ······ 51
  - 2.3.1 日本水治理法律体系 ······ 51
  - 2.3.2 川崎市的水质相关条例以及行政对策 ······ 52
  - 2.3.3 排水规则的具体实施与水质管理计划 ······ 55
  - 2.3.4 川崎市水环境治理的行政效果与经验 ······ 56
- 2.4 建立以环境为基础的地区产业发展的新政策 ······ 58
  - 2.4.1 川崎市的政策教训 ······ 58
  - 2.4.2 建立以"环境"为基本的地区产业政策 ······ 60
  - 2.4.3 川崎生态城构想以及新兴产业建设 ······ 61

第三章 川崎市的普通垃圾处理

3.1 普通垃圾的回收处理 ... 67
3.1.1 垃圾处理的历史沿革 ... 67
3.1.2 川崎市的普通垃圾回收过程 ... 70
3.1.3 川崎市的资源垃圾回收过程 ... 74
3.1.4 普通垃圾的搬运和最终处理 ... 77

3.2 川崎市的垃圾处理工作与垃圾处理设施 ... 79
3.2.1 川崎市的垃圾回收搬运车辆办公配置 ... 79
3.2.2 川崎市的垃圾焚烧设施的环境因素和效用 ... 82
3.2.3 川崎市的垃圾处理设施情况 ... 84
3.2.4 废弃物填埋工作 ... 87

3.3 居民的社会参与和普通垃圾的分类 ... 89
3.3.1 宣传普及与生活环境 ... 89
3.3.2 普通垃圾分类的原则制定 ... 94
3.3.3 垃圾相关的公共设施提供 ... 98

第四章 川崎市废弃物处理相关的政策制度

4.1 相关政策制度变化 ... 105
4.1.1 废弃物指导政策的沿革 ... 105
4.1.2 个别政策的实施 ... 108
4.1.3 从业者的资质许可制度 ... 110
4.1.4 检查制度与行政处罚 ... 113

4.2 安全卫生管理体制与废弃物相关的预算 ... 119
4.2.1 安全卫生管理体制 ... 119
4.2.2 川崎市的政府预算与垃圾处理费用 ... 125
4.2.3 城市的环境保护 ... 130

  4.3 川崎市是如何计划处理普通垃圾的? ………………………………… 131
    4.3.1 川崎市 2010 年度普通垃圾处理计划 ……………………… 131
    4.3.2 普通垃圾处理计划 …………………………………………… 134
    4.3.3 生活废水处理计划 …………………………………………… 143

第五章 北九州市的环境行政政策实践 ……………………………………… 145
  5.1 产业与环境的基本概要 ……………………………………………… 145
    5.1.1 城市基本概要 ………………………………………………… 145
    5.1.2 公害与环境污染 ……………………………………………… 146
    5.1.3 一个时代的象征? …………………………………………… 149
    5.1.4 环境主导的行政政策历程与城市恢复 ……………………… 151
  5.2 环境治理的政策机制 ………………………………………………… 152
    5.2.1 政策机制的形成 ……………………………………………… 152
    5.2.2 政府部门的表率作用 ………………………………………… 155
    5.2.3 民间与政府的合作——自主对应与强化规制 ……………… 157
  5.3 北九州市面向未来的新环境政策实践 ……………………………… 161
    5.3.1 面向未来环境的具体行动 …………………………………… 161
    5.3.2 北九州市引进新环境技术的政策实践 ……………………… 164
    5.3.3 北九州市汽车环境的政策实践 ……………………………… 166
    5.3.4 北九州市环境项目的具体展开 ……………………………… 168
    5.3.5 北九州市的城市环境政策实践的
       最大特征和具体经验 ………………………………………… 171

第六章 资源再生利用与建设环保城市的政策实践 …………………………… 174
  6.1 普通垃圾处理 ………………………………………………………… 174
    6.1.1 北九州市的不同类别普通垃圾的对策 ……………………… 174
    6.1.2 垃圾处理现状与资源化垃圾分类回收 ……………………… 175

  6.1.3 不同类别和不同处理方式的垃圾经费 …… 177
  6.1.4 通过分类回收确保再生利用资源的回收量 …… 179
  6.1.5 北九州市的垃圾处理与节电对策 …… 181
 6.2 产业废弃物、资源再生利用与环保城市建设 …… 182
  6.2.1 推进产业废弃物的妥善处理 …… 182
  6.2.2 确立可再生利用建材的认证制度与环保城市事业 …… 184
  6.2.3 资源再生利用与环保城市的扩展 …… 185
 6.3 北九州市的建设循环型社会 …… 188
  6.3.1 日本的循环型社会相关的政策制度 …… 188
  6.3.2 北九州市的循环型社会构建 …… 193
  6.3.3 北九州市推进绿色采购与环境普及活动 …… 195
 6.4 环保相关的财税制度和环保人才的教育培养 …… 197
  6.4.1 财政制度支援与研究开发支持 …… 197
  6.4.2 可持续发展的机制确立与培育环境产业 …… 201
  6.4.3 环保教育学习与环保人才培养 …… 202

第七章 北九州生态工业园区政策实践 …… 208
 7.1 北九州生态工业园区的建设背景 …… 208
  7.1.1 以生态工业园区构想为中心构建环境城市 …… 208
  7.1.2 以"三件套方式"展开的北九州环境产业战略 …… 211
  7.1.3 北九州的生态工业园区概要 …… 215
 7.2 环境联合企业与振兴北九州市循环型社会的产业 …… 218
  7.2.1 北九州市的"环境联合企业构想" …… 218
  7.2.2 资源循环基地的产业化设施的具体事例 …… 221
  7.2.3 北九州新一代能源园区的设想 …… 226
  7.2.4 北九州市实证研究领域的展开 …… 228
  7.2.5 面向环境产业的政策性支持与政府作用 …… 230

7.3 北九州生态工业园区今后的发展方向 ………………………… 233
7.3.1 低碳、资源再循环、自然共生的城市公共政策实践 ………… 233
7.3.2 生态工业园区成功机制的形成 ………………………………… 234
7.3.3 推进环境技术转让和国际合作 ………………………………… 237

第八章 紧凑型城市与成熟社会的政策实践 …………………………… 241
8.1 城市生活机能与紧凑型城市 ……………………………………… 242
8.1.1 城市化政策和紧凑型城市的概念 ……………………………… 242
8.1.2 日本紧凑型城市的城市形象 …………………………………… 245
8.1.3 紧凑型城市与欧洲和美国的城市规划思维转换 ……………… 247
8.2 紧凑型城市的创造实践——金泽市和富山市的挑战 …………… 249
8.2.1 紧凑型城市的政策效果和地方政府的运营 …………………… 249
8.2.2 紧凑型城市的构建——金泽市的挑战 ………………………… 252
8.2.3 紧凑型城市的构建——富山市的挑战 ………………………… 255
8.3 地方核心城市的可持续发展 ……………………………………… 259
8.3.1 紧凑型城市的创建与地方核心城市的再建 …………………… 259
8.3.2 城市开发的多样性与地区资源的评估 ………………………… 260
8.3.3 公共交通与紧凑型城市的开发融合 …………………………… 263
8.3.4 新城市的改造与未来展望 ……………………………………… 264
8.4 紧凑型城市与徒步经济圈构想 …………………………………… 267
8.4.1 城市中心的购物中心 …………………………………………… 267
8.4.2 徒步经济圈的兴起 ……………………………………………… 269
8.4.3 徒步经济圈、紧凑型城市与"智能城市" …………………… 272

第九章 日本智能城市创建的政策实践 ………………………………… 275
9.1 智能城市——日本企业的逻辑 …………………………………… 275
9.1.1 智能城市的市场规模与企业行为 ……………………………… 275

目 录

    9.1.2 创建智能城市的目的和构成要素 277
    9.1.3 日本智能城市亟待解决的三个课题机制 280
    9.1.4 用日本模式来确立世界智能城市的业界标准 283
    9.1.5 日本智能城市的实证实验 285
    9.1.6 加拉帕戈斯化与日本智能城市 287
9.2 北九州市挑战智能城市 288
    9.2.1 日本"新一代能源及社会系统实验地区"项目的展开 288
    9.2.2 北九州智能社区创造项目——北九州的挑战 290
    9.2.3 智能调整的电力供需 293
    9.2.4 设定智能动态的"变动电价" 295
9.3 北九州市的氢能源社区与新一代能源 298
    9.3.1 氢气站的建设和氢燃料电池 298
    9.3.2 氢燃料电池汽车实证与新一代交通系统的构建 302
    9.3.3 日本氢能源开发的未来战略 304
    9.3.4 零氟化先进街区形成推进以及各种环境事业 307

第十章 面向中国未来城镇化的政策实践启示 312

10.1 日本环保问题研究的进展 312
    10.1.1 可持续发展的新理念和新方法 312
    10.1.2 需要区别循环型社会与低碳社会 315
10.2 地方政府在环保方面的作用 317
    10.2.1 加强地方政府的监督作用 317
    10.2.2 地方政府的具体监督和善后处理 318
    10.2.3 形成互动的公共参与形态机制 320
10.3 日本式政策实践的几个凸显的问题点 320
    10.3.1 环境政策？抑或产业政策？ 320
    10.3.2 亟待改善的废弃物处理机制 322

10.3.3 如何构建再生利用的循环机制 ·················· 322
10.4 对中国未来城镇化的政策实践启示 ·················· 323
10.4.1 日本式环境社会的争论焦点 ·················· 323
10.4.2 中国可持续发展目标的社会构想 ·················· 326

参考文献 ·················· 328

第一章
日本的城镇化与环境

1.1 日本的城镇化

1.1.1 城镇化的法律体系建立与制度变迁

日本的城镇化率在 1920 年实施的第一次国势调查时为 18%，由于此后的经济萧条以及战争等各方面原因一直徘徊在 20% 以下的低水平。随着"二战"以后的经济复兴，1955 年城镇化率终于超过了 50%，开始进入了真正的城镇化时代。而到了 1970 年城镇化率达到了 72%，已经达到当时英国和美国的城镇化率水平。日本的城镇化与中国的城镇化过程最大的不同就在于日本的城镇化可以通过法律体系建立与制度变迁来观察其演进过程（表 1–1）。

表 1–1 日本城镇化相关联的法律体系年表

年月	法律名称以及主要内容
1919 年 4 月	制定《城市规划法》以及《城市街道建筑物法》
1946 年 9 月	制定《特别城市规划法》
1950 年 5 月	废除了《城市街道建筑物法》 制定《建筑基本法》和《国土综合开发法》 专门为东京制定《首都建设法》
1951 年 6 月	制定《土地征用法》
1954 年 5 月	制定《土地区划整理法》
1956 年 4 月	废除《首都建设法》 为东京制定《首都圈整备法》
1957 年 5 月	制定《停车场法》，引入私家车泊车位证明书制度
1961 年 6 月	制定《繁华地区（新宿等）规划决议》 制定《防灾建筑街区建设法》 制定与公共设施的整备相关的《街道改造法》

续表

1963 年 7 月	制定《新住宅市区开发法》，大规模地开发大城市周围的市郊
1968 年 6 月	废止了 1919 年 4 月制定实行近 50 年的第一部《城市规划法》 制定新的《城市规划法》
1969 年 6 月	制定《城市再开发法》 制定《地价公开法》 废除了《防灾建筑街区建设法》
1973 年 9 月	制定《城市绿地保全法》
1974 年 6 月	制定《国土利用规划法》，城镇化开发进入相对成熟的阶段

资料来源：根据日本相关法律条文，由笔者整理。

日本的近代城镇化过程可以追溯到 19 世纪末 20 世纪初。随着城市人口的日益增加，日本于 1919 年 4 月制定了第一部《城市规划法》以及《城市街道建筑物法》。由于 1923 年 9 月发生了以东京为中心的关东大地震，以及此后的"二战"等原因，多个城市受到了重创。直到 1946 年的战后重建，日本才开始了真正意义上的大规模城镇化。

1946 年 9 月，日本政府为了战争后的城市重建，着手制定了《特别城市规划法》。此后，在"二战"期间疏散迁徙到偏远地区以及农村的大批市民开始重返城市。特别是 1950 年以后，由于朝鲜半岛局势日益紧张，日本作为美国的后方支援基地，以大城市为中心正式开始了战后工业化。

1950 年 5 月，为了应对日益增多的从农村涌向城市寻求就业的新移民的居住问题，日本政府废除了《城市街道建筑物法》，制定了《建筑基本法》和《国土综合开发法》，并为人口大规模流入和高度集中的东京地区，专门制定《首都建设法》来应对不断涌入的新移民。由于日本实行的是土地私有制，政府一方面要保护城市已经拥有土地者的利益，另一方面还要改善新移民的居住条件，所以 1951 年 6 月又制定了《土地征用法》，1954 年 5 月制定了《土地区划整理法》。随后，为了应对大规模城镇化和大规模工业化的展开，日本政府 1956 年 4 月废除了《首都建设法》，取而代之的是应对更大区域范围开发的《首都圈整备法》。

随着日本经济的高速增长，生活水平的提高，民用汽车开始普及。1957 年 5 月，日本政府制定了《停车场法》，同时规定购买私家车一定要有泊车位证明书。1961 年 6 月为了进一步解决繁华地区的脏乱差及各种公共设施不足等问题，政府制定了《繁华地区（新宿等）规划决议》《防灾建筑街区建设法》

以及与公共设施的整备相关的《街道改造法》，并于当年12月正式决定对繁华地区着手进行规划改造。

随着东京、京都—大阪、名古屋等大都市圈的人口不断流入，过去的传统住宅区域已经无法容纳居住人口，大量人口开始向郊外扩散。1963年7月，日本政府出台了以新城区开发为中心的《新住宅市区开发法》，并于1964年在大阪市郊规划了著名的千里新城区，1965年12月在东京市郊制定多摩新城区的规划。1968年6月，废止了1919年4月制定、实行近50年的第一部《城市规划法》，制定了新的《城市规划法》。

此后，1969年6月政府又先后出台了《城市再开发法》和《地价公开法》，同时，废除了与公共设施的整理整顿相关联的街道改造法律以及《防灾建筑街区建设法》。1970年12月，日本政府进一步指定城镇化地区以及城镇化的调整地区，1971年11月针对特定地区的土地价格的大幅度升值，划定了土地高度利用地区。1973年9月又制定了《城市绿地保全法》，直到1974年6月制定了《国土利用规划法》，标志着日本为应对战后大规模城镇化，城市法律体系建立以及城市开发制度才基本上进入了一个相对成熟的阶段。

需要指出的是，日本面对战后城市大量涌入的人口，城镇化过程以及城市开发一直是由政府主导的。20世纪70年代中后期开始，日本的城镇化才从所谓的政府指导逐渐转向以民间开发为主的模式。这在一定程度上增加了市场活力和建筑业界的技术创新，但同时也为此后日本的泡沫经济埋下了隐患。特别是1987年6月日本设立了民间城市开发推进机构，制定了针对关于民间城市开发推进的《特别措施法》，并于1988年5月修改了《城市开发法》及《建筑基本法》。这些举措一方面提高了城市区域规划及建筑质量标准，而另一方面民间房地产开发商在市场的推动下，将日本最终拖入了无可挽回的房地产泡沫经济中。时至今日，在日本其后遗症仍随处可见。

1990年以后，日本的城镇化逐渐开始转向以重视居住环境和生活环境为主的综合区域开发阶段。1990年6月针对大城市的闲置土地，日本引入了转换使用促进地区、不同用途的容积地区以及住宅地高度使用地区的综合规划。1991年4月又修改生产绿地制度，特别是1993年11月19日《环境基本法》的制定确立了日本环境政策的根本。

1995年1月17日以大阪—神户为中心的阪神大地震后,日本于2月重新修改了《城市开发法》及《建筑基本法》。同时为推进受灾地区的重建,实施了受灾地区的《重建特别措施法》。1995年5月《地方分权推进法》制定以后,根据相关条例和规定,地方自治体也可进行城市开发地方审议会、区划整理地区的制定、风景区的指定、环境影响评价等措施。而1997年6月环境影响评价法的制定,标志着日本全面进入了一个以重视环境为中心的后城镇化以及后工业化的时代。

综合日本的城镇化过程,显然制度设计以及法体系建立在城镇化过程中,起到了决定性的作用。而中国由于城镇化过程中的立法滞后以及各种制度障碍,直到2011年也就是新中国成立六十几年以后城镇人口才终于达到了50%。

1.1.2 经济高速发展的光和影——工业发展与基础产业型公害污染

朝鲜战争后,自1955年开始,在社会稳定以及经济繁荣的大背景下,日本经济进入了一个前所未有的快速经济增长期。实际经济增长率在20世纪50年代后期达到了8.8%,60年代前期为9.3%,后期则上升至12.4%。由于日本政府和民间企业的共同努力,日本走上了经济高速发展的道路,并从战后复兴向经济自立全力迈进。1955年到1964年的10年间,日本的能源消费量增长了3倍(1955年为5130吨,1965年为14580吨),并且主要能源消费迅速由煤炭转变为石油(1955年的煤炭消费比例为49.2%,石油为19.2%;1965年则是煤炭27.3%,石油58.0%)。

在此情形下,1955年前后日本开始积极完善产业基础,除了进行公共投资外,民间设备的投资和出口也得到了扩大,以重化工为中心的产业化也进展顺利。同时,日本政府于1955年公布了石油化学工业扶植政策,在沿海地区也开始出现建设大规模联合企业的动向。在这一背景下,日本政府于1962年发布了"全国综合开发计划",并在《新产业都市建设促进法》《工业预备特别地域预备促进法》的基础上,于1963年指定了13个新产业都市和6个工业预备特别地区。自此环境污染的发生源主要集中到了沿海工业地带,成为产业公害的严重发生区域。另一方面,川崎、尼崎、北九州等战前兴起的工业地带在既有的钢铁厂等工厂的基础上，还新建了大规模的发电厂、石油精炼工厂等设施，由此带来水质污染和土壤污染也进一步加剧。以硫氧化物为主的大气污染恶化，同时污染范围扩大，污染程度也日益严重。

在日本政府积极推进产业政策以及完善产业基础的同时，国家层面没有任何应对环境公害的政策，从"二战"结束到1955年的10年间几乎没有任何值得一提的政策措施。虽然1955年8月当时的日本厚生省制定了《生活环境污染防治基准法案》，但是由于产业相关的各团体和政府各部委的强烈反对等各方面原因，厚生省未能在国会上提出这一法案。另一方面，当时的通产省也只将大气污染作为公众环境卫生问题，在谋求产业健全发展和通商产业省管理的基本方针的指导下才准备开始立法。直到1961年，通产省和厚生省才正式开始交涉，并于1962年6月制定了与环境相关的《关于煤烟排放的规制等法律》（以下略称为《煤烟规制法》）。与地方政府[1]相比，日本政府全国性的法律制定一直没得以顺利展开。

1963年日本政府将《煤烟规制法》进行了部分修订，其原因是地方政府已经在地方条令中明文规定列出的煤烟产生设施以外的设备也属于条令进行限制的对象。在此之后，日本政府才制定了更为广泛和强有力的公害防治法律条例。在这一法律条例制定过程中，地方政府发挥了超越日本政府对公害防治措施所起到的作用。直到1973年第一次石油危机发生为止，日本一直处于经济高速发展的阶段，20世纪60年代后期的实际经济增长率超过了10%。这期间，能源需求不断扩大，1965年到1974年的10年间能源需求增长为原来的2倍多，相比1955年已经增长了7倍。这一时期，不仅仅是大气污染、水质污染、土壤污染、生态破坏以及新干线等造成的噪音和震动等问题也在日本各地变得更加突出，日益严重。

与此同时，四大公害[2]成为日本片面追求工业化而不顾及环境污染的代名词。1968年厚生省终于公布了意见，认定了四大公害之一的痛痛病是由三井金属矿业株式会社所排放的污水所为。同时，日本政府发布了关于水俣病成因

---

[1] 日本的地方政府一般称为地方公共团体，又称为地方自治体。
[2] 日本的四大公害为富山县痛痛病、熊本县水俣病、新潟县水俣病、四日市哮喘病。

的统一见解，即熊本县水俣湾周边发现的水俣病病例是由新日本窒素肥料（株）[CHISSO（株）的前身]排放的废水造成的；在新潟县阿贺野川流域发现的病例则是由昭和电工（株）的工厂排放的废水造成的；而四日市哮喘病的起因是缘于沿海大规模石化联合企业排出的二氧化硫废气。

此外，1970年日本全国各地光化学烟雾事件频繁发生，环境污染和公害问题也日益严重。由于以上基础产业带来的公害污染导致了居民健康问题，日本的国民舆论也迅速高涨起来。要经济还是要环境成为每一个日本国民的一道选择命题，引起广泛讨论。讨论的最终结果是，"即使是为了产业发展，也绝不允许公害发生"。这一讨论结果使得关于公害对策的各方面措施终于可以统筹规划并得以落实推进。特别是1972年四日市市哮喘病相关的公害判决以原告受害者一方的完全胜诉而告终，该判决对日本政府以及产业界产生了巨大影响。至此，包括产业界在内的各方都迫切希望出台关于公害损害赔偿补偿的制度。

日本政府总务省公害调整委员会报告书表明（表1-2），1972年处理了近8万件环境公害事件，包括大气污染、水质污染、土壤污染、噪音、振动、地基沉降以及恶臭。遭受公害危害的市民越来越多，他们不仅提意见抗议、举行请愿示威，还针对健康损害赔偿等开始向地方政府提起诉讼，并且积极推进制定防止公害条例。这些行动成为当地政府和排污企业，以及推进公害对策的最主要动力。因此地方政府不得不率先采取解决公害污染问题的对策。这种扩展到全国的公害污染的危害，迫使日本政府必须采取行动。为了明确有关防止公害的基本态度，日本国会于1970年制定了公害问题的相关法律，日本政府也于1971年成立了环境厅，逐步形成了至今的环境治理的规定框架。

表1-2 地方公共团体的公害事件处理数（件）

年度	合计	大气污染	水质污染	土壤污染	噪音	振动	地基沉降	恶臭
1970	59467	12911	8913	67	22568	11		14997
1971	70014	13798	11676	262	22591		937	17750
1972	79727	15096	14197	408	28376		74	21576
1973	78825	14234	15726	466	28632		93	19674

续表

1974	68538	12145	14496	478	24195		84	17140
1975	67315	11873	13453	593	23812		68	17516
1976	62374	11119	11714	440	23913		65	15123
1977	61762	10697	10509	292	20722	3493	62	15987
1978	60953	10534	9736	216	21305	3478	74	15610
1979	59257	10819	8725	185	21667	3211	59	14591

资料来源：日本总务省公害等调整委员会报告书。

从1967年到1973年的短短六七年间，日本政府就公害环境问题，先后制定了《公害对策基本法》(1967年)、《大气污染防治法》(1968年)、《二氧化硫相关环境基准的制定和各种达标措施》(1969年)。在1970年召开的防治公害的国会上，先后提交了与防治公害相关的14个环境法案，并予以审理通过生效。1971年成立了环境厅，1972年四日市市哮喘病的公害审判判决以后，最终于1973年制定出台公害健康被害补偿法。

1.1.3 生活样式变化与城市生活型环境污染

1973年，日本经济遭遇了第一次石油危机打击。此后的1974年经济增长率一落千丈，出现了战后第一次经济负增长：-1.2%。能源价格的全面高涨促使基础原材料型产业必须在资源能源节约方面以及在减轻环境负荷方面做出努力。但是与此同时，日本的加工组装型企业的技术革新有了相当进步。

在针对产业公害型大气污染的治理措施取得稳步进展的同时，经济的发展和国民生活水平的大幅度上升，日本开始进入了私家车时代。这个时期以城市生活型污染为核心的污染问题也愈加显著。城市污染发生源除了工厂和企业之外，城市机动车的快速大量普及也成为大气污染的移动发生源，主要污染物质从二氧化硫变为氮氧化物。

1966年，当时的日本运输省开始对汽油发动机汽车排放气体的一氧化碳浓度进行行政指导，制定了关于机动车排放气体的条令，1968年开始根据《大气污染防治法》又对其进行法律规制。1971年的《大气污染防治法》除了将一氧化碳作为机动车排放气体加以限制外，还将碳氢化合物、氮氧化物、铅化合物以及颗粒状污染物也追加为限制对象。1978年仿照美国的机动车排放气体规制法，制定了日本版的《机动车排放气体规制法》，从而开始对机动车排放气体中的氮氧化物进行正式限制。

1985年的广场协议后，日本的经济状况又发生了巨大的变化。尽管日本已经进入了巨大的泡沫经济时期，但是大城市圈周围的工业产品出货量所占的比重相对下降，工业企业却出现了向地方分散以及向海外转移的倾向。在这样的状况下，产业与环境政策整体进步，同时与企业引进防治公害高端技术和为节约资源能源做出的努力相辅相成，因而进入这一时期以后，集中布局型的产业公害污染逐渐沉寂下来。

但是，城市生活型污染随着生活样式的改变，私家车的普及处于一种慢性持续的污染状态。同时与产业型污染相比，城市生活型污染其影响不容易显现出来。在产业型污染中可以区分污染者和受害者，但是在城市生活型污染问题中每个人都是污染者，同时也都是受害者。直到2007年东京都才基本解决汽车尾气排放污染问题。今天，我们看到的蓝天碧空的东京，也不过是五六年以前东京市民齐心协力治理的结果。其前提是克服这样的污染迫切需要改变我们每一个人的消费理念和生活模式。

进入20世纪90年代，产业化和环境问题进一步全球化。同时，在很多发展中国家，以城市大气污染及普通垃圾污染为代表的城镇化区域性问题也在不断地激化。今天国际社会已达成了这样的共识，即只有"可持续发展"才是人类现在以及未来城镇化问题的最基本课题。笔者认为对于环境这样的人类共同问题，无论发达国家还是发展中国家，都应该齐心协力全面应对。

1.2 发展和制约

1.2.1 环境EKC理论的成立

发展经济学有所谓库兹涅茨曲线假说，而环境库兹涅茨曲线假说是指环境污染与收入之间存在着倒U字形相关的假说。该假说认为，在经济发展的初期阶段，环境污染问题恶化，但是随着经济的进一步发展，环境污染问题会得到改善。这是针对1972年罗马俱乐部展开的《增长的极限》命题的反证假说，该假说提出伊始，就得到了学界的极大关注及讨论。讨论的结果使人们对经济和环境的相关研究从探讨资源枯竭问题转向了环境污染问题。自从20世纪90年代初被定义为环境库兹涅茨曲线假说（EKC假说）以来[1]，许多研究者都尝试着从不同角度开展实证研究。

迄今为止的实证研究表明，对于健康产生直接影响的大气污染（比如SO_2，细小颗粒物，CO，NOx等）具有环境库兹涅茨曲线假说的特征，而对于健康不产生直接影响的全球规模的大气污染（比如CO_2）则不具有该特征。水质污染也同样证明，有些指标符合该假说的特征，而更多的研究并没有证明该假说成立。对于其他更多的环境指标，几乎所有研究都无法证明该假说成立，这表明了该假说具有局限性。但是就森林破坏而言，许多研究却证明了该假说的适用性。

由于环境库兹涅茨曲线假说因使用的环境指标、国家或区域、推算模型、推算方法、模型说明变量、时间区间等差异，带来了其分析结果多种多样。但是，环境污染从增大逆转为减少的拐点大致在3000—10000美元（PPP[2]1985年价格）的收入区间范围。此外，环境库兹涅茨曲线假说的各种原因还受到经济增长、人口增长、经济规模、人口密度、商品价格、国际贸易、经济结构变化、政治社会制度及政策等的影响。

尽管如此，在最新发表的《世界发展报告2010：发展与气候变动》[3]中，从各国的时间序列数据中还是可以观察到人均二氧化碳排放量随收入增加呈现出反转现象，也就是过了拐点以后，经济发展可以减少二氧化碳的排放量。这在一定程度上意味着收入和环境负荷之间还是存在着倒U字型关系，预示着经济发展与环境保护可以并行不悖。随着经济收入的不断提高，环境问题也将会得以改善。

---

[1] 1993年由Panayotou第一次命名为"环境库兹涅茨曲线（EKC）"。

[2] PPP中文为购买力平价（Purchase Power Parity），也就是一个国家的购买力水平。

[3] *World Development Report 2010: Development and Climate Change*, p.197.

1.2.2 日本的教训与中国

日本的教训就在于它是一个典型的先污染后治理的痛苦过程，其中最具代表性的就是前面提到的日本四大公害。

20世纪50年代中期开始，由于日本经济高速增长，出现了公害蔓延的情况。各种产业公害对于大气、水质、土壤等产生了非常严重的污染。但是以四大公害的四日市哮喘病发生源问题的不断深刻化为契机，1970年召开的所谓的"防治公害国会"成为强化污染规制的拐点。从20世纪70年代中期开始，日本终于开始转向重视环境的产业政策。自此以后，东京的天空和河流也逐渐变得干净，绿色植被也开始繁殖变多，发生了令人难以置信的变化。20世纪90年代以来，日本经济虽然缓慢地增长，但环境问题却不断得到改善。比较一下20世纪60年代和90年代北九州市的事例充分说明了日本经验是一个先污染后治理的痛苦过程（图1-1）。

图1-1　20世纪60年代和90年代的北九州市（天空和海湾）

第一章 日本的城镇化与环境

20世纪70年代开始，由于地方政府的种种政策措施的实施，以及企业和市民的参与配合，北九州市的大气污染得以根本的改善。从（图1-2）降尘量与硫氧化物的浓度变化来看，降尘量从1970年的每月每平方公里20吨，下降到1977年的每月每平方公里5吨左右，之后虽有起伏，但基本稳定在这个水平上。同时，硫氧化物从1970年的每天每百平方厘米1.65毫克下降到1999年的每天每百平方厘米0.1毫克以下。

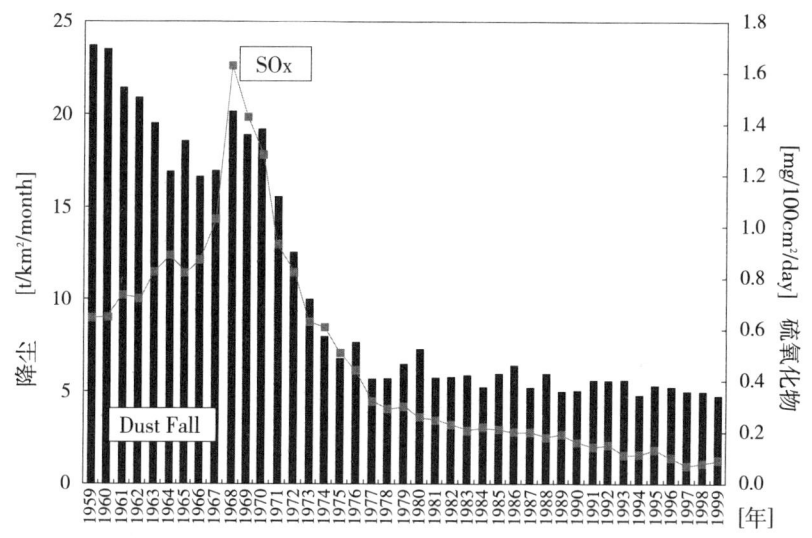

图1-2 大气污染的改善——降尘量与硫氧化物的浓度变化

同样，世界银行1985年的报告书《日本的经验调查》（图1-3）显示，北九州市的经济发展和环境污染变化以1968年为中心可以分为两个时期。第一时期从1960年到1968年的经济快速发展期，也是污染日趋严重的时期。这一期间北九州的产品产出额从3800亿日元增加到7500亿日元，硫氧化物也从0.65mg-SO_x/100cm^2/day上升到了1.65mg-SO_x/100cm^2/day，污染极为严重。此后，经过政府、企业和市民的共同努力，以及一系列公害治理措施的推行，北九州市的环保政策和经济政策都有了显著的进步，进入了第二个时期。这一时期从1968年到1980年，随着经济进一步快速增长，产品产出额从7500亿日

· 11 ·

元增加到 2 兆 5000 亿日元，同期硫氧化物却从 1.65mg-SOx/100cm^2/day 下降到 0.25mg-SOx/100cm^2/day。北九州市在实现经济不断增长的同时，环境污染也得到了治理。

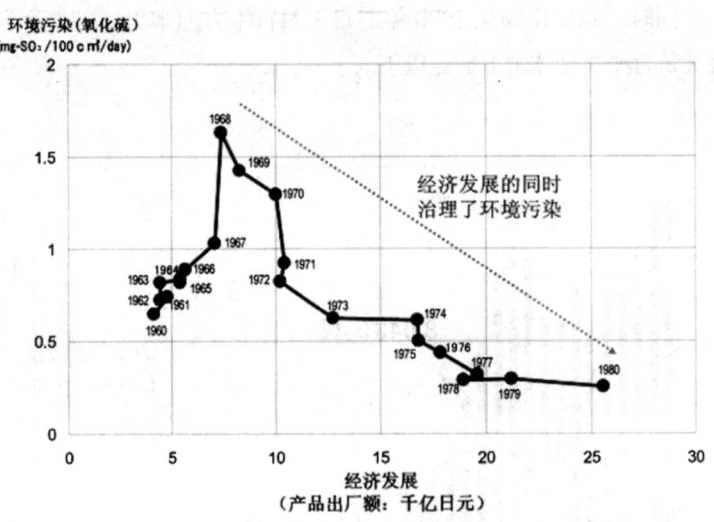

图 1-3　北九州市的经济增长和环境污染变化

资料来源：世界银行《日本经验调查》。

今天经济发展和环境问题呈现出全球化的趋势，更多的国家和地区在注重经济发展的同时，开始着眼于对环境问题的强化，各国都在不断地加强环境规制。而且，北九州的这一改变过程也为世界各国的经济发展和环境治理提供了极其重要的教训，同时在实证分析研究方面，也为今天的环境库兹涅茨曲线的成立提供了非常宝贵的经验。

今天的中国随着经济发展，环境恶化也日益严重。但我们仍不妨依据"环境库兹涅茨曲线"来看待这一情况。随着工业化进程，环境所承担的压力越来越大，但同时，随着收入的增加，人们保护环境的意识会越来越强，社会思想也从注重经济发展转为重视环境保护，再加之从发达国家引进先进技术等等，这些因素最终都会使中国的环境压力开始变小。中国是一个幸运的国家，日本包括欧美在人均 1 万美元以后才开始环境治理，中国在人均 3000 多美元就已经意识到问题的严重性。因此，随着经济的发展，环境恶化不会一直持续下去。笔者的判断，与过去的发达国家所经历的环境痛苦相比，中国将会在一个环境负荷相对较低，并且在比较快的阶段经历环境问题高峰。2015 年之后的 10 年左右中国的环境压力可能会开始减缓。但是如果中国经济仍然以超过 10% 的速度增长的话，其环境压力减缓速度将会推后（图 1-4）。

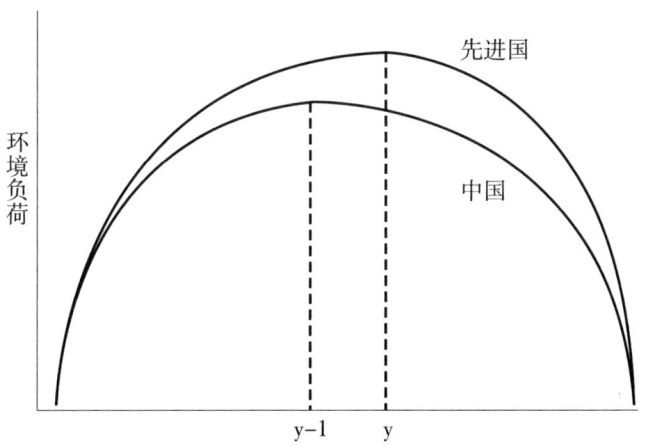

图 1-4　中国型的"环境库兹涅茨曲线"

同时，经济增长与环境改善可以并行不悖，其前提条件是在收入水平提高的同时，实施有效的环境政策。收入水平提高只是为环境政策的制定和有效实施提供了条件，比如高收入条件下充裕的资本保障了减污投资增加。同时没有法律和环境规则的强化，环境污染的程度不会下降。随着经济增长，法律和环境规则也理应不断加强。关于污染者、污染损害、地方环境质量、排污减让等信息不断健全，从而促成政府加强地方与社区的环保能力以及提升国家环境质量管理能力，严格的法律和环境规则将进一步引起中国的经济结构向低污染的方向转变。

1.3 从产业废弃物处理来看日本的环境政策实践

1.3.1 产业废弃物的排放状况

近年来,日本每年的废弃物排放总量超过 4 亿 5000 万吨[1]。其中以普通垃圾为中心的一般废弃物约为 5000 万吨,其余 4 亿吨为产业废弃物。产业废弃物是伴随着企业的生产活动产生的,目前在日本被列为产业废弃物的有 20 种之多。一般废弃物指的是产业废弃物之外的废弃物。从表 1-3 可以看到 2007 年的一般废弃物比最高峰 2000 年减量近 8%,而产业废弃物尽管比高峰值有所下降,但一直维持在 4 亿 2000 万吨左右,2002 年以来还稍微有些增加。

表 1-3　日本的废弃物总量、产业废弃物和一般废弃物

年	废弃物总量（万吨）	产业废弃物（万吨）	一般废弃物（垃圾）（万吨）	产业废弃物比重（%）	一般废弃物（垃圾）比重（%）
1990	44544	39500	5044	88.7	11.3
1991	44877	39800	5077	88.7	11.3
1992	45320	40300	5020	88.9	11.1
1993	44730	39700	5030	88.8	11.2
1994	45554	40500	5054	88.9	11.1
1995	44469	39400	5069	88.6	11.4
1996	47891	42600	5291	89.0	11.0
1997	46810	41500	5310	88.7	11.3
1998	46161	40800	5361	88.4	11.6
1999	45370	40000	5370	88.2	11.8

---

[1] 日本的废弃物处理法中,对废弃物做了如下定义:废弃物是指资源占有者自己利用过,且不能作为商品出售的物品。废弃物的形态可以是固体的,也可以是液体的。例如垃圾、大型垃圾、灰烬残渣、污泥、屎尿、废油、废酸、废碱、动物的尸体等污染物或是不需要的物品。进一步废弃物大致可以分为两类,一类是一般废弃物,另一类是产业废弃物。

续表

2000	46283	40800	5483	88.2	11.8
2001	45468	40000	5468	88.0	12.0
2002	44720	39300	5420	87.9	12.1
2003	46627	41200	5427	88.4	11.6
2004	47038	41700	5338	88.7	11.3
2005	47473	42200	5273	88.9	11.1
2006	47002	41800	5202	88.9	11.1
2007	46982	41900	5082	89.2	10.8

资料来源：日本环境省。

具体观察2007年产业废弃物的处理情况，可以发现，日本国内产业废弃物的排放总量为4亿1900万吨，其中进行直接或者再生利用[1]的有将近9000万吨（21%），中间处理[2]的有约3亿1900万吨（76%），直接或者最终处理[3]的有大概1000万吨（2%）。经中间处理的废弃物中有约1亿8000万吨被减量化[4]，约1亿2900万吨得到再生利用，还有约1000万吨被最终处理。

在全部排放的废弃物中，有相当于产业废弃物排放量52.5%的2亿2000万吨废弃物被再生利用，而最终处理的产业废弃物大概有2000万吨，约为排放量的4.5%。从处理的具体情况来看，2007年产业废弃物类别再生利用率高的前三位依次为：动物的屎尿（96%）、瓦砾类（95%）、金属碎片（92%）。再生利用率低的前三位依次为：污泥（9%）、废碱（23%）、废酸（29%）。而按照类别统计，排放量较多的依次为：制造业、电力、煤气、热供应业、水供应业、农业和建筑业，这些类别的产业排放的废弃物占到总体的78%。

---

[1] 再生利用：对产业废弃物进行处理，将其当作原料使用。

[2] 中间处理：在产业废弃物填埋之前对其仅进行减容化、无害化、稳定化处理。

[3] 最终处理：对产业废弃物进行填埋等处理。

[4] 减量化：在填埋以及再生利用之前，通过燃烧或者脱水处理，减少废弃物的总量。

图 1-5 是日本 1990 年到 2007 年，产业废弃物的再生利用量、减量化量、最终处理量的年变化图。

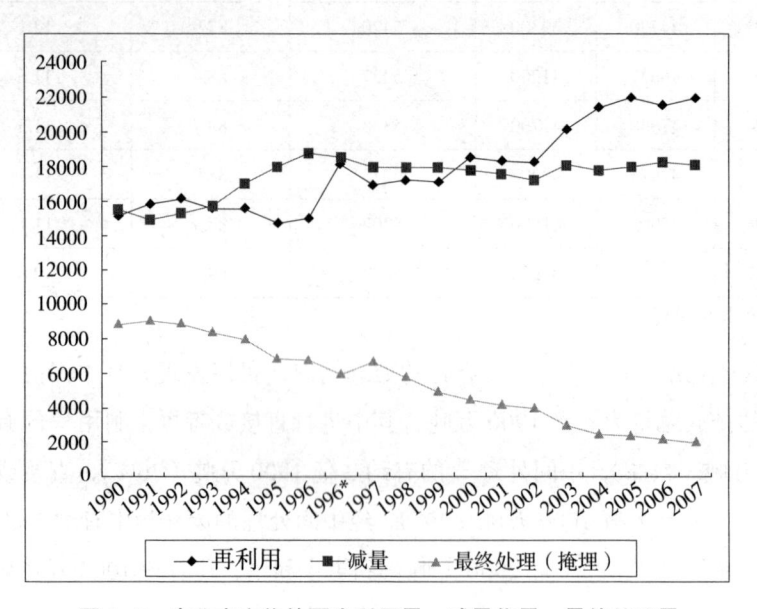

图 1-5　产业废弃物的再生利用量、减量化量、最终处理量

注：1996 年以后的新数据是 1999 年 9 月 28 日根据日本政府的二噁英对策基本方针制定的"废弃物减量目标值"，并把 2010 年作为减量目标年度，改变了废弃物排放量计算方法而重新推算的数值。

尽管 2002 年以后产业废弃物的排放总量有所上升，但由于产业废弃物的再生利用量显著增加，2007 年度最终处理量仅为 1996 年的三分之一。从这点可以看出，相比产业废弃物的减量化效果以再生利用效果为核心的日本循环型社会正在逐步形成与发展。而促进产业废弃物的适当处理与回收利用的政策制度建立则成为日本式循环型社会逐渐形成与发展的关键（图 1-6）。

通过控制废弃物等的产生和适当的循环
利用、处理，控制天然资源的消费，构建环境友好型社会
【促进循环型社会形成的基本法（2001年6月公布、2002年1月完全施行）第二条】

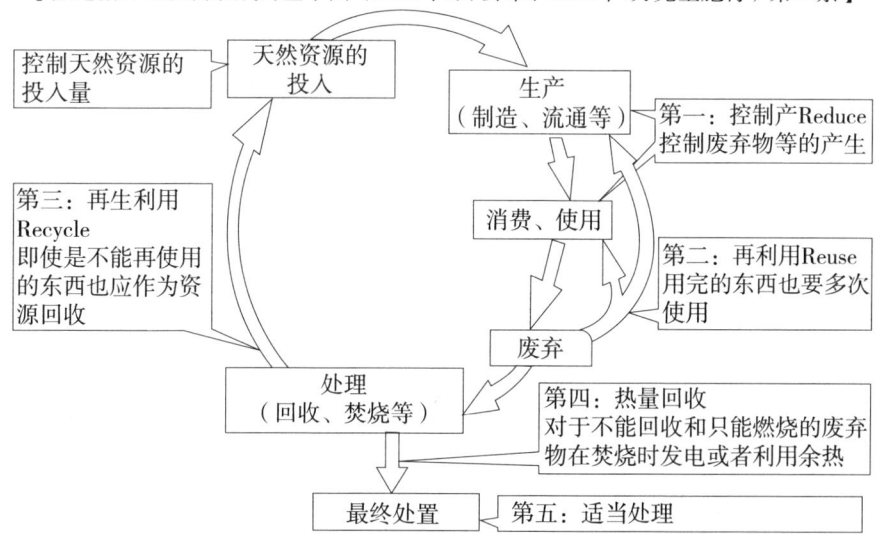

图 1-6　日本适当处理与回收利用的政策制度框架

1.3.2　日本废弃物处理的相关政策与实施

日本的废弃物处理法正式名称为《废弃物处理以及清扫相关法律》。该法旨在抑制废弃物的产生，规范废弃物的分类、保管、收集、搬运、再生、销毁等过程，清洁维持生活环境，促进公共卫生状况的提升。这部法律的前身可以追溯到1900年制定的《污物扫除法》，又经过1954年的《清扫法》，最后于1970年确立废弃物处理以及清扫相关法律，即《废弃物处理法》。此后又经过几次修订才成为今天日本的《废弃物处理以及清扫相关法律》。

废弃物处理法对产业废弃物的排放限制以及恰当处理都做出了相应的规定。同时，按照废弃物排放的实际情况以及不断产生的问题，通过对废弃物处理法的修正，明确废弃物排放相关企业的责任，以应对日益深刻的废弃物非法投弃问题。此外，还积极推进废弃物处理的优化升级工作，稳步推进了日本式的循环型社会（见图1-7）。

城镇化过程中的环境政策实践

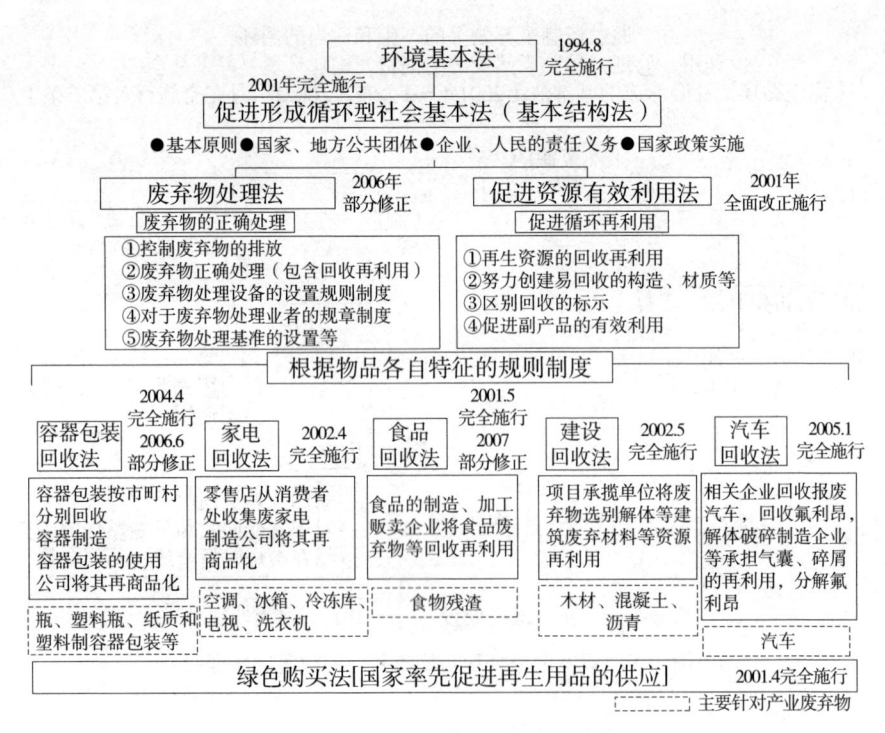

图 1-7 形成日本式循环型社会的实施推进体系

首先，日本政府以环境基本法[1]理念为基础，又以促进资源、废弃物的循环利用为目的，于 2001 年开始实施循环型社会形成推进基本法[2]。在废弃物处理法中，明确规定了废弃物排放限制以及恰当处理的相关细则。

此外，日本政府还出台了容器包装回收利用法、家电回收利用法、食品回收利用法、建设回收利用法、机动车回收利用法等 5 个具体法律。各种不同类

---

[1] 环境基本法：1993 年 11 月 19 日制定的该法是以确立环境保护的基本理念，明确规定国家、地方共同团体、企业以及国民的责任，制定环境保护的基本政策，有计划地综合推进环境保护相关政策，保证现在以及将来国民的健康以及文化生活权利，并为人类福祉福利做出贡献为目的。

[2] 循环型社会形成推进基本法：2000 年 6 月 2 日制定的该法确定了循环型社会形成的基本原则和相关责任。同时，也对关于循环型社会形成推进基本计划的制定以及循环型社会形成相关政策方针的执行做出了相关规定。

型的产业废弃物根据各自类别的不同，根据相应的法律法规来进行处理。

1.3.3 制度与法律体系的建立

1. 废弃物处理法与各自的责任

废弃物处理法首先明确规定了国民、企业、市町村、都道府县以及国家各组成部分的责任。国民的职责在于废弃物排放控制以及再生利用，应当减少废弃物的排放以及恰当的处理，协助国家和市町村做好相关工作。企业承担由企业活动产生的废弃物的善后工作，通过对废弃物的再生利用以及减量化处理，努力研发技术，降低废弃物的处理难度（见图1-8）。

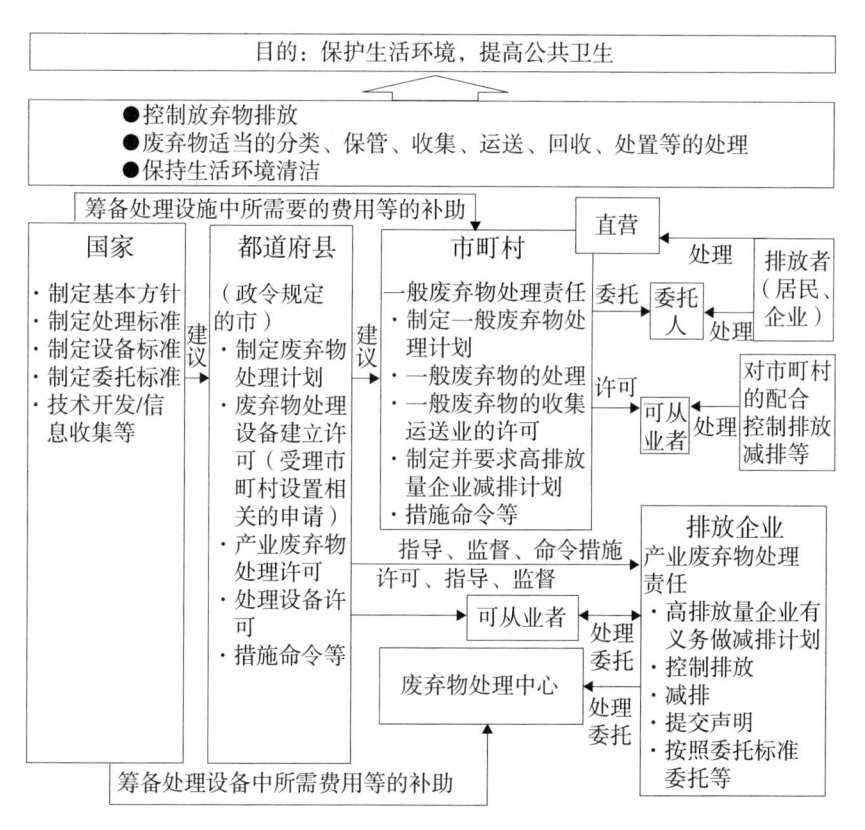

图1-8 废弃物处理法的目的与体系

都道府县和市町村应对管辖区域内的废弃物处理设备以及废弃物处理业进行管理，对排放废弃物企业进行指导，监督以及执行行政命令。此外，废弃物处理业应当由都道府县以及政令许可城市[1]开展。国家应当统计收集废弃物的相关信息，促进相关技术的发展。同时，为了能够使都道府县、市町村发挥更好的作用，国家还进行技术以及财政方面的支持。

2. 评价惩罚机制的建立

同时，为推进废弃物的恰当处理，以建立评价惩罚机制为核心，对废弃物处理法进行了多次的修订。

首先，基于1997年和2000年的《废弃物处理法》的结构改革进行了大幅度的修订。内容包括：(1) 彻底追究排放者的责任，强化管理票制度（详见1.3.4)，加强对原有状况恢复的命令；(2) 针对废弃物的不恰当处理问题制定相应对策，严格加强废弃物处理业者以及处理设备的许可证发放制度，加重处罚力度（处5年以下徒刑，个人1000万日元，法人1亿日元以下罚金）；(3) 确保规范处理设备，使废弃物处理设备的设置手续强化和透明化，增强公共监督力度。

其次，积极推进2003年、2004年、2005年修正案的结构改革。(1) 加强防止非法投弃的措施，包括：扩大都道府县的调查权限；设定国家对都道府县的指示权限；创立非法投弃未遂罪和非法投弃目的罪；取消恶劣企业的资质和经营许可证；直接处罚硫酸沥青废弃物的不恰当处理；强化管理票虚伪履历记载的惩罚力度等。(2) 同时在2005年10月，日本政府决定设立地方环境事务所。

1.3.4 管理票制度的建立

针对产业废弃物的日本式管理票制度（简称：管理票制度，图1-9）是指废弃物排放者进行从废弃物排放到最终处理的一条龙管理制度。分为纸制文书型管理票和电子版管理票。

---

[1] 政令许可城市：废弃物处理法施行令（第27条）指定的城市，政令制定大中城市全国共计62个（截至2010年3月）。

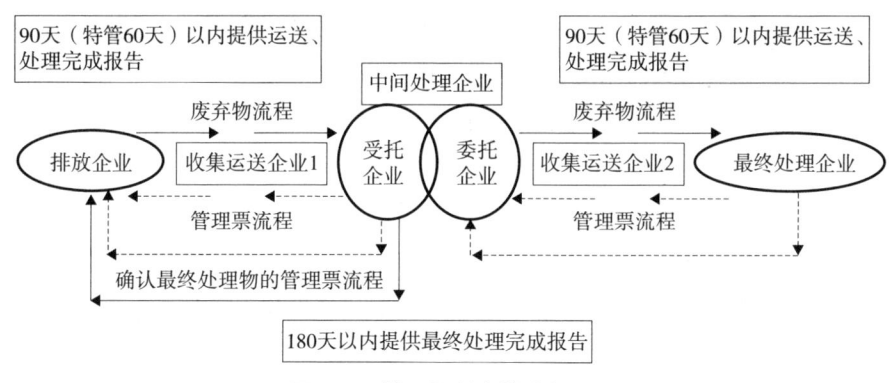

图 1-9　管理票制度的流程机制

纸制文书型管理票制度（图1-10）的基本运用指的是废弃物排放者在进行产业废弃物处理（包括收集搬运）委托时，必须提交写有产业废弃物种类、排放者信息、处理委托者信息的管理票。管理票将与产业废弃物一起流动，每完成一个阶段环节的恰当处理，相关人员就会在管理票上签字盖章以确认该阶段环节的处理，最终完成后这张管理票将被交回到废弃物排放企业。

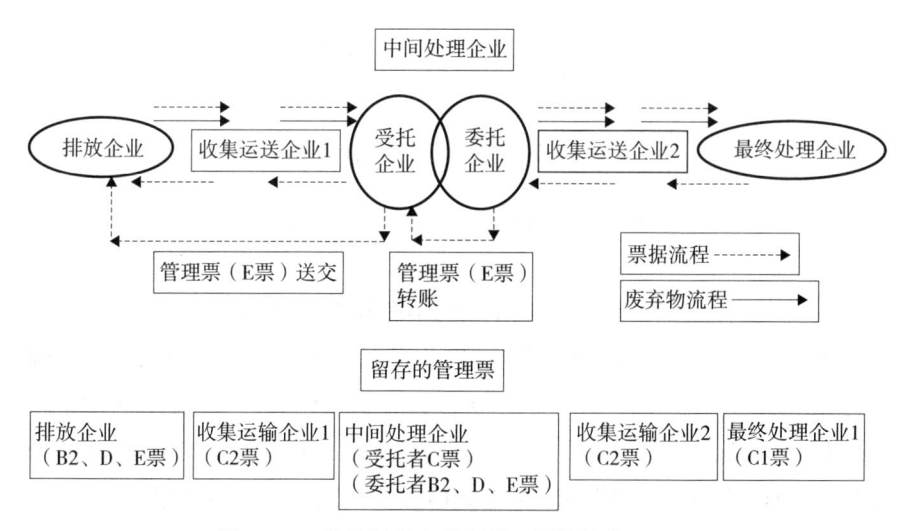

图 1-10　传统纸制文书型管理票的基本运用图

电子版管理票制度（图1-11）是指通过电子信息记录废弃物处理法规定的产业废弃物管理票的制度，而这项制度是由环境大臣指定的信息处理中心（财团法人日本产业废弃物处理振兴中心）实施管理，其特征为建立电子版管理票体系（JWNET）。电子版管理票具有很大的优势，它通过IT化成功实现信息共享与信息传输的效率化，能够将废弃物排放企业、收集搬运者、废弃物处理者以及信息管理系统联系在一起。此外，电子版管理票非常难以伪造，便于都道府县等对废弃物处理监督管理，并且迅速发现问题并进行及时处理，是一项能够防止非法投弃的非常有效措施。相比传统的纸制文书型管理票，电子版管理票能够及时把握废弃物处理的实时情况，并省去了必须保存管理票的环节，同时也能有效防止漏登漏寄，且能够及时提醒废弃物排放企业对废弃物进行及时处理。

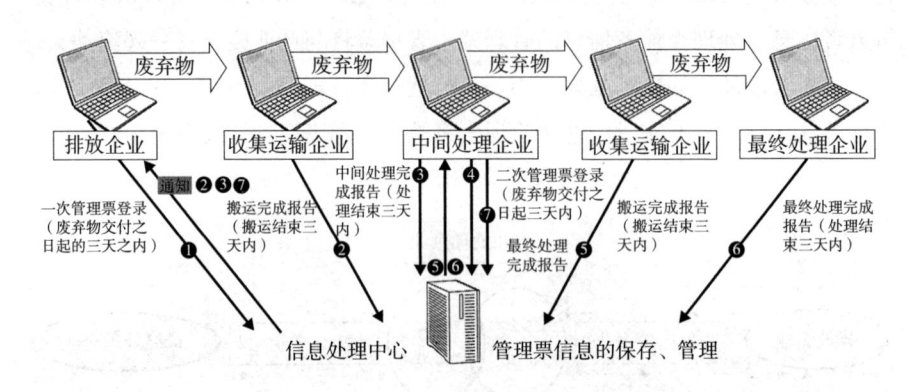

图1-11　电子版管理票的运用体系图

导入使用电子版管理票，有利于同时实现事务处理效率化，遵守法律和数据透明化。此外，电子版管理票信息将由信息处理中心向政府报告，相关企业等也不需要再进行报告。日本政府2008年底的统计，电子版管理票的使用率已经达到所有废弃物管理票的14%。这种电子版管理票有快速增加趋势（见表1-4），日本国家IT战略部计划到2010年底实现50%的普及率，日本政府正在朝着这个目标努力。

表 1-4　电子管理票加入情况的变化

年度	加入者数	加入者数明细			管理票每年录入数量
		排放企业	收集运输企业	处理企业	
平成 18 年度	7784	4083	1921	1780	2388067
平成 19 年度	30705	23164	4300	3241	4076448
平成 20 年度	43493	33718	5775	4000	

资料来源:财团法人日本产业废弃处理振兴中心。

1.3.5　引进三者共赢的优良评价制度

为推进产业废弃物处理行业的健康发展以及合理运营，日本政府于 2004 年 4 月开始实施针对产业废弃物处理业者的优良评价制度。在这项制度中，由都道府县以及政令城市审核产业废弃物处理业者达到国家规定的标准程度，并将结果记录在处理业者的许可证中。

该制度的特点就在于:首先，接受废弃物处理优良评价并非相关企业的义务，而是企业为提高自身素质的一种自发行为。其次，考虑到废弃物排放企业有可能会根据处理方的水平选择相应的委托方，所以这项制度可以说是能够对处理方起到一定的鞭策作用。

都道府县以及政令城市等判定的主要项目评价标准有以下三点:(1) 严守法律，有 5 年以上的经验，过去 5 年间没有因非法行为而受到处分者;(2) 公开信息，在网上公开处理工程、处理成绩、处理价格等，并及时更新内容;(3) 致力于环保，具有 ISO14001[1]，eco-action21[2] 以及与之相互认证的环境 EMS 资格。

废弃物排放企业的获利点有以下两点:(1) 提醒法律义务的履行，废弃物排放企业有对废弃物处理企业进行提醒的法律义务。在废弃物排放企业选择处理企业的时候，也就相当于选择合法企业履行了所谓的提醒义务;(2) 检索全

---

[1] ISO14001:国际标准化机构（ISO，本部在瑞士）认定的环境管理体系的一个代号。由企业活动，产品以及服务等过程对环境造成的负担进行可持续的减低的认证制度。以 PDCA，PLAN，DO，CHECK，ACTION，四个阶段为基本构造。

[2] eco-action21:是环境省为促进中小企业减轻企业活动对环境造成的压力而出台的一项环境管理体系。与 ISO14001 一样，以 PDCA 为基本构造，而环境活动报告与公开制度是它的两大特点。

国处理业者的信息，可以检索到许可自治体，废弃物的种类等信息，根据自己的需要选择适合的处理业者。同时都可以在网上查到各个处理业者的许可内容、处理能力、成绩、财务数据等。

处理业者的获利点有以下三点：（1）许可更新手续的简化，申请资料的一部分可以省略；（2）可以在全国范围内进行信息传输宣传，可以在产废信息网上登载自己的信息，审核通过者的名称将在都道府县还有政令市的官方网站上公布，被废弃物排放企业选择的机会增多，证明各自企业未在过去5年内受过行政处分；（3）致力环保可以享受优惠，享受自治体的绿色招标以及补助金制度，还可以从银行等金融机构进行低利息贷款。

三者共赢的优良评价制度的最大特征就在于充分体现了政府作用和市场机制之间的协调。

1.4　环境意识的启发与参与——日本的夏季便装推广经验

1.4.1　夏季便装的普及与"我要环保"活动

2013年4月30日，笔者看到了一份来自日本政府关于夏季便装[1]实施纲要，内容为日本环境省地球环境局国民生活对策室提议的政府职员在2013年夏季的着装规定。

在日本，长期以来不管是政府职员还是企业上班族，在炎热的夏季或严寒的冬季，上班出勤时都必须穿着系领带的西装。在夏季为提高工作效率，办公室的空调温度势必需要调得更低，而由此带来了更多的能源消耗，将给环境带来了相当大的负荷。如何才能既减少环境负荷，同时又能带来经济利益？日本政府和企业的一些有识之士经过反复论证决定夏季推广实施夏季便

---

[1]　夏季便装是日本政府推行的一项节能环保措施，原则上从每年6月1日到9月30日实施。英文词语为cool biz，笔者又翻译为清凉装。2011年日本大地震以后，为了进一步节能需求，由环境大臣提议内阁会议决定，从2012年开始，实施期间改为每年5月1日到10月31日。相对于夏季便装，日本政府还推行了冬季暖装，英文词语为warm biz，笔者又翻译为煦暖装。

装，并建议一般的办公大楼的空调温度设定在摄氏 28 度（冬季推广冬季暖装，空调温度设定为 20 摄氏度）。这样既能节省能源，减轻环境负荷，同时由于推广普及了夏季便装，还可以刺激一般生产和消费，从而带来相当可观的经济效益。2005 年春夏交际，这一被称作"二氧化碳减排 6% 的计划"[1]，在日本便轰轰烈烈地展开了。这是一个环境意识的启蒙进而全民参与的"我要环保"活动[2]。

推广夏季便装是一场日本式的国民运动。2005 年 5 月 16 日，时任日本环境大臣的小池百合子女士身着夏季便装进行了记者发布会，做了"二氧化碳减排 6% 的计划"的宣言。通过这一杠杆原理，此后小池百合子大臣亲自在报刊上做清凉装的新闻广告，并聘请政府要员、社会名流以及大企业领导者展开了身着夏季便装的时装秀表演，由此带来了叠加效果。在大型连锁的永旺百货店的店面展示夏季便装时，环境大臣又亲临店面视察，并在店头摆放夏季便装时。紧随其后各个企业以"我要环保"活动与之相配合，给夏季便装的普及带来了一个自然增殖过程。同时，日本最大的衣料公司——优衣库的广告也带来了相应的连锁反应。从 2005 年开始到 2007 年，在短短的两年时间里，日本基本上普及了夏季便装，并使日本国民和企业通过"我要环保"活动，环保意识迅速提高。

笔者以为，日本的夏季便装以及"我要环保"活动的普及过程和它的机制——杠杆原理、叠加效果、自然增殖过程以及连锁反应的形成，对我国启发广大群众的环境意识以及积极参与环保活动有非常值得借鉴的经验。

1.4.2 成功因素和效果

政府主导的这一系列活动的成功因素归纳起来主要有以下四个方面：
一、预算分配方面：首先政府在预算分配上，2005 年的重点在举办清凉装

---

[1] 该计划的原文称为 teamminus6%。根据日本政府测算，此计划可以减少 6% 的二氧化碳排放。1.4 节资料主要由日本 e-solutions 株式会社提供。

[2] "我要环保"活动是由日本政府推行，企业自发响应为主的环保启蒙活动，日文原文为"うちエコ"。

的时装秀表演。由时任日本首相的小泉纯一郎以及环境大臣的小池百合子亲自带头，实施"二氧化碳减排6%的计划"宣言。而在2006年重点展开"夏季便装亚洲2006"活动。在2007年重点针对企业、各方面团体、地方政府等进行普及活动。同时设立重点实施总部，进一步对该活动展开评价和质量管控。在这一过程中，确定进度管理，积极展开与媒体、企业以及各方面团体的合作。

二、企业合作方面：在政府推广清凉装的同时，企业为提高自身的印象，以"我要环保"活动与之相配合，从2005年到2007年，全国共有15188家企业和团体参加活动。选取202家企业为重点对象，展开事先调查，并且全面跟进。另外访问了159家企业，对这些企业的营业部长以及负责人等进行2次和3次定期采访。同时，还选取81家企业进行媒体出演宣传，现身说法。做法是先与这些企业事先打好招呼，确定日程，然后派摄影队前去访问，并跟进这81家出演企业的报纸广告。

三、制定评价基准方面：在活动展开过程中，确定评价基准是至关重要的。活动在具体评价标准的基础上确立了评价方法，结合内外（外部审查员的客观性评价）审查委员的评价，本着透明公开原则，进行策划方案的竞争选择。

四、政府显示诚意方面：在活动推进过程中，政府显示诚意是一贯持续性措施得以实行的关键。

而日本的夏季便装以及"我要环保"活动收到的效果可以总结为以下三个方面：

一、经济效果方面：仅在2005年，相对于政府的投入12.4亿日元，所带来的回报效益，先是提升了名义GDP为2140亿日元（是投入效果的173倍）；而后生产波及效果为3331亿日元（是投入效果的269倍）。

二、在实施"二氧化碳减排6%的计划"的减排效果方面：为了实现2012年的既定目标，从2007年开始展开了连续贯彻"一如既往地发展迄今为止的运动"的方针。"二氧化碳减排6%的计划"宣言以后，迄今为止已经取得了多方面的成果。特别是在公共宣传效果方面，取得了相当于整体费用47倍的公共宣传效果，媒体宣传费用87倍的公共宣传效果，通过媒体受理6891件实施意见建议。同时，使得日本的环境保护确立了一批地方合作的成功模式，包括：自上而下型、自下而上型、地区活动型、媒体主导型等。

第一章　日本的城镇化与环境

三、仅就 2005 年的各类成果调查主要包括以下内容（表 1-5）。

表 1-5　各类成果调查汇总（2005 年）

日刊工业新闻	根据日本经团连续 8 个月对 1342 家会员企业的调查结果显示，有 93% 的企业已经导入了夏季便装，其中 6 月份已经导入的企业占到 64%。
日本研究中心	根据夏季便装的相关调查显示，今年的夏季便装支出额已经到达了 1860 亿日元，为去年的 2.1 倍。
南海日日新闻	根据鹿儿岛县县厅 6 月到 9 月的夏季便装相关调查显示，与 2004 年相比，导入夏季便装后二氧化碳的排放量减少了 5.9%。同时，通过节电以及空调房的温度控制，用电量减少 3.2%，用水量减少 8.4%，支付水电费总额减少 500 万日元。
日本纤维新闻	SOGO 横滨店在 5 层绅士馆开展冬季暖装的活动。仅 9、10 两个月，夹克营业额就比去年同期增长了 10%。
日本经济新闻	64% 的人认为今年夏天应实行夏季便装。
富士产经商报	关于全球变暖的一项调查显示，对夏季便装有所理解的人有 89.7%，比例最高，其次是冬季暖装为 81.7%。
纤维时报	实施夏季便装的企业已经有四成，比去年增加一成。并有 57.9% 的企业表示愿意实施夏季便装。
朝日新闻	7、8 月间在日本提倡上班族不戴领带。欧盟的 Charlie Mc Creevy 委员向日本呼吁实施"欧洲版夏季便装"。
帝国数据库	有 41.8% 的企业开始夏季便装，比去年同期增长 9.5%。2007 年夏天预计将会有六成的企业实施或者将要实施夏季便装。
富士产经商报	RISONA 株式会社，集团公司等 600 处店面，实施夏季便装后，允许员工不用戴领带上班（夏装轻便化运动）。
日本经济新闻	调查显示有 46.6% 的回答夏季便装已经在实践中，比前年的调查（30.9%）上升 15 个百分点。
函馆新闻	夏季便装导入之后，函馆市政府大楼仅 7、8 两个月就节约了相当于 8 天量的空调费用，到 8 月末夏季便装总共为函馆市政府大楼节省 80 万日元经费。
东京新闻	东京电力对今年夏天用电量的统计显示，在生产用电量中，由于导入了夏季便装，与去年相比，只增加了 6 万千瓦的用电量，总用电量也控制在 23 万千瓦。
读卖新闻	根据内阁府对减缓全球变暖的家庭措施的调查（允许多项选择）显示，以下几项的选择比例较高。随手关掉无用电器，为节电而努力（71.1%），淋浴时不要空放水（60.2%），控制空调温度，夏天 28 度，冬天 20 度（53.8%）。
朝日新闻	联合国也参考日本的夏季便装做法，奖励将空调调到 25 度的商业大楼。在 8 月份内进行试点实施。如果行之有效，将在明年推广此活动。

1.4.3 成功的运作机制

日本传统的国民活动中的陷阱之一就是目的只在于成立组织,而组织成立后一般都缺乏计划性。同时国家只发布方针政策,企业和国民可以自由地认知和行动。由于国民活动只是政府单方面的考虑结果,因而难以把精神贯彻到企业和国民当中去。更由于国民活动实施期间,年与年之间没有连续性和一贯性,每年的信息都在改变,因此缺乏说服力,从而使得政府的意图得不到传达。再则由于信息量太大而且多元,国民难以把握住重点。政府在同一时间里发布的大量信息导致了接收方(企业、国民)的理解混乱。特别是政府总是认为制作并分发宣传册、传单之类就可以安心,就可以解决问题。

另一方面,在项目政策实施上的典型陷阱就在于一般项目虽然在执行,但很少回过头来观察进程以及结果。同时缺乏评价基准以及中间指标的设定,而只是一味地实施政策。如果没有实施效果测定的话,就无法进行政策偏离轨道的修正,这只能是相同政策的不断重复而已。另外由于单一而且大型的政策太多,缺乏连续性和一贯性。最主要的是由于这些政策依赖大众传媒,无法得到准确的评估,忽视与其他相关政策的连续性和相乘效果。因而在项目政策实施上甚难奏效。

而当日本政府决定实施"二氧化碳减排6%的计划"宣言时,就已经和传统意义上的日本国民活动以及一般企业的广告宣传活动有着本质区别,它是一种全新运动的展开。"二氧化碳减排6%的计划"的特征就在于在活动展开的"评价基准"设定以及"原理、原则"上确立相应的策划,并彻底付诸实施。

日本夏季便装得以普及是针对传统的国民活动提出了六大课题进行改进和探讨的结果。这六大课题是:(1)是否缺乏国家与企业间的合作联合体系;(2)是否只是有限的企业参加;(3)是否缺乏企业与国民间的行动计划;(4)是否信息多元而且量太大同时时间混乱;(5)是否意识很高但付诸行动很少;(6)是否评价基准以及反馈信息的缺乏。

根据以上六大课题,"二氧化碳减排6%的计划"确立了走向成功的内在机制必须是运用杠杆原理，带来连锁反应，随着自然增殖效应，最后取得叠加效果。具体的运作原理就在于：

一、杠杆原理：所谓杠杆原理就是指由国家主导并由新闻广告 TVCM 等集中宣传某个理念。赞同此理念的企业与国家一起宣传，有效率地提高国民的认知和理解。

二、连锁反应：所谓连锁反应是指民众热情高涨的同时，企业也积极响应，进一步给民众带来的波及效果。

三、自然增殖效应：将企业内有影响力的人物或者是部门作为最初倡导者，通过公司内部、集团公司、交易现场等自发性的宣传活动，以等比数列式的方式展开运动。

四、叠加效果：在相乘效果中，通过集合了多个概念的统合方针创造出叠加效果，增大对每个国民的宣传效果。

为了应用以上四个基本原理，首先需要掌握好与企业团体的宣传广告促销；还要有多家企业以及多个团体的同时参与。但是，虽然传统的广告代理商能很好地处理前者的接点，但是缺乏与后者的共时性。因此，必不可缺的要素是要实现后者的工作顺序管理。而工作顺序管理包括设置分工责任明确化以及业务流程明确化的实施总部，进行会议整体的设计／实施定期报告会，确定项目跟进方法，制定优先顺序的决定方案，汇总会议成果，同时推进／可视化进程管理。同时，还要包括各组织的主要分工，各地区活动充满朝气的体制建设——构建地区竞争项目的内容，参加全国性的象征活动，队伍成员的互帮互助等等。比如：在实施夏季轻装时，通过经济团体联合会，让已经参加的企业、服装业、零售商等，对还未引进夏季轻装的企业进行引导，同时展开向"环保亚洲 2006"的成员国扩张，并与媒体合作宣传等。而在实施冬季暖装时，重点从衣食住等观点来实施展开。

日本政府还通过约束性政策、设定努力目标政策以及自主提案政策，加强政策优先顺序的思维方法。约束性政策是指为了展示"政府的诚意"，同时与连锁反应以及自然增殖效应紧密联系的确切度比较高的政策。设定努力目标政策是指需要强化企业和团体加入的政策，用以连接新加入企业、团体、地方和个人的政策,以及招揽不在行业内的企业,进行跨业界联合的政策。自主提案政策其意义就在于能够长远考虑到实施状况的战略方针,促进企业、团体、地方和个人自主建议的政策。与此同时,成功的运作机制还必须包括:推进并可视化进程管理、战略路线图、基本计划、工作进度单等。

笔者认为夏季便装得以在日本迅速推广,得益于日本社会本身所具有的服务精神以及精细化管理的意识。

1.5 日本公共政策的博弈机制形成

1.5.1 公共政策博弈的框架特征

日本的环境政策在20多年的公害污染治理过程中,通过各地民众的积极参与、地方政府的积极推动、中央政府的措施实行、企业的积极应对以及政治立法发挥作用等方方面面做出努力以及起到相应作用,逐渐形成了一个良性的政策博弈过程。在这样的博弈过程中,日本的产业发展和环境治理从"要产业还是要环境"的二者选一命题的对立局面,逐渐变为"即便是为了产业发展,也绝不允许环境污染"的产业与环境友好的双赢局面。

在日本的公共政策制定过程中,环境政策实践具有几个框架性的关键特征,即不断地强调制度性、公平性和合理性。从政府职能的角度特别注重于制度性,首先考虑法律体系建立和制度设计;从企业和居民的角度重视公平性,经过不断地调整让具有相关利益的各方彻底融合;从专家学者和引进科技手段的角度更强调合理性,以期长期操作实践和不断加以完善(图1-12)。以上框架特征是基于笔者多年对日本社会的观察思考以及学术研究的心得之一。的确,政府的公共政策实践是一个高度具体而又细致的工作过程,因此公共政策不仅是管理也是服务。随着城镇化的不断进展,各方面的政策将更趋于精细化管理、精细化服务。

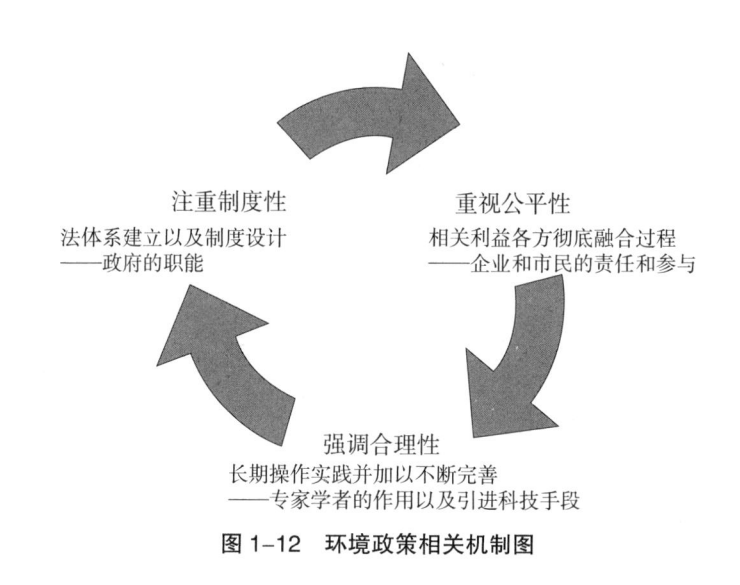

注重制度性
法体系建立以及制度设计
——政府的职能

重视公平性
相关利益各方彻底融合过程
——企业和市民的责任和参与

强调合理性
长期操作实践并加以不断完善
——专家学者的作用以及引进科技手段

图1-12 环境政策相关机制图

1.5.2 居民运动和地方政府的作用

最早于20世纪50年代初的日本，在横滨等地就已经开展了居民参与的防止污染扩散运动，当时数百名居民去当地行政机构进行了上访请愿。特别值得一提的是1963年、1964年在三岛和沼津地区开展反对建设联合企业的运动成为居民参与的最典型事例。当时在日益严峻的四日市市大气污染的背景下，三岛和沼津地区展开的居民运动打破了以往只有受害的农渔民面对企业这一传统惯例，而得到了当地广大市民的深切关心。由此三岛和沼津地区以及周边清水町的地方议会做出了反对联合企业建设的议会决议，迫使即将上马的联合企业建设计划中止。

另外，实际遭受大气污染危害的居民还进行着法律维权运动，其中最具有代表性的一例就是四日市市公害上诉审判。由居民一方于1967年提起诉讼，并在1972年取得最终胜诉。此后在日本，有关公害污染问题的居民参与和居民运动的发挥成为促进地方政府、国家和企业努力防治公害的根本动力。今天，以防治公害污染为开端而展开的居民运动以及相关举措已经扩展到促进公害污染地区的再生和再循环运动等。在环境问题的解决过程中，由市民参与的社会力量监督发挥着不容置疑的重要作用。

同时，在防治公害污染方面，地方政府也起到了非常重要的作用。以 1949 年制定的东京都工厂公害防治条例为契机，多个地区的地方政府也开始制定了相应的公害防治条例，如大阪府于 1950 年制定的大阪府事业场所公害防治条例、神奈川县在 1951 年制定的神奈川县事业场所公害防治条例、1955 年福冈县制定的福冈县公害防治条例等。并且，1955 年东京都还制定了东京都煤烟防治条例。但是，这些条例仅仅规定了有可能造成大气污染的工厂在建立时需要进行书面申请，并没有以定量基准来进行排放限制。

1960 年前后，京滨、阪神、北九州等地的大气污染越来越严重，居民的认识逐渐开始加深，并促使地方政府将其作为公害问题加以应对。1962 年制定的煤烟规制法在第二年得到修订，地方政府明确规定政令中列出的煤烟产生设施以外的设施也是条例进行规制的对象。之后还制定了更为广泛和强有力的公害防治条例，在这些法令下，地方政府发挥了超越国家的应对公害防治措施的作用。1969 年东京都制定了公害防治条例，除了规定工厂或其他设施的申请制度外，还将关于环境基准设定、公害防治计划制定的规定也纳入其中。在此后 2—3 年，神奈川县等数个地方政府也开始在公害防治条例中引入实际总量的规制，之后并实施了大气污染防治法。地方政府除了制定公害防治条例，还根据地区的现实情况采取了与企业缔结公害防治协定等灵活性对策。

在公害问题的初期，地方政府的技术人员在测定技术和对策技术的开发方面发挥了重大作用。由于在 20 世纪 60 年代到 70 年代，日本刚刚开始实施公害预防措施，还没有可以进行大气与水质分析的机构，各县都自己设立了公害研究所。更由于当时专门技术人员不足，一部分地方职员被紧急调用进行培训。为了保证分析测定的可信度，地方政府追加了引进最新分析仪器和计量器的预算。同时为提高职员技能，国家为工作人员提供了各种研修机会。通过国家和地方的合作，提高了环境监测数据的可信度，从而达到了科学管理环境的目标。

1.5.3 国家层面的措施

在战后复兴和经济高速发展的背景下，国家层面的防治公害政策和地方政府政策相比，一直没有得以顺利展开，从战争结束到 1955 年几乎没有可提的政策措施。虽然 1955 年 8 月厚生省制定了生活环境污染防治基准法案，但是由于产业相关的各团体和政府各部委的强烈反对等原因，厚生省未能在国会上提出这一法案。

此后，由于公害问题进一步恶化，1962 年 6 月国家制定了《关于煤烟排放的规制等的法律》。另外，随着四日市市大气污染实际情况的明确，厚生省和通产省成立了联合调查团，展开了污染影响调查和发生源对策调查。这些省呼吁要求明确公害的对象范围、公害发生源造成者的责任、国家和地方政府的职责，以及明确作为措施推进前提的基本原则。1967 年 7 月国家才终于制定了《公害对策基本法》。

《公害对策基本法》规定了目标环境状况的标准，并以达到此标准为目标对其进行限制或采取其他措施，1969 年开始设定了硫氧化物的环境标准。另外，在公害对策基本法的影响下，1968 年 6 月实施的《大气污染防治法》针对硫氧化物导入了 K 值限制。这种方式是根据排放口的高度和所在地区的不同制定了不同的排放标准。直到 1976 年，这一地区制定的排放标准经过八次调整修改，内容也几乎年年呈不断强化趋势，到了 1974 年的修订中终于引入了总量限制的制度。与此同时，日本政府在 1970 年在内阁府成立公害对策本部，1971 年成立环境厅。2001 年环境厅升为环境省。

不可否认的是国家层面的政策措施实际上是落后于部分地方政府的对策。由于具体的环境问题涉及多为局部问题，所以中央政府和地方政府的合作至关重要。如何将国家层面解决该地区环境问题的意见通过地方政府加以实施是问题的关键所在。在日本依托法治力量，国家通过严格执行法制法规的手段统管地方，因此对地方可以顺利地行使监督监管职能。日本的环境管理成功的一个重要原因就在于地方政府能够严格地执行法规，积极采取公害对策。但是，在防治大气污染对健康造成不良影响的对象方面，不应当仅仅限于某个特定地区的居民，而应当是国家全体民众。为了保障民众健康这一最基本国民生存需求，只有国家才能通过法律来确定全国整体的限制标准，并通过强制企业遵守来保证大气污染防治对策的确实实施。

1.5.4 企业的努力和应对

从 1955 年起到 1976 年前后二十年间，日本的企业对防治公害所做出的努力绝对称不上令人满意。对于将无过失责任损害的赔偿责任的相关规定纳入 1967 年的《公害对策基本法》、1970 年的公害罪法以及 1972 年的大气污染防治法等立法过程中，日本的产业界在这些法案的调整阶段，一直采取消极态度。但是，与受害居民的谈判、地方政府和国家层面开始规制措施以及公害判决的败诉等，使得企业防治公害的意识发生了急剧变化，开始将其作为企业的社会责任，将环境污染对策的必要性加以理解并实行。

日本企业的设备投资份额从 1966 年占总投资的 34% 上升到 1971 年的 69%。而用于公害防治投资的比例在 1970 年约为 5%，1972 年上升至约为 6%。而到了第一次石油危机后的 1975 年，投资额达到了 9600 亿日元，占民间企业设备投资总额的 17%。最终公害防治投资成为企业最优先投资的项目之一。

企业通过公害防治投资开发了多种多样的公害防治技术和窍门，达到了严格的排放标准。同时通过设立热管理士、公害防治管理者等制度，企业内部的技术工人们被组织起来，形成了公害防治对策的技术骨干。此外企业还根据所在地的实际情况与当地政府缔结了公害防治的君子协定。这些企业的努力和应对所形成的灵活性对策更好地促进了公害防治和解决环境污染。

1.5.5 良性博弈机制的形成与中国城镇化

通过以上居民的参与、地方政府的作用、政府与国家措施的制定、政治决策与行政选举以及企业应对等各方面的共同努力，在日本环境政策的实践过程中，形成了及时发现问题、把握全局、适时提出议案、综合协调各个部门，以及迅速应用技术来解决问题的内在机制。这种良性博弈机制的形成对日本整体环境政策起到了再认识的作用。譬如：日本每年在处理超过 4 亿吨的产业废弃物时，尽量避免采用一些可能对环境产生不良影响的非法处理方式，推进 3R[1]

---

[1] 3R 是指 Reduce 减量化，Reuse 再生使用，Recycle 再资源化。

循环型社会的构建。因此，不仅是与产业废弃物排放、处理相关的企业及采取对策积极处理环境废弃物的政府，一般民众也具备了环保意识，关心产业废弃物的排放与处理情况。

随着经济的发展，具有全球性影响的环境问题日益突出，中国在城镇化过程中，经济在取得持续快速发展的同时，也同日本和其他发达国家一样，需要面对各种环境问题，而为了应对这些问题，必须形成一种良性的环境政策机制。日本的这些经验非常值得借鉴。同时在日本，当环境问题发生时地方政府不是被动地依赖国家行政职能部门来"发现问题，把握全局"，而是由地方政府率先发现问题，寻求解决问题的方案。比如作为本研究调研对象的北九州市政府率先制定了适应当地实际情况的对策标准或制定标准和条例，在大气和水污染的治理中取得了巨大成功的同时，近年来不断实践产业和环境双赢的公共政策。对于中国来说，日本这些经验都极其具有参考价值。

笔者断言从现代社会的角度去进一步思考中国城镇化过程中的公共政策制定以及实践的前提，在市场机制的作用下，不是以追求行政效果最大化，而应该是体现社会成本（社会痛苦）最小化为目的。以环境政策为中心的日本公共政策实践考察为我国未来的城镇化提供了非常宝贵的经验和启示。

第二章
川崎市的环境行政实践

2.1 产业发展与环境

2.1.1 城市基本概况

川崎市位于日本关东地区，北隔多摩川与东京都相望，南邻横滨市，西接多摩丘陵，东临东京湾。沿多摩川逆流而上，川崎市区范围逐渐扩大，从西偏北向东偏南延伸约33公里，呈狭长分布，最高点海拔148米，最低点海拔-0.365米。此外，除西北部有部分丘陵地区之外，包括神奈川县的大部分地区起伏较少，地形较为平坦。川崎市总面积为144.35平方公里，由自然地理环境及贯穿于整个市区的铁路网、公路网分割成沿海地区（东南部）重化学工业区与内陆、丘陵地区（西北部）生活住宅区。这两种不同的功能地带有机结合相得益彰，共同构成了川崎市。

1923年9月1日发生了关东大地震。之后随着灾后复兴，1924年7月川崎町、御幸村、大师町合并诞生了川崎市，当时人口仅为48394人。随后川崎市区逐渐扩大，人口不断增加。川崎市曾受战争重创，在战后作为重化学工业城市实现了令人震惊的快速复苏。沿海地区形成大规模石油化学联合工厂，内陆地区作为东京的生活卫星城也得到快速开发。1972年，川崎市成为日本政府特别指定的政令城市[1]，下设川崎、幸、中原、高津、多摩5个区，1973年人口突破100万人。川崎市通过采取各种举措解决环境污染问题，加强下水道设施建设，以谋求治理环境与提升社会福利。1982年由于高津、多摩两区人口激增，分割出宫前、麻生两区。川崎市现在共有7个区，总人口已经超过139万。由于物

---

[1] 日本的行政级别分为都道府县（相当于我国的省级行政单位）、市町村（相当于我国的县级行政单位）。而总人口超过100万人的大城市被特别指定为政令都市。

价水平相对便宜,作为东京的卫星城居住区,川崎市总人口依然在缓慢增加。

从笔者得到的统计资料中,可以进一步了解川崎市的具体状况。截至2009年1月1日,川崎市总人口达到1393760人,居住总户数达642104户。这意味着平均每户人口只有2.2人,是一个以单身和小型家族形态为主的城市(表2-1)。

表2-1 川崎市每天生活的基本数据(2007年)

项目	数据	备注
每天出生	39.0人	
平均每户人口	2.2人	
每天死亡	23.0人	
每天结婚	29.8对	2006年数据
每天离婚	8.1对	2006年数据
每天迁入	271.6人	
每天迁出	214.4人	
每户每月用水量	15.5立方米	
每天粪便处理量	21千升	
每天垃圾处理量	1310吨	
每天JR川崎站乘客量	174650人	2006年数据
每天市公交车乘客量	131437人(不含包车)	
每月用电量每户	290.0千瓦	2006年数据
每天火灾	1.19件	
每天交通事故	15.9件	
每天救护车出动	160.6件	
特别看护养老机构	32所	2008年数据
托儿所	135所	2008年数据
市立医院每天门诊患者	3287人	
病床数	10654床	2008年数据
公共出租房屋户数	35835户	2008年数据
消费者物价指数	100.4	2005年=100
外国人居住数量	31014人	2008年数据
每天入港外国商船	7.2艘	

注:备注没有年份的为2007年数据,摘自2010年版川崎市基本生活情况。
资料来源:2011年1—3月调研中,由川崎市环境局提供。

2.1.2 川崎市的产业发展与环境政策的概况

1. 产业发展与环境问题

川崎作为京滨工业区的一部分,"二战"以前就已经依靠东京首都圈旺盛的消费需求和社会资本的积聚,吸引了材料、能源等相关行业在沿海地区的人工陆地区选址建厂。作为重化工业集聚的典型案例,川崎沿海地区出现了环境污染、公害和地区产业的中心衰落化等全国工业地区共通的一些区域性问题。川崎特殊的地理条件使其直接受到首都圈经济成长、城市无计划扩张与国家层面的产业区位规划战略等诸因素的影响。

20世纪50—60年代川崎沿海地区的大气污染问题极其严重。根据记录,川崎区扇町一个月内沉降的煤尘量达399吨/每平方公里,当时工业区道路附近因粉尘遮天蔽日,太阳都看不清。1972年川崎市制定了公害防治条例(新条例),该条例被认为是全国最为严格的条例,推进了工厂的公害防范措施。由于川崎市于同年成为政令指定都市,从而在城市规划及土地区划清理事业等方面获得了开展独立的地区政策的制度条件。

20世纪70年代川崎市的产业政策一方面为大型装备行业的设备更新计划所主导的同时,另一方面也在努力推进沿海地区产业的高度发展与环境污染防治对策的实施。即:针对作为大规模污染源的大型工厂,承认其向沿海地区的新规划填埋用地转移设备,以此为条件,强迫要求这些大型工厂加强相关设备投资,防治环境污染。同时针对造成环境污染问题的中小工厂,则使其迁移至大型工厂的原来所在的工业区旧址,消除工业区、住宅区交叉混杂的现象,将原来位于市内街道的中小工厂旧址改造成适于居住的住宅环境。一般认为,这一政策是一项努力谋求环境污染源向沿海一侧的集中化(即远离居民)与企业布局的合理化、集团化一举两得效果的产业政策。

20世纪80年代随着原材料型基础重化学工业在地区经济中所占的比重日益下降,川崎市逐渐认识到需要进行第三次产业开发升级,以解决产业结构转换及就业问题。为探讨地区经济的未来构想,川崎市设立了产业结构及就业问题座谈会。经过两年的讨论,1981年提出了题为"川崎市产业结构的课题与展望——以产业政策与地区政策的整合为目标"的报告。川崎市于1982年制定电子科技城（Micon City：microcomputer Kawasaki city）计划[1]。建设电子科技城的这一思路与1980年当时的通产省推出的高技术城市构想基本上是一致的。1988年针对川崎市的咨询，"川崎沿海地区21世纪座谈会"提出了"川崎沿海地区的未来远景"。根据建议，川崎市在继续保持、加强和发展研发功能的同时，还要重视改善环境，打造成为多种交流的中枢。

20世纪90年代上半期接受了该建议的川崎市对产业发展远景设想如下：在促进"研究开发基地"地位巩固的同时补充、加强"国际交流"功能，打造"国际化产业创新城市"。批发公司、贸易公司以及物流、运输业等被作为促进"国际交流"的产业而提出来，而具体的项目则是建设完善进口促进基础设施（Foreign Access Zone：FAZ）。此外，"川崎产业振兴计划"也称"振兴与居民生活直接相关的产业群，完善该城市居民的生活环境非常重要"，意识到重视环境是一个成熟社会的产业政策的重要部分。[2]

但是在20世纪90年代，材料工业的重组、合并速度加快，沿海地区的企业也开始在原有业务范围之外探索生存下去的方向。川崎市针对这样的地区制造业再建事业，采取了积极的支援政策。其尝试之一就是川崎环保城。环保城的范围被指定为整个沿海地区，川崎环保城的特色在于通过已有的生产工程对再生资源进行利用，确保了资源回收再生事业的销路，因为解决了销售渠道这一发展难题，所以实施可行性较高。

川崎市在各个时期都提出并实施了各种不同的相应产业政策构想。在政策提议阶段或理论研究层面上人们注意到的如何要使地区、环境与产业相互协调，但实际实施的产业政策却包含着与自然、环境相对立的内容，因而部分产业遭到居民反对而逐渐失去活力。其原因首先在于政策整合的理念本身，这种政策整合并不是为了改善作为居民生息场所的地域环境而调控产业，不是以"环境"

---

[1] 这一计划准备修整川崎市的"丘陵地区"——麻生区栗木地区45公顷的土地，将其中位于核心部分的18公顷用地划归为60—80家左右的微电子相关产业的研究开发设施用地。该计划明确要求来此建厂的条件为"对环境不造成污染的微电子相关产业"，希望通过建立贴近自然的便捷舒适的工作、生活环境，完善研究开发据点，从而使川崎的城市形象焕然一新。

[2] 川崎市打造物流、交流基地的方针也隐含着一个矛盾，由于该方针唤起了汽车交通方面的需求，导致沿海地区大气污染更加严重，使川崎市环境恶劣的负面形象难以改善，从而降低对知识型产业及相关劳动者的吸引力。

为本的政策整合，而是将产业的持续增长放在首位，为满足新产业的需要才改善环境，是一种将"环境"置于"产业"辅助位置的政策整合。

2. 川崎市环境政策概况

川崎市环境治理体系的建立是从一般废弃物处理——即生活垃圾以及粪便收回开始的。川崎市的一般废弃物处理工作始于1900年4月制定的《污物扫除法》，而在旧川崎市以外区域的实施，最初是由民营的垃圾处理企业来进行处理的。由于1924年7月市区扩大，新的市政建立实施之时起，设立了总务科卫生处，来管理一般废弃物。此后，市政府的业务范围逐渐有计划地扩大。1939年7月，川崎市建成了日本首条工业用水管道，自此工业用水管道与生活用水管道分离。

"二战"以后从公共卫生管理的角度，1948年市政府从民营企业收回了垃圾的经营权，1950年又收回粪便的经营权。从那时起，川崎市行政服务进入了一个新阶段。特别是从提高公共卫生水平的观点出发，垃圾处理作为与居民关系最为密切的一种行政服务，由市政府直接经营，进行垃圾的收集搬运和处理掩埋。

从1957年9月川崎市人口突破50万人到1973年5月第100万位居民出生，仅仅不到16年的时间，人口增加了一倍。高速经济增长带来的公害污染，以及因人口增加而剧增的垃圾，使川崎市环境状况严重恶化。川崎市曾一度被列为日本四大污染城市之一。为了维持城市功能和保护生活环境，1972年3月，川崎市颁布实施了《环境污染防治条例》，确立了综合的环境卫生对策；1977年7月，施行日本首个《环境监测条例》，1984年10月，又实施信息公开制度。

1990年6月，川崎市意识到社会形势的变化，公布《垃圾非常事态》宣言，大力呼吁居民和企业等各方共同致力于垃圾的减量化和资源化，并于同年11月实施居民行政监察员制度，1992年将一直以来作为合理处理、掩埋基准的废弃物条例做了全面的修订，使其成为致力于实现资源循环型社会的条例。从此，市政府、居民和企业各方同心协力，开展实施了各种各样的垃圾减量化、资源化的对策，1995年10月，开始利用横贯川崎市东西的铁路运送垃圾。虽然川崎市人口不断增长，但垃圾数量却减少了，环境治理取得了相当显著的成果。1997年3月川崎市宣言成为健康城市，2004年4月全市人口突破130万。

2005年4月川崎市自治基本条例开始施行，12月，川崎市制定了禁止路上吸烟的相关条例，2008年2月，公布"Carbon Challenge 川崎绿色战略"（CC 川崎）。2009年4月，川崎市为应对已经成为严峻世界性课题的全球变暖问题，重新探讨相关制度，为构建以 3R 为基础的循环型社会和二氧化碳低排放量社会，修订了《川崎市一般废弃物处理基本计划（川崎挑战·3R）》的行动计划。2011年3月，为了进一步减少垃圾焚烧量，在全市实行混合纸张的分类收集，同时计划在南部地区（川崎区、幸区、中原区）开始实行塑料容器包装的分类收集。

2.1.3 川崎市大气、水质以及土壤的污染

自明治后期开始，随着日本工业化的进展，川崎市作为日本最重要的工业城市之一迅速崛起而闻名于世。川崎市于1913年开始在沿海地区进行填海造地，从1935年至1940年前后，川崎市已经在填海造地形成的水江町地区建设了钢铁及石油化工等工厂。第二次世界大战以后，钢铁、食品、石油、化工、电视电子、运输设备等各种产业的具有日本代表性的大企业又落户在川崎市。20世纪60年代开始，日本在浮岛町地区建造石油综合设施，随后又对扇岛以及东扇岛地区进行开发，并且持续到今天。可以说，川崎市在高速增长的时期为日本经济做出了重要的贡献。特别是川崎市的沿海地区是狭长的京滨工业地带的一部分，必须通过填海造地，建设工业集群才能得以发展起来。今天，在某种意义上，川崎市引领日本经济不断发展壮大，满足了时代需求的同时，不断创建了与社会时代潮流息息相关的各种新兴产业。

但是，川崎也曾经是日本公害污染最严重的工业城市之一。20世纪60—70年代，川崎市作为京滨工业地区的核心，引领日本经济高速增长的同时，以公害为首的负面影响也在川崎显现，发生了大气污染及水质污染等严重公害问题，导致环境状况急剧恶化。

首先，整个城市被从临海地区的工厂中排放的烟雾所笼罩（图2-1），工厂及汽车排放的大气污染物质，引发了周围大量居民患上慢性支气管炎等呼吸道方面的疾病，特别是刺激性的高浓度二氧化硫污染造成了支气管哮喘病，给许多川崎居民造成了巨大的痛苦。1969年地方政府发布的重度污染预警达29日（表2-2），超过105小时。时至今日，其后续影响以及治疗补偿仍未得到

全面解决。

图 2-1　川崎市的大气污染及治理（1970 年和 2009 年）

表 2-2　川崎市二氧化硫重度污染预警的发布状况

年度	1969	1970	1971	1972	1973
累计次数（日）	29	19	8	7	9
发布时间	105 小时 25 分	53 小时 45 分	21 小时 20 分	19 小时 50 分	14 小时 50 分

资料出处：川崎市公害调查。

　　其次，川崎市的公害污染还表现在重度水污染方面。由于工业废水以及家庭洗涤剂等流入多摩川，发生了严重的水质污染。

　　川崎市水污染公害的发生分三个阶段：第一阶段，从 1900 年开始到战后复兴初期，一些工厂排放出污染物质，导致工厂周边居民的饮用水与农作物受到污染。但是，在这一时期，地方政府在行政上没有进行必要的干预。第二阶段，以 1953 年朝鲜战争结束为契机，战前的钢铁以及机械工业的重建与复兴，川崎市建立了东京电力火力发电厂。此后石油联合企业的形成产生了大规模的煤烟和水污染的公害。1960 年以后进入经济高速增长期，污染日趋严重化，公害的投诉件数急剧增加，迫使国家和地方政府必须采取必要的行动。第三阶段，1975 年前后开始的城市生活型公害的显著化。由于社会经济的发展以及人口向城市聚集和汽车交通量的增加，带来了生活噪音、生活排水、合成洗涤剂、汽车尾气等问题，导致城市生活型公害的显著化。

　　在川崎市这种污染严重的情况下，哮喘病患者、当地居民和劳动者的抗议活动大规模出现。政府行政部门及各企业等必须采取多项措施，恢复空气和水等生活环境的清洁，让居民能够放心生活。

　　川崎市政府实施对大气和水质的环境污染对策始于20世纪70年代。1970年川崎市与沿海地区37家大型企业和39家大型工厂签订《关于防治大气污染的协定》等君子协议。1971年改革派市政府诞生，取代了保守派市政府。川崎市拥有了进入工厂调查的权利和限制污染的权限，并开设公害局。1972年制定了川崎公害防治条例（新条例），该条例被认为是当时日本最为严格的条例，从而推进了工厂的公害防范措施。但是，直到1979年川崎市才基本解决大气治理问题，二氧化硫指标在市区内全部区域达到了川崎市独自严格制定的环境目标值（日平均值低于0.02ppm），并保持到了今天。同时，随着日本下水道的普及等，水质也得到了大幅度的改善。目前，为提升多摩川和鹤见川的魅力，各界正在积极展开与水相关的各种社会活动。图2-1的照片对比，不难理解川崎市是从重度公害污染中走出来的。

　　但是，在垃圾处理问题已经基本得到解决的川崎市相对于大气和水质污染的解决，残留在工业用地中无法消除的土壤污染问题的解决却是这几年才刚刚开始。首先，土壤有害物质的污染问题一般分为两种，一种为重金属类污染，另一种为挥发性有机化合物污染。重金属类仅有少部分溶解于水，所以长期渗透于土壤中，故而难以移动。[1] 由于移动性较差，一般多为局部污染，不会扩散至土壤深层，其典型物质为镉和水银。而挥发性有机化合物由于自然原因（土壤侵蚀）渗入地下。同时，挥发性有机化合物，因其具有挥发性、黏度低、比水密度大等特征，很难在土壤或地下水中分解，而容易渗透到土壤中，转移至地下水和含水层（储有地下水的层），从而使污染扩散至地下深处，并保持液态或以气体形态长期存在，其典型物质是有机磷化合物。

　　从对人体健康的影响角度考虑，有害物质从受污染的土壤渗透到地下水，人们饮用或利用地下水，或摄食污染土壤种植出来的农作物，都会吸收到有害污染物质。由于土壤污染是局部发生的污染，和大气污染以及水质污染不同，无法通过对代表地点的观测掌握污染状况。但是，大气污染和水污染经过一段时间后相应的残留物污染会减少，与此相对，土壤污染却会长期残留，需要投

---

[1] 依据物质的种类，也有易溶于水和易于移动类型的重金属。

入大规模的资金来进行净化。另外，即使发生土壤污染，只要不被人体吸收就不会对健康产生损害。作为防治土壤污染的手段，除净化受污染土壤这一对策以外，还有填充、铺修、封锁等切断人为接触（污染）路径的对策。[1]

在日本又由于土地本身大都是私有产权[2]，土壤污染本身的对象不是具有公有财产性质的大气和水等。为掌握土壤污染的状况，则需要对受污染可能性大的土地展开历史调查，这也是使得土壤污染问题解决起来比较困难的根本原因。

笔者通过几次对川崎市的研究访谈认识到，大气污染作为全球性的环境问题是有目共睹的公害，各国政府也愿意坐下来讨论并解决这一问题。但是水质污染则是区域性的问题，它会给当地居民带来健康上的危害，而在经济上也会给渔业等带来巨大损失，因此相对的关注度也比较大。而土壤污染更是局部性的问题，虽然其危害更具有长期性，但一般认知相对比较弱。针对这种情况，川崎市正在建立相关的土地污染履历[3]，以期准确把握各种土地的污染状况。

2.2　川崎市环境行政政策的机制

2.2.1　政府的行政对策与制度体系

川崎市环境行政政策机制形成主要表现在政府的作用和企业的责任，以及政府与企业互动三个方面。在政府的作用方面，川崎市早在1960年就制定了《川崎市公害防治条例》（旧条例）的公约并加以实施。这在日本也是先于中央政府，最早采取治理环境公害措施和对策的地方政府。川崎市

---

[1]　本节的调研完成于2011年2月。2011年3月11日东日本大地震引发的福岛第一核电站核泄漏事故以后，日本政府为了净化核电站半径20公里范围内30—50厘米深的表土辐射污染，将用20年的时间，投入数万亿日元的净化（日语:除染）经费，除掉残留在土壤中的核污染物质。

[2]　日本的土地制度为土地私有财产制。

[3]　一种相当于医院给病人看病用的病历，记录某块土地在历史上曾遭受过何种重金属或挥发性有机化合物等污染的病历。

第二章 川崎市的环境行政实践

政府面对日趋严重的公害问题，从1965年开始制定一系列公害对策以及法律制度。1968年川崎市独自开始采用大气污染集中监视装置，确立对二氧化硫等污染物的连续监视体制。为了救援公害环境污染的受害者，川崎市还在1969年制定了《关于对因大气污染造成的健康危害的救援措施规则》，建立了公害受害者救援制度，开始施行对受害者的健康救援。而在1970年修改以后生效的14项防治公害相关法令包括：（1）公害对策基本法；（2）道路交通法；（3）噪音管制法；（4）废弃物处理法；（5）下水道法；（6）防治公害项目费企业负担法；（7）防治海洋污染法；（8）有关人体健康的公害犯罪处罚相关法律；（9）农药管制法；（10）防治农用地土壤污染等相关法律；（11）防治水质污染法；（12）防治大气污染法；（13）自然公园法；（14）有毒物及剧毒物管理法。

川崎市的公害对策和制度体系建立大致可以分为以下4个阶段（图2-2）。

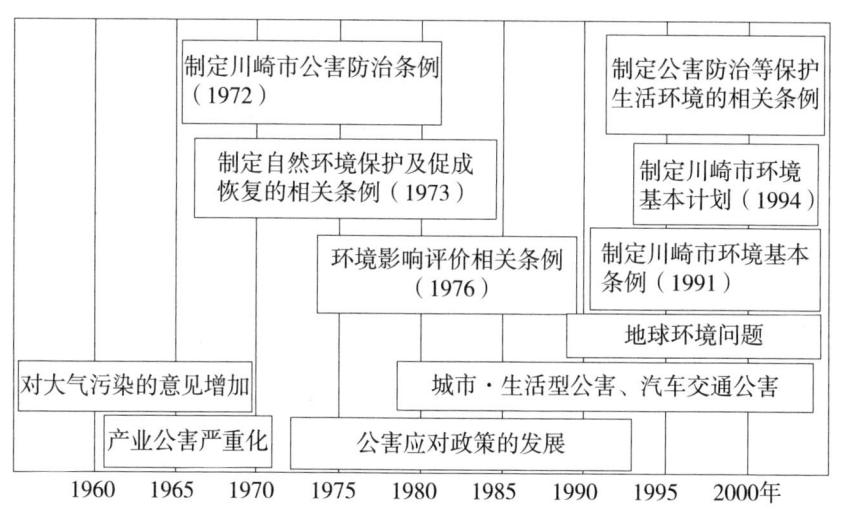

图2-2 川崎市环境公害问题的发生与对策制度变迁

第一阶段从1965年到1975年。1965年制定了最初的《川崎市大气污染警报实施要领》，1967年公布并实施了《公害对策基本法》。1968年向当时的内阁总理大臣提出市议会和川崎市政府的公害对策的意见书，并公布了《大气污染防治法》和《噪音规制法》。1970 年川崎市出现了首次光化学烟雾，针对这种情况，市政府与市内 39 个工厂缔结《防治大气污染的相关协定》。在同一年，东京都杉并区为中心发生了大规模的光化学烟雾，眼睛和喉咙疼痛的被害人数达 6000 人之多。日本政府在这一年召开了防治公害国会，集中审议并通过了 14 个与公害相关的环境法令，1972 年公布《川崎市公害防治条例》，并建成"川崎市公害监控中心"，1973 年进一步设立了"川崎市公害研究所"，1974 年根据市条例，监测硫黄氧化物及煤尘相关总量规制标准开始实行。

第二阶段从 1976 年到 1985 年。1976 年《川崎市环境影响评价相关条例》实施，《振动规制法》公布。1978 年市内 32 家大工厂安装"发生源氮氧化物自动监控装置"。根据《川崎市公害防治条例》，监测氮氧化物相关的总量规制标准开始应用。1979 年川崎市市内二氧化硫浓度的环境标准首次达标。1982 年公害病患者提起诉讼，要求扼制公害，并要求补偿损失。1983 年川崎市安装"水质自动监控系统"，并制定《川崎市洗涤剂对策推进方针》。1984 年《川崎市生活排水对策推进纲要》施行。

第三阶段从 1986 年到 1997 年。在这一阶段川崎市的环境公害问题发生了根本转变，政府的环境政策由以前的公害应对转向防患于未然，并逐步开始普及。1987 年举办"亲近水边的亲子教室"活动，目的在于唤起居民的环境参与意识，并于当年施行《防治川崎市生活噪音的相关纲要》。1988 年成立"川崎市石棉对策推进协议会"，并公布《特定物质规制等为基础的臭氧层保护相关法律》。1991 年公布《川崎市环境基本条例》，1992 年施行《川崎市先进技术产业环境对策方针》，1993 年制定《川崎市河川水质管理计划》和《川崎市土壤污染对策指导纲要》，同年，川崎公害诉讼原告受害者团体与企业之间达成和解。

第四阶段从 1998 年到 2005 年。这一阶段的环境制度体系更加细致和严格。1998 年川崎市率先于全国设立"化学物质负责人"制度。1999 年制定公布《川崎市公害防治等生活环境保护相关条例》，并公布《二氧杂芑类对策特别措施法》。2001 年检测出麻生区内的水质和大气中二氧杂芑类的环境标准超标，据此 2002 年根据《控制特定化学物质的排放量等及促进管理改善的相关法律》

（PRTP 法），开始实行排放量和移动量的申报。同年还制定了川崎市地下水保护计划。2003 年公告《川崎市废弃燃烧设备的解体 施工中二氧杂芑类的污染防治对策纲要》告示，在东京都和神奈川县等开始实施过境车辆《柴油车的行驶规制》，并实施《土壤污染对策法》。2005 年一般环境测定局和汽车排气测定局的全局测定结果显示，浮游颗粒物质环境标准已经达标。

川崎市在实施环境公害的对策和制度体系的建立过程中，防治公害以及环境对应的相关组织也不断完善。今天川崎市环境局不仅有针对本区域的环境对策部、绿政部、生活环境部以及设施部，也有应对全球气候变化的地球环境推进室。

2.2.2 政府对企业的监督——川崎市与企业签订防治污染协议

1970 年川崎市与市内 39 个工厂正式签订《关于防治大气污染协定》的协议，加强了针对公害环境问题发生源的对策。首先，与占市内重油消费量超过 90% 以上的沿海地区的大工厂，签订了防治大气污染协定。协定包括 5 个方面：(1) 制定工厂大气污染防治计划；(2) 预警发布时的措施（缩短生产时间等）；(3) 协商各种环境设备的安装；(4) 发生事故时的措施及报告责任；(5) 使用燃料情况的报告。

同时强化各种规定，1972 年公布《关于川崎市防治公害条例》，川崎市在日本全国率先公布了以采取总量限制为内容的条例。同时建成公害监视中心及公害研究所等体制，开始对大气环境的连续监视，对市内工厂提出更加严格的要求。公害监视中心通过在市内设置的 18 个监测站，连续监视大气环境的污染状况。另外，以大型工厂为对象，通过发生源大气自动监视系统施行自动监视。1976 年公布《关于川崎市环境影响评价相关条例》，建立了环境恶化防患于未然的环境影响评估机制。1978 年对市内的 32 家大工厂，实现了全部安装"发生源氧化氮自动监视装置"。由于市政府的不断努力和企业责任的强化，1979 年终于在川崎市全市范围内，二氧化硫浓度达到了严格的环境标准。

各种法律法规以及行政规制的加强，也促进了居民环保意识的不断提高。同时为了达到符合严格的排放标准，企业也开始对防治公害进行了积极投资并积极开发了各种防治公害的技术。另外，在企业内部培养了具有防治公害相关资格的技术人员，奠定了治理公害环境对策的技术基础。即使在今天，对公害所采取的措施也必不可少。近年来，川崎市在对氧化氮等的对策方面予以推动。

自从1999年制定和公布《关于川崎市公害防治等生活环境保护条例》以来，市政府的环境政策工作重点逐渐从以往的对工厂的产业公害污染防治转向生活环境的保护。

2.2.3 企业的责任与节能体系的建立

企业的责任对治理公害污染和保护环境的技术措施等主要体现在3个方面：(1)设置防治公害的装置和设备；(2)使用燃料的优质化；(3)改进各类生产的制造工艺。

1. 设置防治公害的装置和设备主要包括：采用了称为"终端处理"的技术装置和设备（图2-3），对发生的污染物质进行终端处理。同时废气处理装置主要采用了除尘装置，脱硫装置和脱硝装置去除废气中的污染物质，废水处理装置主要采用了除去工厂及企业等的排放废水中的氮、磷等有害物质的装置。

图 2-3 防治公害污染的设备（左:废气处理装置 右:废水处理装置）

2.使用燃料的优质化则包括两点：首先，通过重油低硫化，提高了重油脱硫处理能力，增加了低硫重油。其次，通过向液化天然气的燃料转换，从重油转换为不含硫的液化天然气，应用于火力发电等的燃料。

3.改进各类生产的制造工艺主要是开发和采用清洁生产工艺，改进制造工艺本身，在实现环境改善的同时，开发了经济性优异的新型环保技术。

企业对于公害治理以及环境保护的技术措施不断进步的同时，引进了各种不同的节能技术，促进实现了能源有效燃烧，从而建立了值得世界学习的日本式节能体系。

众所周知，1973年和1978年，因中东局势的恶化，导致两次全球范围的石油危机。日本受到这两次石油危机的打击，原油的供应紧张和价格高涨。对严重依赖中东石油为能量资源的日本经济造成了沉重打击。由于石油的消费受到限制，原材料被削减、原料及燃料的涨价导致了成本增加等，制造行业受到了前所未有的影响。因此，建立日本的节能体系迫在眉睫。

石油危机不仅对日本经济产生了影响，更对日本社会产生了深远影响。石油危机导致了石油使用量的削减，民众囤积生活必需品等，日本的社会和经济产生了严重的混乱。但是以此为契机，节能的重要性得到了认识，促进了节能技术的开发等（表2-3）。

表2-3 石油危机对日本社会生活的影响

	第1次石油危机 1973年	第2次石油危机 1978年	海湾战争 1990年
危机的契机	第4次中东战争	伊朗革命	海湾战争
石油占一次能源供给比重	77.4%	71.5%	58.3%
原油价格上升率	3.9倍 （阿拉伯轻质原油标价）	3.3倍 （阿拉伯轻质原油现货价格）	2.2倍 （迪拜原油现货价格）
对社会生活的影响	1.囤积生活必需品 2.私家车自主停用 3.加油站休息日停业 4.限制大量用电	1.设定政府机构的暖气和冷气温度 2.节能服装 3.施行节能法	1.设定民用冷气温度 2.要求自主限制购买高价原油

石油占日本能源供给的大部分。由于其供给机制的脆弱性，对于供给不足

等紧急情况，以往日本政府主要采取积极的节能措施。这也迫使日本政府推进新能源和节能政策，节能措施包括研究和开发企业支援体制的建设以及法律建设等。而企业开发节能技术，提高生产效率。通过这些努力，日本产业领域的能源效率达到了世界最高水准。节能活动对保证能源的稳定供给和降低环境负荷也做出巨大贡献，同时通过开发技术和开创新产业，也可以期待实现经济活性化效果。

为了对应石油危机，钢铁行业建设了最先进的钢铁厂。扩大连续铸造设备，同时实现节能和降低成本，并且减少氧化硫等大气污染物质，对日本的环境改善也发挥了积极作用。目前在日本采取的节省资源和节能对策技术包括：在民生部门通过领跑者方式等进行机械设备的效率改善等；在运输部门运用领跑者方式，促进混合动力汽车的普及，提高物流效率等；在产业部门开发节能技术，促进节能投资，行业的自主行动计划的实施期待等。同时，重视部门间横向关联，并通过信息提供和宣传等提高了日本国民的节能意识。

从2005年的各国单位GDP的一次能源供给比较来看，如果将日本的一次能源使用（原油换算吨）比实际GDP作为1.0的话，已经达到先进水平的欧盟27国为1.9，美国为2.0，韩国为3.2，而中国则为8.6。可以说日本的能源效率已经是今天世界最高水准（图2-4）。

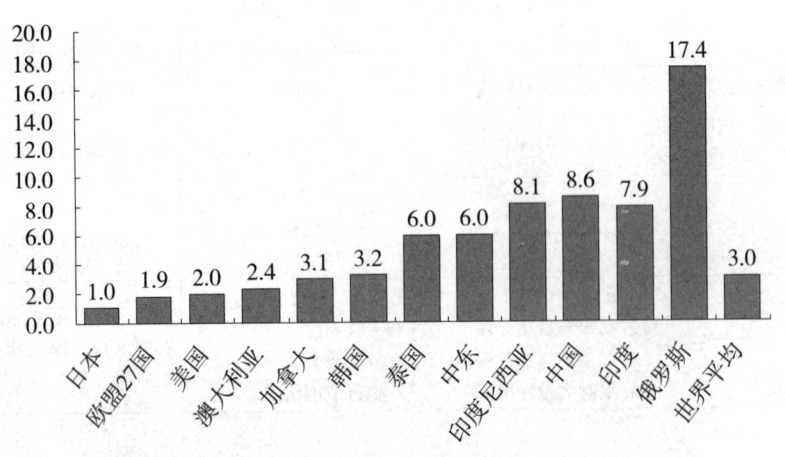

图2-4 各国单位GDP的1次能源供给比较（2005年）

2.3 川崎市的水环境治理事例

2.3.1 日本水治理法律体系

从以上川崎市环境行政政策的机制形成可以看出，日本的地方政府针对不同时期的环境问题，采取不同的应对政策，并形成一整套制度体系。这是日本的各地方政府过去几十年摸索出来的环境行政的重要特征。本节对川崎市水环境治理的行政事例将展开进一步说明。

日本的水环境治理在行政政策方面有了根本改变是从1970年12月25日公布《水质污浊防治法》，并于1971年6月24日实施该法开始的。而该法律经过1978年的水质问题规制制度修正被逐渐制度化，最终修改是1985年出台了《公共用水水域的水质保护相关法律》，与此同时废止了1958年《工厂排水等的规制相关法律并再制定》之后才得以完善的（图2-5）。

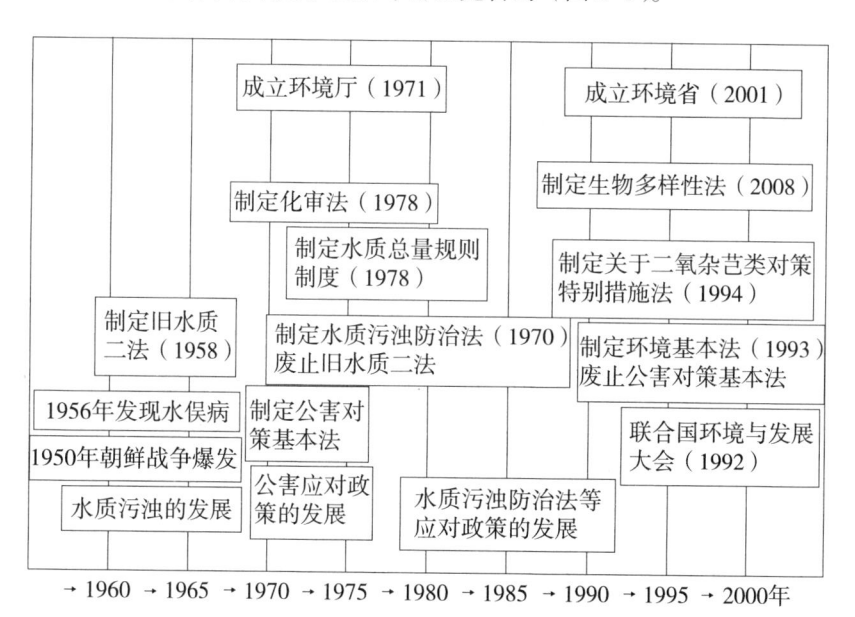

图2-5 日本水环境治理的行政图

由于工业化带来了水质的污染，特别是1956年日本熊本县发现并确认了水俣病以后，1958年政府制定了与水质相关的两个法律。但是这被称为"旧水质二法"的水环境行政法令,由于没有从根本上解决公害环境问题,直到1970年制定《公害对策基本法》以后,真正意义上的《水质污浊防治法》才得以实施。该法主要内容包括以下三点:(1)为防止水质污浊,限制工厂及施工单位向公共用水水域的排水以及向地下水的渗透;(2)推进生活排水对策的实施;(3)在工厂及施工单位排出的污水与废弃液体而对人体健康造成危害的情况下,规定企业有责任做出损失赔偿,保护被害者。1978年的水质问题规制制度的修正内容包括以下两点:(1)包括追加标准在内的现行排水标准中,为了促使难以维持规定环境标准的指定水域(东京湾、伊势湾、濑户内海),提出新制度要求对所有的污浊发生源制定综合性的、规划性的对策;(2)化学需氧量(COD)、氮、磷是治理对象。至此,在法律制定意义上,日本的水治理才告一段落。

今天的日本有一句口号,就是"在日本,水和信息是免费的",这说明日本人对政府的水治理行政的信任。一般认知的日本的水好喝这种信任感,是建立在之前日本政府水治理行政的巨大痛苦转变的基础上。川崎市水环境行政治理过程也毫不例外。

2.3.2 川崎市的水质相关条例以及行政对策

1. 川崎市水质相关的条令

川崎市根据日本国家法令,在1972年3月31日公布了《公害防治条例》,并于1972年9月27日付诸实施(图2-6)。该法律是在公害严重化以及公害相关法律的整理基础上,制定了对施工单位进行综合性规制的条例。主要具体内容包括以下三点:(1)导入总量规制方式与指定工厂的审查制;(2)设定比国家标准更严格的环境指标与排量标准;(3)实施地下水抽取限制。

此后,川崎市又继续颁布了一系列法令法规。随着时代的变化,《公害防治条例法》于1999年12月24日废除,同日取而代之的是《实施川崎市公害防治等生活环境的保护相关条例》。这不仅是为了防治公害,而是为了防治环境保护过程中可能出现的障碍而制定的条令。具体内容包括以下四点:(1)自主完成承担地区环境管理的义务(根据条例,排除双重规制);(2)承担"保护居民健康、确保安全的生活环境"领域的措施实施条例;(3)在防治公害的基础上,争取减少可能妨碍环境保护的"环境负荷",保护人类健康、保护生活环境条例;(4)在采取规制手段的基础上,作为从规制到自主管理的过渡期政策,丰富充实引导自主管理措施。

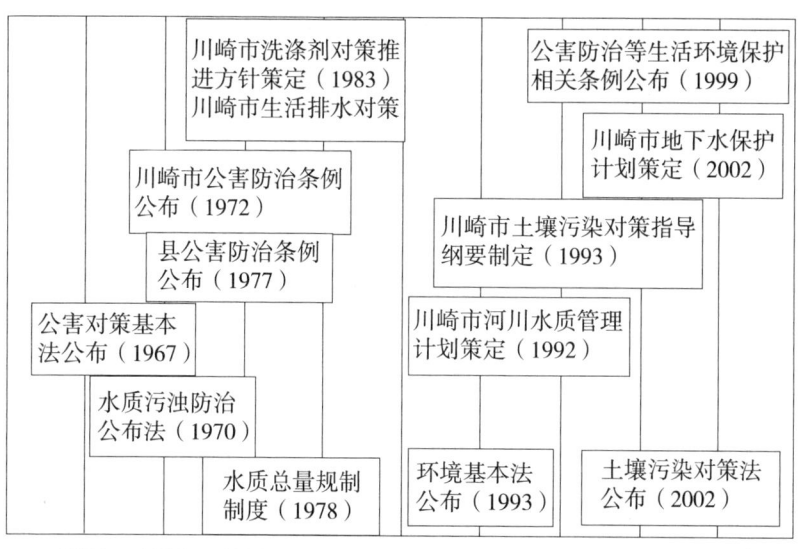

```
              川崎市洗涤剂对策推         公害防治等生活环境保护
              进方针策定（1983）         相关条例公布（1999）
              川崎市生活排水对策
                                       川崎市地下水保护
      川崎市公害防治条例                   计划策定（2002）
      公布（1972）
                                   川崎市土壤污染对策指导
          县公害防治条例               纲要制定（1993）
          公布（1977）
    公害对策基本                   川崎市河川水质管理
    法公布（1967）                 计划策定（1992）

      水质污浊防治
      公布法（1970）
                   水质总量规制     环境基本法        土壤污染对策法
                   制度（1978）     公布（1993）      公布（2002）
    → 1970 → 1975 → 1980 → 1985 → 1990 → 1995 → 2000 → 2005 → 2010年
```

图 2-6　川崎市水环境行政

2. 川崎市主要对策

在公布实施法令法规等条例的同时，政府行政部门还积极展开针对水质相关的对策。从行政方面给予指导，在技术方面给予支持。

行政方面给予指导主要有以下三个方面:(1)环境水质监控和计划;(2)针对发生源的对策;(3)生活排水对策（图 2-7）。

```
1.环境水质监控和计划 →→→→→→加强常时监控
      公共用水区域                          推进水质保护对策
                  河川水质管理计划等生活排水对策
2.针对发生源的对策 →→→→→→监控污浊负荷量
                  使用遥测仪监控
                  指导施工单位
                  实地检查
3.生活排水对策    →→→→→→铺修公共下水道
                  合流式、分流式
                  高度处理、贮留处理
```

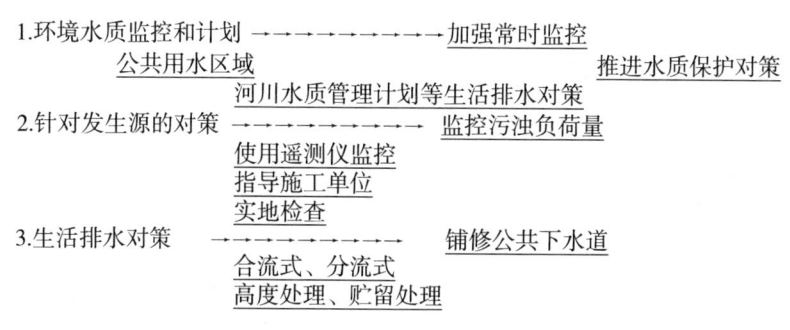

图 2-7　水行政对策指导图

城镇化过程中的环境政策实践

技术方面给予支持就是引进了针对水和大气的自动监控系统，对发生源的水质进行实时监控。该水质监控系统是以水浊法的总量规制对象内的施工单位中，排水量在 5000m³/日以上并且 COD 的污浊负荷量 50kg/日以上的大型工场和施工单位为对象，使用遥测仪收集特定排水的 COD、氮素含量(N)、磷含量(P)以及排水量的数据，COD、N 以及 P 的污浊负荷量进行常时监控。该自动监控系统按法规或者是市独立进行实时监控，以监控结果为依据对环境标准等进行评价。目前共有 18 家大型企业工厂在册登记，成为重点监控对象（图 2-8）。而这些企业必须配合地方政府接受必要的监督。

水质自动监控系统

| 发生源监控工厂·施工单位（市内共18家） | NTT 电路 | （公害监控中心）数据收集装置（中央局装置）数据处理装置 |

发生源水质自动监控工厂·施工单位（2010年3月末）

序号	工厂·施工单位	序号	工厂·施工单位
1	昭和电工（株）川崎事业所	10	昭和电工（株）川崎事业所（千岛）
2	JFE 钢铁（株）东日本制铁	11	日本瑞翁（株）川崎工厂
3	东燃综合石油（株）川崎工厂	12	川崎化成工业（株）川崎工厂
4	新日本石油精制（株）川崎工厂	13	东亚石油（株）京滨制油所扇町工厂
5	新日本石油精制（株）川崎制造所	14	入江崎水处理中心
6	味之素（株）川崎事业所	15	加濑水处理中心
7	（株）YAKIN 川崎	16	等等力水处理中心
8	东亚石油（株）京滨制油所水江工厂	17	麻生水处理中心
9	旭化成化学（株）川崎制造所	18	三荣调节器（株）东京工厂

图 2-8 环境（公共用水区域）的自动监控系统

2.3.3 排水规则的具体实施与水质管理计划

1. 川崎市河川水质管理计划

从 1971 年开始，川崎市政府根据水质监测计划，对 12 条河川、12 处海域定期进行水质调查，并于 1992 年制定了《川崎市河川水质管理计划》。其目的在于保护多摩川水系和鹤见川水系的环境，并营造能够使人与水亲近的环境。

管理计划的环境目标等设定包括以下三点：(1) 从保全水质安全的观点出发，以"保护人类健康的相关环境"为目标，把市内的公共水域作为对象，进行镉、氰基等 23 个项目的水质管理；(2) 从创造舒适安心水质的观点出发，以"保护生活环境的相关环境"为目标，把多摩川水系和鹤见川水系作为对象水域，进行 BOD（生化需氧量）、COD（化学需氧量）、生物等项目的水质管理；(3) 从营造能够使人与水亲近的环境的观点出发，以"按目的分的亲水设施利用"为指南，把亲水设施作为对象，进行 BOD（COD）、DO、大肠菌群、臭氧和水深、流速等其他项目的水质管理。

在川崎市河川水质管理计划中，水质管理的相关基本方针政策包括：水质净化政策、流量对策以及其他对策。其中最主要方针政策是水质净化政策。

水质净化政策又包括以下两个方面：(1) 水质净化的对策（水质保护的综合性调整、水环境模拟、水质保护相关事业）；(2) 削减排出负荷量的对策（工厂施工单位的排水对策、化学物质妥善管理的对策、生活排水对策、强化净化槽的正确管理、下水道整备）。

流量对策也包括两个方面：(1) 确保固有水量（保护地下涌水、涵养地下水、防止雨水流出、导入维系用水）；(2) 保护河流流动状态（确保水深、水面、流速等）。

其他对策，主要是管理河床等的维护，水际线、河岸地、护岸等的整修。

2. 川崎市地下水保护计划

2002 年 7 月，川崎市确认有必要从保护地下水的角度出发探讨地下水相关的政策，并且要在顾全到水循环的前提下开展综合性的、有计划的政策。川崎市地下水保全计划在这样的背景下诞生了。其目的在于通过确保地下水在"对自然环境所产生的机能"与"对人类社会活动所产生的机能"中保持恰当的平衡，使人类享受其恩惠，继承繁衍。其基本目标与预期到 2020 年度达成的具体目标如下:(1)确保周边自然环境中的水边地区的水源→为保护、生态系统,需要促进雨水渗透、涵养地下水,确保现有地下水涌出区域;(2)确保地下水放心使用→推进净化政策,未雨绸缪、防止地下水被污染,维持水道水源地区的水质良好;(3)确保灾害发生时的水源→为保证灾害发生时的生活必需用水,确保有250口灾害时期专用井;(4)确保"地下水、地盘环境"的良好→涵养地下水,妥善管理扬水量,保证在年2cm以上,阻止地盘持续性的下沉。

把握地下水保护政策实施的支柱与方向也形成了以下5个要点:

①把握环境的实际情况→把握地形和水文地质情况、监测地盘下沉和地下水位情况、监测地下水水质、把握地下水涌现的实际情况。

②保护地下水涵养能力→保护绿化植被、推进绿化建设、推进雨水渗透相关设施的建设。

③管理地下水扬水量→正确妥当地管理扬水量、妥善利用地下水、防止施工影响。

④针对有害物质污染地下水的对策→地下水污染的事先预防、地下水污染等的净化对策。

⑤促进普及和启蒙→普及共享保护意识、与相关行政机关单位进行合作。

川崎市根据地下水保护计划,是通过对地下水不断地严格监测测定,目的在于使居住在川崎市人们享受其恩泽,并可持续性地繁衍生息。

2.3.4 川崎市水环境治理的行政效果与经验

根据2010年8月25日的朝日新闻报道,日本国土交通省的调查表明,2010年3月至6月多摩川中洄游的只能生长在清流中的香鱼推算有196万条,这是多摩川历史上香鱼洄游数最多的一年。

2009年川崎公共用水区域的水质测定现状表明,从健康项目的环境达标状况来看,河川(26项目)达标100%,海域(24项目)达标也为100%。再从生活环境项目的环境达标状况河川(BOD)达标100%,同时大肠菌群数也为0%。但是虽然海域(COD)达标100%,由于川崎市有139万人居住,排除农业影响,一般生活排水影响最大,测定的氮为25%、磷为33%。

第二章 川崎市的环境行政实践

川崎市的水环境治理经验表明，关于排水基准（浓度规制）问题，首先从健康项目，即保护人的健康的相关项目入手，然后再根据水浊法，以拥有法律规定的特定设施的施工单位为对象，制定镉、氰基等 27 个项目的规制标准。同时根据市条令，以市内所有施工单位的排水为对象，按照健康项目：法律规定项目＋二氧杂芑实施规制。其次从生活环境项目，即保护生活环境的相关项目入手，然后再根据水浊法，以拥有法律规定的特定设施施工单位（排水量 50m³/日以上）为对象，制定 pH、生化需氧量（BOD）等 15 个项目的规制标准。同时根据市条令，以市内所有施工单位（包括排水量小于 50m³/日）的排水为对象。按照保护生活环境的相关项目：法律规定项目＋镍等实施规制。

关于总量规制标准，以水污浊负荷高的东京湾、伊势湾、濑户内海等流域为对象，以拥有法律规定的特定设施施工单位（排水量 50m³/日以上）为对象，规制项目：COD（化学需氧量）、N（氮）、P（磷）。施工单位的排水，根据作业内容细分成 232 个业种，通过不同业种规定的浓度值与排水量，计算出一天的污浊负荷量规制值。但是，因特定设施的设置和构造的变更时期不同，规定的浓度值也各不相同。为了把握、监测属水浊法和市条例适用对象范围内的施工单位对规制标准的遵守情况，在川崎市范围内实施行政干预检查。2009 年排水的干预检查的实施情况为，法与条例规定适用对象的施工单位 149 家，进行排水检查实施共计 241 个施工单位，共计实施了 432 项检查项目。

到 2009 年 4 月，在施工单位工作排水过程中，根据《水质污浊法防治法》（简称：水浊法），指定特定施工单位为 627 家（个人），又根据《川崎市公害防治等生活环境保护相关条例》（市政府条例），指定施工单位为 2983 家（个人）。按照水浊法二类排水规制，排水标准（浓度规定）包括：(1) 适用于范围内施工单位所有排水口；(2) 必须一直保持达到排水标准；(3) 结合地区实际情况，由县制定条例，且一律高于排水标准的要求，强化该规制（附加规制）。总量规制标准（总量的规制），内容为范围内施工单位的污浊负荷量（COD、N、P）一天内的总量规制值根据工作种类、排水量的不同，每个施工单位的规制值都有所不同。

川崎市经过40多年的水环境综合治理，2009年时隔50年在川崎市东扇岛人工海滨公园，终于又重现了人们在海边赶潮活动的情景。表2-4为2009年川崎市地下水水质环境基准达标状况。

表2-4 地下水水质环境基准达标状况（2009年）

调查分类	区分	测定 地点数	项目数	环境达标情况 达标地点	达标率	未达标项目	检出情况 地点数	检出率%	项目数
概况调查	散点	40	26	40	100	0	27	67.5	5
	定点	9	26	9	100	0	9	100	4
持续监测		51	6	24	47.1	4	45	88.2	6
总计（实际调查数）		100	26	73	73	4	81	81	9

2.4 建立以环境为基础的地区产业发展的新政策

2.4.1 川崎市的政策教训

一般来说，随着产业发展，所呈现出的环境问题分为四个阶段的变化。第一阶段的显著问题为固定环境污染源的基础资源型产业带来的煤烟、工厂排水、噪音、振动等公害；第二阶段的显著问题为移动环境污染源的城市型生活公害带来的汽车公害、生活排水、垃圾恶臭以及噪音等问题；第三阶段的显著问题为化学物质问题，包括二氧杂芑类、环境荷尔蒙等；第四阶段特征为地球环境问题，包括酸雨、臭氧层破坏、地球温室效应。

川崎市在引领日本战后经济高速增长的重工业和化学工业发展的同时，也给当地带来了深刻的公害问题和环境破坏问题。尤其是本应作为居民休憩场所的海滨地带被大范围填埋，临海地区被装备型化学工业园区占据，自然破坏、产业公害、道路公害等多重环境问题对居民生活造成极大困扰。

即使我们来看大气环境的改善情况，也有很多不尽人意之处。20世纪70年代由于公害防治协定的出台，针对煤尘及氧化硫的固定排放源所采取的措施收到一定成效，但是针对氧化氮的工厂排放源措施却收效甚微。自开始监测、收集数据的1973年之后的10年间，来自市内工厂设施的氧化硫排放量从每年的45879吨降至每年的4805吨，约减少至原来的十分之一。而氧化氮的排放量则只是从每年的28554吨（1974年）降至每年的14733吨（1984年），仅缩减了一半左右，直到2000年为止也只是改善至每年的10000吨。而且问题焦点在于来自货运汽车以及过路汽车等移动排放源所造成的污染。根据普通大气环境测定所及汽车尾气测定所的测定，市内氧化氮的浓度虽然没有超过川崎市的规定标准（一小时内每天的平均值在0.04ppm以下），但是汽车尾气测定所的数值要比普通大气环境测定所的数值平均高出0.01ppm—0.02ppm。大气污染最严重的产业道路上70%的交通流量来自货运汽车，针对固定环境污染源采取的"远离隔离"手法已经无法从根本上消除环境污染，最终结果只不过是居住地区的污染源由工厂变为了汽车。

川崎市治理环境公害之后，从1973年开始制定了川崎市产业发展政策。但是川崎市的产业政策因为追随大企业、国家主导的计划和事业，推行优先考虑"产业"整合的理念，其结果是与保护环境的要求产生冲突，不仅在环境再生方面，即便是作为产业政策本身也没有充分发挥功效。此后，川崎沿海地区在没有地区整体产业政策的情况下推进环境污染防治措施、设备的现代化及高效化，但最终结果是，自最初的公害防治协定签订40多年后的今天，依然未能建立起保护资源、环境的沿海地区产业。特别是地区的居民运动、环境运动与地方政府的产业政策之间存在隔阂，地区内部的各种团体及舆论也难以达成一致。在这种缺乏后盾支撑的背景下，针对国家和企业，不得不承认，川崎市地方政府很难站在自己地区的立场上发挥强大的主导性，而作为改善环境问题的城市型产业发展基本政策来看，依旧任重而道远。

川崎市的经验和教训就在于为使环境问题与产业发展停滞问题同时得以解决，就必须将改善地区环境与促进产业发展相结合，使得产业发展带动环境改善，统筹各项政策，这对于任何一个国家和地区都是一个新的课题。而需要解决的问题是如何统筹各项政策，或者说是需要怎样一个过程。与工业化时代先发展经济，再解决环境问题的模式不同，在后工业化、成熟化、知识型社会化的时代，应该统筹规划各项政策，而这些政策应当以与居民生活密不可分的城市和环境为本。必须以"地区"这一协调居民要求、国家政策与企业经营三方面关系、实施产业发展与环境政策的这一角色为焦点，了解政策统筹或者说是政策矛盾的历史发展过程。

2.4.2 建立以"环境"为基本的地区产业政策

川崎市为了脱离这种状态，正在集聚地区的知识和人才，提出一种自己独特的自主内发型的产业与环境政策互相整合的战略构想。由此建立的以居住居民需求相吻合的城市，是以环境状况的改善为基础，在解决地区社会经济问题的同时，通过产业化活动来促进就业。

目前，川崎市地方政府与以往的观点完全相反，在产业政策方面提出以居住在川崎地区居民的需求为基本点，树立为满足居民需求而统筹企业技术与国家制度、财政支持，发展产业建设的新观点。川崎市立足于地区的实际生活状况，面对消费需求已经饱和状态的现代成熟社会，明确社会目标，集中努力开发新技术。这些本身对企业来说也是开拓市场的良机和有效途径之一。

首先，在川崎居民的需求中，对环境方面的愿望是重要的组成部分。在川崎市居民局的调查中，关于川崎居民最为关心的事情是什么，回答为"健康"。对市政府的期望，回答最多的是"防治大气污染及噪音、震动等环境污染"。而关于沿海地区最想要的设施，回答是"公园"。居民要求解决环境污染问题，创造舒适的可以亲近海滩自然的良好环境，在此基础上谋求健康生活。另一方面，川崎市的产业调查也表明市内大型企业对作为未来新兴领域的环境相关产业表现出很大的兴趣。因而随着时代进展，环保经济已被认为是未来充满希望的新领域。如果能够恰当地处理协调地区与企业的利害关系，就可以让企业为改善环境做出积极贡献。川崎市为了改善环境，尤其是实现沿海地区环境的再生，提出了这样一个设想，即聚集当地长期积累的技术力量，开展合作项目，并与未来产业发展相结合。

其次，为了让以地区社会需求为基础的产业政策得以实现，川崎市参照纽约的社区委员会（Community Board）制度，研究制定自己独特的地区组织化政策。从而建立起一种机制制度，能不断积累广泛的底层的居民意见，并将其反映到产业计划及每个具体项目当中。因此地方政府需要具备足够的协调能力和交涉能力，把归纳环境需求并付诸具体实践的环境运动团体与地区的环保产业相关企业组织起来，形成一个利益共同体，并以此为推动力带动其他企业和各个国家机关部门，以地区为主导调整各方利害关系。

最后，20世纪以扩大消费需求为前提，通过扩充设备和规模经济来提高生产效率，与此不同，在环境意识高涨的全球化时代，消费需求被合理抑制和调整。针对最小限度的消费需求，川崎市正在寻找一条能够提供低成本的，并且与后工业化时代相适应的道路。今天的川崎市的产业发展重点已经不是将大量生产带来的副产品、废弃物转变为可利用的资源，而是尽可能地通过地区的再生资源替代资源的输入或是自然资源的投入。努力使生产、流通过程的排放物和废弃物减少至零。而这些措施只有和较大区域范围或是国家层面的产业和环境政策结合在一起实施，才会产生效果。川崎市今后的产业政策的发展目标将定位于构建地区范围的资源、能源管理系统，通过对工厂企业进行地区性整合削减过剩的设备，打造集约化的资源高效利用型的产业结构。向居民公开相关信息，各项目互相监督检查，及早发现环境问题，提前将经营风险降至最小。

产业和环境政策整合的战略需要立足于地区固有的环境需求和地域性的技术积累，根据地区特点提出自己的设想。川崎市的经验告诉我们，今后可以期待出现这样的以环境为基础的地区产业政策，那就是构想以环境为框架的综合的地区规划，以此来整合地区产业发展战略，在地区的主导下开展具体项目，同时让相应的其他地方政府部门以及政府机构参与进来。

2.4.3 川崎生态城构想以及新兴产业建设

川崎市为了实现环境与产业的协调与建设，把因联合工业园区的精简再建而产生的剩余土地改造为沿海地区亲近自然的舒适环境。为了打造成充满魅力的都市空间，吸引和聚集那些尝试进行重化工业地区改造的研究人员和企业。1997年川崎市以川崎临海地区总体（约2800公顷）为对象，制定了"川崎生态城规划"，作为日本首批生态城地区获得了日本政府（当时的通产省）的批准。

日本的生态城项目是在政府（经济产业省、环境省）的支援下，地方政府展开的产业与环境协调发展的城市（生态城）建设项目。地方政府发挥各地区的特点，制定生态城规划，作为"生态城规划"获得政府批准的制度。为了实现该规划，政府实施各项补助。截至 2009 年 2 月，日本国内的 26 个地区的生态城规划获得了政府的批准。在这些地区，运用政府的补助制度建设了 62 个资源再循环回收利用设施。

川崎生态城的特点在于推进企业进行向资源循环型生产活动的转换，将排出物及副产物作为原料有效利用。另外，充分利用临海地区的钢铁、化学、石油化工、水泥等各种产业集中的优势，通过生态城地区内设施之间和企业之间合作，促进在该地区的资源和能源的高度有效循环利用。川崎市从城市再生、产业再生和环境再生 3 个观点出发，推进川崎临海地区的生态综合设施建设，生态综合设施构想的同时，通过向以亚洲为中心的海外提供相关信息以及转让环境技术，努力成为在地球环境保护方面做出国际贡献的地区。

目前，川崎生态城的回收利用设施包括:JFE 环境株式会社开发的废塑料高炉原料化设施和采用废塑料制造混凝土模板制造设施、JFE 城市回收利用株式会社的家电回收利用设施。还有废塑料氨原料化设施、PET to PET 回收利用设施和难以再生的废纸回收利用设施等。

川崎市生态城相关设施如下：

设立 NPO 产业及环境创造联络中心，由位于川崎临海地区的企业构成，为了实现资源、能源循环型综合设施，与行政部门合作展开活动。

① 研究基地:味之素集团内部的最大研究开发基地。

② THINK(Techno Hub Innovation Kawasaki，川崎创新技术中心)的作用:支援创建新项目及进军新领域，以及推进产学联手合作研究的民营主导型开发基地。亚洲创业园基地:川崎的合作研究及产业社区，推进亚洲地区创业家的创业和国际性企业的设立。

③ 土壤清洗设施:对污染土壤进行机械清洗的设施及二噁英污染土壤专用设施的运行。

④ 回收利用性水泥制造设施:利用废塑料及木屑，焚烧灰制造水泥。

⑤ 研究开发基地：日本 Zcon 株式会社的 IT 相关尖端材料、精密产品设计、精密加工产品等的独创性较高的研究开发基地。

⑥ 采用新触媒实现节省资源和节能的实证化制造设施。

⑦ 神奈川河口构想：该构想是在羽田机场的对岸地区构成新场地应对机场的再次扩建和国际化的构想。

⑧ 废塑料的氨原料化设施：采用废塑料制造合成气体生产氨。

⑨ PET to PET 回收利用设施：对废塑料瓶进行化学分解，制造与新鲜原料相通质量的 PET 树脂。

⑩ 天然气发电厂：使用环境负荷较小的天然气进行有效的发电。

⑪ 生物发电：计划实施将建筑废料等作为回收利用燃料进行无二氧化碳的电力提供项目。

⑫ 塑料瓶回收利用工厂：将废塑料瓶作为塑料产品的再生原料回收利用。

⑬ 废塑料的高炉还原剂化设施以及混凝土模板制造设施：以废塑料为原料制造混凝土浇筑用模板。

⑭ 废家电回收利用设施：家电（电视机、电冰箱、空调、洗衣机等）的再生资源化。

⑮ 川崎零排放工业园区：作为川崎生态城的先导性示范设施建立的工业园区。包括：难以再生废纸的回收利用。这是以 100% 的难以再生废纸为原料生产卫生纸的世界首创零排放造纸工厂。

⑯ 对 CO_2 减排做出贡献的石油精制设施。

⑰ 重质油高度统合处理技术的开发。有效制造挥发油等高附加值石油产品。

⑱ 蓄电池及系统的开发：研究开发和生产大型锂离子电池以及与太阳能、风能发电装置一体化的系统。

⑲ 于千鸟、夜光地区综合设施利用川崎火力发电站蒸汽的合作事业：向周边企业供应火力发电站蒸汽，予以有效利用。

⑳ 有效利用资源的火力发电站：实现了 59% 的世界最高水准热效率发电，降低了 25% 的燃料消耗量和二氧化碳排放量。

㉑ 采用综合性能源管理系统。

㉒ 兆瓦级发电设施的建设：合计发电功率达 2 万 kW 的日本最大级别太阳能发电设施，于 2011 年投入运行。

㉓ 风能发电设施的推进：2000kW 级别风能发电设施，2011 年投入运行。

㉔ 新型喷射式高炉：与常规高炉相比，二氧化碳排放量减少了一半，回收利用废料。

㉕ 东扇岛东部公园：时隔半个世纪以后，重新在川崎市恢复的人工沙滩等，使川崎市居住的人们可以投身于大自然以及海洋怀抱的公园。

作为日本纳米技术产学合作研究开发基地，为了实现日本经济的活性化，在环境、能源领域做出国际贡献等，川崎市与 4 所大学的纳米微米加工协会及产业界协作，推进建立世界顶级纳米技术产学合作研究基地，创造新型科学技术及产业。川崎市纳米技术产学合作研究开发基地内容主要包括：（1）先进的加工技术支援项目；（2）产学合作项目；（3）研究项目；（4）培育项目；（5）教育项目；（6）普及宣传项目。这些大学还承担起对工厂劳动者进行高级培训的任务。

川崎市正在以装配技术、加工技术、电子控制、化工技术及信息系统等地区技术积累为基础，追求技术革新，超越以往的技术体系。并通过"川崎创新"支持打造环境和能源领域等的尖端产业。为了解决人类共同的课题，促进创建对国际社会贡献力量的尖端产业，川崎市在临海地区创设了支援创建尖端产业制度——"川崎创新"，对环境、能源、生命科学领域尖端技术的事业化发展提供支持。从事开发和生产大型锂离子电池的企业计划利用本制度于 2010 年春季在临海地区建设生产工厂和研究开发基地。通过对高安全性、高能量密度的大型锂离子电池，以及与太阳能、风能等发电装置一体化的各种蓄电系统的研究开发和生产制造，川崎对解决能源问题和环境问题做出巨大贡献。

另外，川崎市政府积极推进扩大可再生能源等的利用。居民、企业、政府行政部门合作，推进扩大利用太阳能发电及风力发电等可再生能源、工厂余热等未利用资源。推广能源的有效利用，向 10 家周边企业提供火力发电厂的蒸汽，大约节省相当于9300户一般家庭的能源消耗。同时建立兆瓦级太阳能发电设施，计划在临海地区的浮岛地区和扇岛地区建设合计2万kW的兆瓦级太阳能发电设施，相当于约川崎市的5900户一般家庭的年耗电量。还建立了居民共同太阳能发电所，许多居民、团体、企业共同合作，于2008年8月为川崎市国际交流中心完成了太阳能发电设备。这项川崎生态城活动受到了国内外的高度关注，每年有数千人前来川崎生态城视察。2008年5月时任中国国家主席胡锦涛访问日本时，曾经视察了川崎生态城以及废塑料回收利用设施等。

川崎市还在高津地区推进"生态城高津"计划。对于在当地显现的自然环境、社会环境以及生活环境相关的各种问题，要求由当地采取措施。作为川崎市的示范事例，2009年3月，居民协作制定了推动有效利用高津区当地资源建设可持续发展地区社会"生态城高津"的方针。推进方针的构成包括：（1）基本理念；（2）对应地球环境危机时代，在保护自然环境的同时振兴和创造可持续性循环型城市结构；（3）三个基本目标；（4）实现低碳、节约资源社会；（5）推进与自然共生型城市振兴；（6）推进符合当地情况的防灾城市建设。

推进方针的重点包括：（1）温室效应气体排放的削减和吸收对策；（2）对于气候变化造成的水灾及生物多样性减少等不良影响的对策。目前根据该方针，展开了12个项目。推进项目事例有学校领域项目，将学校作为了解水循环机制、保护自然及生态环境的本地示范基地。建造生物空间等，用于学习活动和与地区的交流活动等。还有运用橘地区的农业资源，推进城市建设。运用宝贵的绿地及农地，通过传统的农业经营等推进城市建设。加深农户与城市居民的交流，宣传特产品等信息。

考虑到羽田机场的再次扩建和实现国际化，考虑广域型城市基础设施的建设时期等，推进阶段性土地利用和基地的建设。尤其是对将在全球范围对人类做出贡献的环境、生命科学（健康、医疗、福利等）领域的产业汇集、推进和支援先导性研究，川崎市将结合从2010年度开始的土地区划整理项目推进。川崎市建设还作为面向世界的大门计划，通过羽田机场的再次扩建和实现国际化，进一步促进与国内各地及海外之间的人员、物资和信息的交流。为了使该举措给京滨沿海地区及川崎市的经济带来活力，计划建设横跨多摩川与羽田一侧连接的道路，在机场对岸地区以"环境和生命科学研究开发基地"形成新的交流基地"大门"。

第三章
川崎市的普通垃圾处理

3.1 普通垃圾的回收处理

3.1.1 垃圾处理的历史沿革

1. 垃圾回收搬运的历史

川崎市的垃圾处理[1]工作始于1899年的明治后期原来川崎区区域的垃圾收集工作。自从川崎市的《污物扫除法》实施以后，该法也开始适用于原川崎区以外的地区，1921年又出现了专业垃圾处理的从业者。市政府的环保工作则始于1924年市政实施时的总务科卫生股的设立。1936年大岛地区清扫工厂的建成，川崎市又开始了焚烧处理垃圾的业务。从此随着业务范围和内容的逐渐扩大，1938年市政府收回了垃圾处理业者的经营权，改为市政府直接经营。虽然在第二次世界大战时，川崎市的环保事务受到了巨大打击，也曾一度中断，但是战后立即又重新开始了垃圾收集工作。当时，使用木质的独轮车，每周一次到居民家里收集垃圾，居民家里设有木质或者混凝土质的垃圾箱。此后，川崎市着手研究垃圾收集搬运车的机械化，1955年小型推进器覆盖式垃圾车研制完成，并在相对成熟的住宅地区逐渐增加了垃圾的收集次数。表3-1是1990年以后的川崎市的家庭普通垃圾和企业普通垃圾排出量。

---

[1] 这里的垃圾处理是除企业排出的产业废弃物或产业垃圾之外的所有生活相关联的垃圾。通常称为：一般废弃物、一般垃圾、生活垃圾、普通垃圾等。本章统一称之为普通垃圾。

表 3-1　川崎市的总人口以及普通垃圾排出量的变化

年代	总人口(万人)	企业普通垃圾（吨）	家庭普通垃圾（吨）	家庭普通垃圾的比重（%）
1990	117	77188	458961	85.6
1996	120	80959	397752	83.1
1997	121	85981	394227	82.1
1998	122	84846	386826	82.0
1999	124	91943	367356	80.0
2000	124	102552	364858	78.1
2001	126	118297	356354	75.1
2002	128	129144	356409	73.4
2003	129	128403	355396	73.5
2004	130	155688	307754	66.4
2005	132	145026	308166	68.0
2006	134	146213	308769	67.9
2007	136	139885	301468	68.3
2008	139	124281	296254	70.4

自此以后，随着垃圾收集车的技术不断进步，从小型推进器覆盖式车到复合式覆盖车再到路面垃圾回收车，不断得到改良。随着垃圾车的不断改良、工作人员的操作改进以及机器和材料的不断进步，川崎市的垃圾回收次数也在不断增加。到了 1961 年 4 月由于居民的强烈要求，试点地区开始实行每日回收的方式。后来，为适应垃圾量的增加，增加了垃圾收集车的数量，阶段性地不断扩大垃圾回收事务。图 3-1 为川崎市的家庭普通垃圾处理流程。1969 年 4 月实行了在全市范围内开始每日收集垃圾的制度。但是，随着每年垃圾量的不断增加，普通垃圾排放也更加多样化，超出了垃圾回收处理能力。

第三章　川崎市的普通垃圾处理

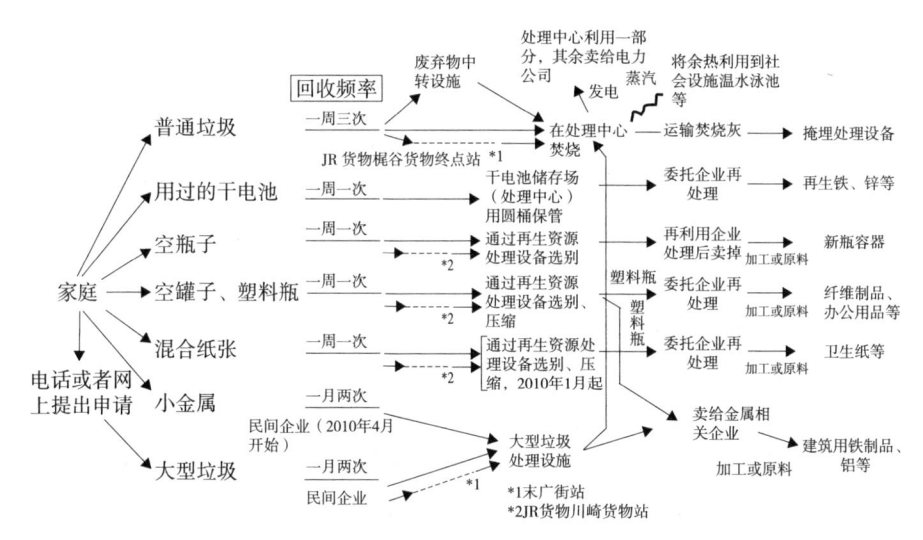

图3-1　川崎市的家庭普通垃圾处理流程

2. 资源回收与减量化和资源化的政策实施

1994年6月川崎市政府发表了《垃圾紧急状态宣言》，为实现家庭普通垃圾的减量化和资源化，开展实施了各种政策。特别是1997年2月开始每周之内有一天不回收普通垃圾，只回收可再次成为可利用资源的资源垃圾，每周的这一天被称为"资源垃圾日"，从1999年开始，这一政策在川崎市的全市范围内全面实施。

经过以上这些努力，家庭普通垃圾出现了减少的趋势，但是服务业等企业的普通垃圾却依然不断增加。为实现服务业垃圾的减量化和资源化，落实服务业垃圾业者处理责任，2000年12月政府修订条例，针对平均每天排放30千克以上垃圾的情况，改变以往的方针，由获得许可证的专门业者来负责收集。2003年10月再次修订了此条例，原则上，政府不再回收服务业垃圾，改为由服务业经营者自行将垃圾送往市内处理设施，或者委托获得许可的专门服务业垃圾处理业者来进行处理。

另一方面，随着日本《家电再生利用法》的实施，继引入家电零售业者不问垃圾排出理由，必须从消费者（居民）处回收四大件家电[1]的制度之后，2003

---

[1] 这里的四大件家电是指彩电、冰箱、空调、洗衣机。

年11月开始了基于资源有效利用促进法的厂家自主进行在此制度下的电脑回收。到了2005年1月过去属于大型垃圾的排气量在50cc以下的摩托车也开始由厂家进行自主回收。此外,日本从2004年开始已经对大型垃圾的处理全部收费。

从2007年4月开始为提高垃圾回收的效率和扩大分类回收,家庭普通垃圾改为每周回收三次,分为周一、周三和周五回收的区域和周二、周四和周六回收的区域。2006年11月开始川崎区和幸区的部分地区开始实施混合纸的分类收集试点工作,2008年4月开始向全市的其他部分地区进行推广,2011年3月开始已经在川崎市内的全部区域实行混合纸类垃圾的分类收集。同时,将在川崎区、幸区以及中原区内实施塑料容器包装分类收集。川崎市通过这些举措,在每年的计划中[1]每周回收三次普通垃圾,每周回收一次空罐和空瓶,每周回收一次混合纸类垃圾,每周回收一次塑料容器包装,每周进行六次垃圾回收[2]。

3.1.2 川崎市的普通垃圾回收过程

1. 普通垃圾的回收方法

川崎市的普通垃圾回收是指除大型垃圾、空罐、空瓶、塑料瓶、混合纸类垃圾[3]、塑料容器包装[4]、小型金属垃圾以及废弃干电池之外的、厨房垃圾类型等的生活垃圾。这些普通垃圾分为下列四种方法[5]排放在垃圾回收指定地点,主要由负重装载垃圾车[6]每周回收3次,按照地区不同分为周一、周三、周五的区域和周二、周四、周六的区域。

①普通垃圾的容器式回收:川崎市根据居民的要求,从1961年4月开始逐渐用容器式回收来替代一直以来使用的混凝土式垃圾箱,1969年4月开始了在全市范围内推行了容器式回收。随着市政府的这项措施的实施,为了垃圾的处理和环

---

[1] 川崎市每年都制定普通垃圾回收处理计划,详细内容请见川崎市制定的2010年普通垃圾回收处理计划。

[2] 在川崎市的高津区、宫前区、多摩区和麻生区则实行每周五次回收。

[3] 2011年3月,混合纸类垃圾的回收在川崎市的全市范围内实施。

[4] 关于塑料容器包装的回收,2011年计划在川崎区、幸区和中原区实施。

[5] 这四种方法是容器式回收、透明和半透明袋子式回收、集装箱式回收、商业垃圾回收。

[6] 普通垃圾回收的负重装载垃圾车为8立方米的车型。

境保护,要求居民将垃圾放入有盖子的容器,并将垃圾扔到指定的垃圾回收场所。

②透明和半透明袋子式回收:为了彻底实现分类排放和防止从业人员在垃圾回收过程中的伤害事件的发生,从1999年4月开始如果家庭内丢弃垃圾时必须采用袋装的方式,并要求使用透明或者半透明的袋子。

③集装箱式回收:为了应对住宅的高层化,川崎市开发了新的收集方法和器材,同时市政府多次与居民协调,实施以下的集装箱式回收方法。

A. 中型集装箱回收:在中层住宅区,设置安全卫生的0.5立方米大小的中型集装箱,利用附有倾倒装置的负重装载垃圾回收车进行垃圾回收。

B. 自动贮存排放式压缩集装箱式回收:针对大规模高层集合式住宅,设置了更卫生的、考虑到了建筑规模和家庭数量的压缩集装箱,利用负重装载垃圾回收车进行垃圾回收。

④商业垃圾回收:2004年4月开始关于商业垃圾,原则上不再由川崎市政府进行垃圾回收。改为由经营者委托有许可证的回收业者进行回收,或者由经营者自行将垃圾运至市内的垃圾处理设施。

2. 普通垃圾的成分和状况分析

川崎市的环保局收集了垃圾回收工作以及垃圾的焚烧处理工作等相关信息,并且定期地进行普通垃圾的成分和状况的分析调查。2000年以后的普通垃圾的水分、可燃成分和灰分的分析,以及高位发热量和低位发热量的变化见表3-2。

表3-2 普通垃圾的三种成分和发热量变化
三种成分(单位:%)

年度 项目	2000	2001	2002	2003	2004	2005	2006	2007	2008	2009
水分	46.7	49.4	47.2	39.2	48.2	47.4	43.2	39.2	38.2	41.8
可燃成分	44.7	41.9	45.0	51.3	43.8	45.1	49.7	54.6	54.6	52.8
灰分	8.6	8.7	7.8	9.5	8.0	7.5	7.1	6.8	7.2	5.4

发热量(单位:KJ/kg)

年度 项目	2000	2001	2002	2003	2004	2005	2006	2007	2008	2009
高位发热量	11064	9941	10514	12682	10669	10585	11748	12338	12900	12070
低位发热量	8991	7605	8296	10489	8032	8241	9343	10432	11000	10110

试验结果一般包括三个方面:(1)未经处理的普通垃圾成分构成;(2)干燥之后的垃圾成分和组成;(3)处理后的垃圾成分构成。2009年普通垃圾的试验结果见表3-3。

表3-3 普通垃圾的成分试验结果（2009年）

未经处理的普通垃圾

可燃成分	52.76%
水分	41.82%
灰分	5.42%

干燥之后的垃圾成分和组成

纸类	48.60%
塑料类	20.40%
厨房垃圾类	11.21%
纤维类	7.52%
草木类	5.58%
金属类	0.91%
玻璃类	0.66%
橡胶、皮革类	0.43%
陶器、土、石块类	0.31%
其他	4.38%

处理后的垃圾

可燃成分	90.68%
灰分	9.32%

3. 普通垃圾回收量的大幅下降

由于市政府的以上垃圾回收政策措施的实施,川崎市的垃圾回收总量从2000年的513591吨下降到了2009年的448789吨。特别是同期间的普通垃圾从364858吨下降到293313吨[1]（表3-4）。仅仅用了10年,普通垃圾回收下降了近20个百分点。

---

[1] 全体排放量包括大型普通垃圾,也包括自行运输搬送的垃圾量。

表3-4 垃圾处理量的推移（吨）

类别	年度	2000	2001	2002	2003	2004	2005	2006	2007	2008	2009
家庭垃圾	普通垃圾	364858	356354	356409	355396	307754	308166	308769	301468	296254	293313
	大型垃圾	18587	13218	13796	19035	8817	9502	9584	9560	8145	8076
	空罐	8942	8491	8069	8306	7383	7204	6904	7890	7543	7420
	空瓶	11709	11429	11582	11859	11057	10894	10926	10966	11013	10930
	塑料瓶	1352	1466	1503	2485	3707	3691	4149	4662	4586	4655
	旧报纸	943	624	528	420	402	480	469	92	118	116
	混合纸类							*25	269	1157	1172
	小型金属	3480	3522	3610	4246	1462	2344	2306	2314	2637	2553
	用过干电池	235	232	266	290	230	243	233	255	249	247
商业垃圾	大量处理	28951	14666	13491	12367	**0	0	0	0	0	0
	自行搬运	73601	103631	115653	116035	155688	145026	146213	139885	124281	119721
道路清洁		933	837	1216	1187	1022	661	700	727	638	586
合计		513591	514470	526123	531627	497522	488211	490278	478088	456621	448789

*2006年开始试点工作（2006年度：约4200户，2007年度：约15200户，2008—2009年：约100000户开始实施）。
**2004年开始，市政府停止了商业垃圾的回收。

特别是2004年川崎市全面导入资源垃圾回收以后，普通垃圾的排放量更进一步下降，取得了令人吃惊的成绩。普通垃圾排放量从2000年的每人每天899克下降到了2009年的每人每天638克，10年间下降了30个百分点（表3-5）。

表3-5 每人每天的普通垃圾排放量（克）

年度	2000	2001	2002	2003	2004	2005	2006	2007	2008	2009
一般家庭排放量	899	855	846	849	715	707	701	673	654	638
全体排放量*	1126	1113	1125	1123	1044	1008	1001	954	900	872

* 全体排放量包括大型普通垃圾，还包括自行搬运搬送的垃圾量。

3.1.3 川崎市的资源垃圾回收过程

1. 资源垃圾回收的背景

川崎市沿海地区的资源垃圾回收再生事务如雨后春笋般发展起来，其主要发展背景可以考虑有以下几点原因。

第一，容器包装回收利用法、家电回收利用法等各种废弃物相关的法律制度逐步完善，对于企业和地方政府来说，回收利用系统的完善日益成为当务之急的课题。特别是如何将以东京为中心的首都圈产生的庞大垃圾变废为宝，成为一项重大任务。

第二，因为川崎市的联合工业区原本就是依靠各工厂间副产品与原料的相关利用关系建立发展起来的，所以针对消费过程中产生的资源垃圾回收，也具备相对优势的应对设备和技术基础。

第三，从确保稳定的原材料来源以及节约成本的观点来看，由于工厂、企业的整合重组活动在全国范围展开，靠周边的企业供给的原材料已经无法满足需求。如果能够将东京首都圈产生的大量废弃物资源回收利用，就不会担心没有稳定充足的原材料供应源。通过行政手段将普通垃圾收集起来，根据情况还可能有收入[1]，所以即便扣除搬运产生的费用，作为原料、燃料加以利用也可以大大降低成本。如今，在日本开展资源回收事务也变成了材料型工业企业改善收益的一种市场策略。

第四，也可以期待废弃物相关业务能够解决沿海地区那些难以出售或转型利用的空地的有效利用问题。日本国土交通省在"城市再造"计划之前，曾经讨论过，被视为21世纪的朝阳型产业的行业当中，废弃物处理、再生事务以及高科技产业被一般市区所排斥，因此可以应该引导其到远离市区的沿海工业带的空闲地选址建厂。

需要指出的是，川崎市制定的《环保城计划》有可能存在着单纯将川崎作为东京首都圈废弃物集中处理据点的问题。虽然环保城可以实现废弃物政策与产业政策的整合，但由于局部地区废弃物物流过于集中以及使用未成熟技术的

---

[1] 大量的废弃物作为资源回收，不仅不需要支付购买费用，反而还可以收取相应的处理费用。

大型设备，存在着导致环境风险的不确定性。从这个观点来看，川崎市的《环保城计划》还不能称为沿海地区环境再生计划。根据资源回收利用产业的"经济规模性"特点，随着产业发展壮大，反而有可能诱发产生更多可以作为原材料来源的废弃物。与企业签订防治环境污染协定，实施包括产品生命周期评估在内的严格的环境影响评估，向居民公开事务具体内容，让其协助监控环境污染防患于未然等等，这些都是川崎市开展环保城计划的最低要求。

2. 空罐、空瓶、塑料瓶、旧报纸、塑料容器包装以及混合纸类的资源垃圾回收

为处理多样化的废弃物，实施以废弃物的减量化和再资源化为目的的分类收集，1977年10月开始政府在川崎区的约10000个家庭中试验性地开展了空罐的收集。随后这项空罐收集试验逐渐扩大了回收的地区，1991年底基本上扩展到了川崎市全市范围。1998年底川崎市政府确立在全市范围内展开全面回收空罐，以前一直进行容器式回收空罐，1998年以后与塑料瓶的回收开始相结合，实行了用透明和半透明袋子回收空罐。

为实现废弃物的减量化和再资源化，1991年3月开始，大师环境生活事务所，由一辆空瓶专用回收车进行了约一年时间的空瓶分类试验性回收。在此基础之上，进一步研究探讨了回收车辆和容器，1992年在各区设立试点开始回收工作。1993年开始，在全部生活环境事务所分配了回收车辆，扩大了回收地区，1999年10月开始在全市范围内开始实施回收空瓶。

日本政府制定的《容器包装再生利用法》的实施，广大居民的分类回收垃圾开始普及，也是商业垃圾的经营者自主回收的开始。1999年2月在川崎区、幸区以及中原区,将塑料瓶作为川崎市"资源日"的对象品种来进行收集回收。此外，高津区、宫前区、多摩区和麻生，从2003年也开始了分类回收塑料瓶，另外，也采用透明和半透明袋子封装后和空罐一同回收的方式回收塑料瓶。

关于旧报纸的资源化回收的基本方式是由川崎市本地居民组织进行资源集体化回收的，同时作为集体化回收的补充业务，从1992年7月开始在垃圾回收时尽量回收被投放至垃圾站点的废旧报纸。

另外，从2011年3月开始川崎区、幸区和中原区实施分类回收塑料容器包装。还有从2007年11月开始川崎区、幸区的一部分试点区域，把旧报纸之

外的其他纸类垃圾作为混合纸类垃圾进行分类回收。2008年4月开始试点地区的范围扩大,该范围约覆盖了10万户居民,2011年3月全市范围已经展开分类回收混合纸类的垃圾工作。

3. 小型金属和使用过后的干电池的回收

随着"资源日"的实施,1997年2月川崎市开始了小型金属垃圾的分类回收,在此之前一直作为普通垃圾或者大型垃圾被排出的小型金属类[1],在每周一次的川崎市"资源日"作为杂金属类被回收。2004年开始改变制度,作为小型金属垃圾在大型垃圾回收日进行回收。从2010年4月开始回收搬运业务委托民间业者进行。

为了促进生活环境的保护和废弃物的合理处理,从1984年10月开始川崎市每月一次[2]对使用后的干电池进行分类回收。从1988年4月开始每周的周三,即现在的资源物回收日进行回收。但是要求用透明袋装好再丢弃到垃圾站。

4. 大型垃圾的回收

随着人们的普遍生活方式的改善,耐久消费品等大型废弃物不断增加,居民对其进行回收处理的愿望增强。此外,一般的垃圾回收车由于车辆构造不适宜大型垃圾回收,从1968年12月川崎市开始了一般家庭排放的各种电器制品、家具、废旧建材、榻榻米等大型垃圾,所谓耐久消费品的回收。

当时,附近的居民按照各个街道会等居民组织规定的日期和地点放置大型垃圾,实施每月2次的定时定点回收。但是,由于有的居民不能按照规定的时间排放,以及从其他地区运来大型垃圾,指定垃圾丢弃地点很多都变成了大型废弃物非法丢弃场所。因此,市政府通过与居民组织的对话协商,从1975年开始改为根据居民的申请决定日期依次回收大型废弃物和垃圾,1978年除去一部分地区之外,全市大部分区域内都已经实施该办法,现在全市范围内都实行此回收方式。大型垃圾的回收一般都使用专用车辆。

随着日本《家电再生利用法》[3]的实施,从2003年4月开始,市政府不再对四大件进行回收。不问丢弃理由,引入了非消费者,由家电零售业者回收的

---

[1] 锅、水壶、剪刀、菜刀等不再被使用的小型金属类。
[2] 每月的第三个星期三。
[3] 该法全名又称为《特定家用电器再商品化法》。

系统，这一回收方式称之为"川崎方式"。此外，从2004年4月开始在对象家电中增加了冰柜，从2009年4月开始，又追加了液晶和等离子电视机和衣物干燥机。厂商根据基于《家电再生利用法》的条文进行自主回收。家用电脑、50cc以下的电动车也分别于2003年11月、2005年1月开始遵循这一制度，由厂商自主回收。

以2004年4月的大型垃圾收费化为契机，大型垃圾的丢弃处理，从向各生活环境事务所申请改为向大型垃圾受理中心申请，从2008年4月开始大型垃圾的回收搬运业务已经委托民间业者进行回收处理。

5. 道路垃圾的回收

川崎市车站前的广场和人行道的公用垃圾箱里的垃圾由道路垃圾回收车进行回收，此外，对川崎车站周边地区由人力进行清洁。

①道路垃圾回收车，包括：公用垃圾箱、烟蒂的回收以及人行横道的清洁。

②人力进行街道清洁，包括：商业街、人行道、站前广场等的清洁。

6. 针对特殊家庭的"接触式回收"

需要指出的是从2000年4月开始，川崎市对于无法将普通垃圾以及大型垃圾等自行运至指定垃圾回收场所的老年人、残疾人等，依据他们的申请，实行到家门口直接回收的"接触式回收"方式。

3.1.4 普通垃圾的搬运和最终处理

1. 垃圾的搬运

川崎市为了使市内产生的垃圾在四个处理中心平衡地得到处理，1995年10月开始利用市内贯穿东西的连接内陆和沿海的铁路来搬运垃圾。将西北部地区产生的普通垃圾，以及一部分大型垃圾和经过焚烧处理后产生的灰烬，通过铁路从JR货物梶谷货物终点站搬运到神奈川临海铁路浮岛县末广站，再通过卡车从末广站运至浮岛处理中心和浮岛填埋事务所进行掩埋处理。

此外，随着分类回收的全面展开和扩大，川崎市从1998年12月开始搬运空瓶，1999年4月开始搬运空罐，2003年9月开始搬运塑料瓶，2008年开始搬运混合纸类。人们将分类的资源垃圾经由铁路运至JR货物川崎货物站后，再运至各个垃圾处理设施,进行资源化处理。铁路搬运垃圾情况见表3-6。

表3-6 2009年铁路搬运垃圾实际情况与2010年计划情况

	2009年实际量		2010年计划量	
	搬运量(吨)	集装箱数(个)	搬运量(吨)	集装箱数(个)
普通垃圾	25479	4423	26080	4717
大型垃圾	1509	2197	1722	2570
焚烧后灰尘	26203	3483	27251	3617
空罐、塑料瓶	1451	2017	1347	1872
空瓶	3090	1475	3068	1434
混合纸类	481	232	2116	1053

铁路搬运,代替了一部分一直以来单一的卡车搬运,灵活运用JR货物线和神奈川临海铁路,用铁路来搬运普通垃圾的做法在日本全国也尚属首次。由此,改善了伴随交通情况的恶化产生的搬运效率的低下状况,达到了顺利推进垃圾处理事务的目的,同时减少了卡车尾气的排放,减轻了环境的污染。

2. 普通垃圾的最终处理

为了更加卫生地最终处理普通垃圾和废弃物,以及延长川崎市的海边填埋处理场的寿命,尽早确立普通垃圾和废弃物全部焚烧的体系,川崎市进行了公害防治设备的准备,确保今后垃圾处理体制稳定的同时,不断改善处理垃圾的方式。

①普通垃圾、商业性普通垃圾:回收的普通垃圾和搬运至处理设施的商业性普通垃圾,在浮岛处理中心、堤根处理中心、橘处理中心和王禅寺处理中心全部进行焚烧处理。各处理中心引进了以排放的废气和废水为中心的公害防治技术,同时,加强彻底地进行焚烧处理普通垃圾的运营管理。

②大型垃圾、小型金属的最终处理:市政府回收以及一部分被运至市内设施的大型垃圾和小型金属,由浮岛处理中心和橘处理中心的切断破碎机以及旋转破碎机进行中间处理。铝和铁类回收之后,对可燃物进行焚烧处理。

此外,为防止含氯氟烃对臭氧层的破坏,对被运至大型垃圾处理设施的使用氯氟烃作为制冷剂的电器制品[1]进行回收和合理处理。从2009年4月开始,浮岛

---

[1] 不包括《特定家用电器再商品化法》的对象家电。

处理中心和橘处理中心的大型垃圾处理业务全面委托民间业者进行最终处理。

③空罐、塑料瓶：将回收到南部再生利用中心、堤根处理中心资源化处理设施以及橘处理中心内的垃圾贮存场的空罐和塑料瓶运至水江空罐塑料瓶再生利用中心，进行通过手工分辨→磁力分辨和铝分辨→压缩处理的资源化最终处理。

压缩成形的空罐，被作为压缩铝和压缩钢售出。从 2009 年开始压缩的塑料瓶，约 1/4 委托财团法人日本容器包装再生利用协会，约 3/4 委托市内的再生利用业者进行再商品化。

④空瓶：回收的空瓶被运至南部再生利用中心和堤根处理中心资源化处理设施，手工分别选出可继续利用的空瓶，按照无色、茶色、黑色、青绿色等颜色分拣和出售。

⑤混合纸类：对试点地区的混合纸类进行分类回收后，委托市内的再生利用业者进行资源化处理。

⑥使用过的干电池：使用过的干电池回收后，暂时储存在处理中心、加濑清洁中心、南部再生利用中心和 JR 货物梶谷终点站内的资源物中转设施，然后委托进行资源化处理。现在，虽然日本国内生产的干电池没有使用水银，但是一部分进口的干电池含有水银，此外为实现锌和锰的再生利用，川崎市正在继续朝着资源化处理的方向进展。

⑦废弃荧光管：从 2008 年开始，作为试验性的回收业务展开，在各生活环境事务所设置回收试点。回收之后，委托进行资源化处理。

3.2 川崎市的垃圾处理工作与垃圾处理设施

3.2.1 川崎市的垃圾回收搬运车辆办公配置

2010 年川崎市的垃圾回收搬运车共有 286 辆，比 2009 年减少了 14 辆（表 3-7）。按照各个功能部门分为垃圾回收部门 186 辆、道路清扫部门 6 辆、垃圾中转处理部门 45 辆、粪尿和净化槽清扫部门 20 辆、粪尿处理部门 2 辆、掩埋部门及其他部门 27 辆。今后，川崎市重点着力于垃圾回收搬运车的以下三方面的展开运用。

①进行车辆的调查及研究:川崎市为更加良好及顺利地运营垃圾处理事务,调查和研究相关的垃圾回收搬运车辆的资料,力图开发一种以安全作业为前提条件,拥有高性能、高效率,且舒适快捷的垃圾回收车辆。

②导入低公害车辆:作为防治汽车尾气造成大气污染的对策,川崎市将导入低公害的垃圾回收搬运车辆。

③导入运送专用车及垃圾中转车:随着日本全国第一例通过铁路进行垃圾运送搬运,川崎市从1995年起导入了垃圾运送搬运专用车辆。并随垃圾中转处理的开展,从1995年也导入垃圾中转处理用车辆。现在,川崎市拥有巨型垃圾铁路搬运用集装箱48个,大型垃圾铁路搬运用集装箱44个,焚烧残留灰烬的铁路搬运用集装箱50个。此外,还有带吊车的巨型垃圾中转搬运用集装箱28个。

表3-7 川崎市垃圾搬运车辆一览表(辆)

区分			2009年拥有数	2009年租赁数	2010年拥有数	2010年租赁数
垃圾相关	垃圾回收部门	超小型垃圾回收车	0	2	0	2
		CNG 小型垃圾回收车	2	2	2	2
		小型垃圾回收车	6	29	4	23
		混合式小型垃圾回收车	4	6	7	6
		CNG 中型垃圾回收车	5	1	1	0
		中型垃圾回收车 8m^3	29	24	27	22
		中型垃圾回收车 8m^3(附带集装箱翻倒装置)	20	26	20	25
		中型垃圾回收车(强制压缩)	11	2	12	2
		中型垃圾回收车(附带压缩板及集装箱翻倒装置)	0	5	0	5
		大型集装箱式货车	0	3	0	3
		小型空玻璃瓶回收车	0	23	0	23
		小计	77	123	73	113
	道路清扫部门	道路垃圾回收车(3m^3)	0	2	0	2
		道路垃圾回收车(4m^3)	1	3	1	3
		小计	1	5	1	5

第三章 川崎市的普通垃圾处理

续表

垃圾中转处理部门		大型垃圾中转搬运车（可吊车辆）	15	0	15	0
		大型垃圾中转搬运车（铁路搬运用）	0	5	0	5
		CNG中型大型垃圾回收车（铁路搬运用）	0	2	0	2
		残余灰烬搬运车	0	5	0	5
		残余灰烬搬运车（铁路搬运用）	0	7	0	7
		中型沉淀池清扫车	0	1	0	1
		大型沉淀池清扫车	0	1	0	1
		动物尸体搬运车	0	1	0	1
		粉碎垃圾搬运车	0	2	0	2
		粉碎垃圾搬运车（铁路搬运用）	0	1	0	1
		铲车	5	0	5	0
		小计	20	25	20	25
粪尿和净化槽相关	粪尿和净化槽清扫部门	小型粪尿回收车	0	8	0	8
		大型粪尿回收车	0	1	0	1
		小型净化槽清理车	0	3	0	3
		中型净化槽清理车	0	6	0	6
		大型净化槽清理车	0	2	0	2
		小计	0	20	0	20
	粪尿处理部门	脱水污泥搬运车	0	1	0	1
		储存槽清扫车	1	0	1	0
		小计	1	1	1	1
掩埋部门及其他		器材搬运车	1	0	1	0
		再利用品搬运车	2	0	2	0
		轻四轮货物自动车	19	0	19	0
		掩埋维持作业车（喷洒药剂车）	0	1	0	1
		车轮记忆器	1	0	1	0
		面包车	0	3	0	1
		小型客货兼用车	0	0	2	0
		小计	23	4	25	2
合计			300		286	

· 81 ·

3.2.2 川崎市的垃圾焚烧设施的环境因素和效用

1. 防治公害的环境对策

川崎市为防止在垃圾处理过程中对环境造成污染,并为更加减少限制排放物质及非限制排放物质,将焚烧管理工作做到位,在强化垃圾焚烧的测试机能以及完善各种消除污染设备的基础上,采取各种有效的环境对策措施。

①废气对策:对于焚烧后的废气中所包含的煤烟,将通过拥有高效去除煤烟功能的过滤式装置进行处理,堤根处理中心及王禅寺处理中心则采用电器式集尘器。

②废水对策:通过生化技术及物化技术的并用处理方式进行处理后,方才排出废水。浮岛处理中心及王禅寺处理中心,则尽可能地将焚烧垃圾时产生的废水在本设施内进行再利用,并致力于尽可能减少将废水放出。

运用生化技术及物化技术的去除方法:

A. 浮岛处理中心:无机处理凝集沉淀法,有机处理生物降解+凝集沉淀+砂石过滤+活性炭吸附法。

B. 堤根处理中心:无机处理凝聚沉淀法→排放至下水道。

C. 橘处理中心:无机处理凝聚沉淀法;有机处理生物降解+凝聚沉淀+砂石过滤+活性炭吸附法。

③臭气对策

作为垃圾堆放场地的臭气对策,将场地前方的站台上空进行遮盖,并安置透气帘,以防止臭气向外面散发。并且,含有臭气的空气将被输送至垃圾焚烧用的焚烧炉内,经过热处理后防止其流入外部。

④飞尘对策

通过过滤式集尘器捕捉到的飞尘,将被注入重金属稳定剂,并将其变为稳定灰烬。

⑤减少二噁英类对策

A. 根据《二噁英类对策特别措施法》制定了二噁英类排放规定标准

a. 废气:已有的垃圾焚烧炉(4吨/小时以上)相关废气排放标准,1ng—TEQ/m3N(2002年12月1日起)。

b. 废水：已有的垃圾焚烧炉（4吨／小时以上）相关废水排放标准，1pg—TEQ/L（2003年1月15日起）。

c. 煤渣：已有的垃圾焚烧炉相关煤烟、残留煤渣灰烬排放标准，3ng—TEQ/g（2002年12月1日起）。将煤渣以及炉渣在最终处理厂进行掩埋之际，应遵循减量处理所需的二噁英类的排放标准。但对于混凝土固化、药剂处理及抽酸处理过的部分，不适用此标准。

B. 削减二噁英类对策措施

作为二噁英削减对策的实施对象的，市管辖范围内的垃圾焚烧处理设施进行的二噁英削减对策如下。

a. 将焚烧温度定在80℃以上，使其完全燃烧。

b. 为防止二噁英的再次合成，通过废气冷却设施使其降至−200℃以下。

c. 通过高效的煤烟去除机拥有的废气处理设备，将煤烟及二噁英类予以去除。

为将废气中的二噁英浓度降至1ng—TEQ/m3N以下，川崎市进行了焚烧装置、燃烧冷却装置、废气处理装置等的改装工程，并在2002年完成了所有焚烧炉的对策。

2. 环境管理系统的管理工作

川崎市将ISO14001规格作为基础的环境管理系统导入到了浮岛、堤根、橘、王禅寺处理中心，并致力于构建可持续发展的循环型城市建设。从各个处理中心来看，致力于垃圾焚烧处理时所产生的大气污染物的减量，以及导入电力、煤气等，减少被用于垃圾处理的原材料的使用。

3. 垃圾焚烧设施的有效利用

①蒸汽供给：堤根处理中心及王禅寺处理中心将为临近的居民余热利用设施[1]，橘处理中心将为川崎居民购物广场提供蒸汽，方便用于居民温水游泳池的利用等。

②发电：在除王禅寺以外的3座处理中心进行垃圾焚烧发电，并将其利用于设施内的能源提供。在堤根利用中心则向临近设施提供部分设施用电，以达

---

[1] 川崎市作为建设垃圾焚烧设施场所的回报，为居住在临近设施周围的居民提供一定的健康优惠服务设施。

到节省能源的目的。在浮岛处理中心及橘处理中心，为进行资源的有效利用，还将焚烧发电产生的一部分电力出售给电力公司（表3-8）。

表 3-8 垃圾焚烧发电和售电业绩（2009 年）

发电设施名	自家发电量（kwh）	购买电量（kwh）	出售电量（kwh）
浮岛处理中心	49209390	1077280	27868752
堤根处理中心	6619160	4694320	—
橘处理中心	17600840	577828	4621536

③厂内利用：为供焚烧场内利用的暖气机浴室提供热水的同时，在浮岛处理中心及王禅寺处理中心将蒸汽运用在设施内的清洗洗涤工厂。

3.2.3 川崎市的垃圾处理设施情况

1. 垃圾焚烧处理设施

20世纪中早期开始，川崎市为了围海造地，垃圾最终处理主要是以回收、焚烧和掩埋为主展开。因此对于川崎市的垃圾处理来说，垃圾焚烧设施从1936年3月大岛清洁作业场[1]和1940年2月堤根处理中心[2]的建立开始，虽然因第二次世界大战而中断，但此后再次开始并快速发展了废弃物焚烧事务。1953年改建堤根处理中心，1962年1月建设橘处理中心[3]，为提高垃圾焚烧处理能力又进行了设施的扩建。

1966年9月，堤根处理中心的焚烧炉从固定炉改建为机械炉，使得该设施处理能力提高到180吨/日。川崎市以此为契机开始全面建设机械炉，同时设置了与机械炉相配套的各种公害防治设施，在保护周围环境的同时，也大大改善了工作环境，实现了高效率的、卫生的垃圾焚烧处理。1967年12月，川

---

[1] 设施处理能力为22.5吨/日。

[2] 设施处理能力为22.5吨/日。

[3] 设施处理能力为100吨/日。

崎市又新建王禅寺处理中心[1]，1971年3月新建临港处理中心[2]，1974年11月、1979年3月先后对橘处理中心、堤根处理中心的焚烧炉进行全面更新，改为机械炉。由此，川崎市建成了实现垃圾全部焚烧的焚烧基础设施。

另外，伴随垃圾的成分和性质的变化，作为废气排放处理对策，川崎市分别于1979年、1980年在临港处理中心、橘处理中心安装了脱氯装置；1982年、1985年先后在橘处理中心、堤根处理中心安装了脱硝装置。1983年到1985年，在王禅寺处理中心，更新老化的垃圾焚烧设施，安装了能够脱氯、脱硝的废气处理设备。

1995年9月，川崎市建成了浮岛处理中心，该设施每天处理垃圾的能力达到了900吨/日，继而关闭了临港处理中心。随着几处的垃圾焚烧处理设施的老化，分别在1996年到1998年、2005年到2007年、2008年到2011年间，对堤根处理中心、橘处理中心、浮岛处理中心的垃圾处理机器进行了大规模的改建，实现了基础设施的全面更新。为了适应新修定的严重致癌物二噁英类物质的排放标准，到了2002年12月针对减少二噁英类物质排放对策全面实施。

2. 大型垃圾处理设施与空瓶、空罐、塑料瓶的处理设施

从1970年8月开始，川崎市在橘处理中心设置了处理能力为20吨/日的大型垃圾破碎设施，1972年3月又在临港处理中心也设置了处理能力为50吨/日的大型垃圾破碎设施。1973年3月设置了处理能力为30吨/日的非可燃性大型垃圾压缩设备，进行非可燃性大型垃圾处理业务。为了处理日益增加的大型垃圾量，1980年10月新建日处理能力100吨/日的夜光清洁事务所，与此同时，1981年3月关闭了临港处理中心的垃圾破碎设备。另外，由于设施的老化，1988年2月替换了橘处理中心的垃圾破碎设备，改建为处理能力为50吨/日的橘资源化处理事务所。1995年9月，在浮岛处理中心设置了处理能力为50吨/日的大型垃圾处理设施，继而关闭了南部大型垃圾处理的夜光清洁事务所。由于处理设施的老化，2010年以后正在浮岛处

---

[1] 设施处理能力为450吨/日。

[2] 设施处理能力为600吨/日。

理中心进行大型垃圾处理设施的建设准备工作[1]，以及大规模的基本设施的建设。

同时，川崎市为达到分类处理回收空罐的目标，1991年3月在王禅寺处理中心安装了处理能力为15吨/日的空罐回收处理设施，1992年在堤根处理中心同样安装了处理能力为15吨/日的空罐处理设施。1998年3月，在南部再生利用中心安装了资源化处理的综合设施（表3-9）。

表3-9 川崎市的资源化设施的处理能力

①南部再利用中心

处理对象	空罐（铝罐、铁罐）	空玻璃瓶	塑料瓶
所在地	川崎市川崎区夜光3—1—3		
处理能力	28吨/日（4吨/小时）	45吨/日（9吨/小时）	7吨/日（1吨/小时）
总施工费	1362690千日元		
竣工年月	1998年3月		

②堤根处理中心资源化处理设施

处理对象	空罐（铝罐、铁罐）	空玻璃瓶	塑料瓶
所在地	川崎市幸区柳町74—5	川崎市川崎区堤根52	川崎市幸区柳町74—5
处理能力	15吨/日（3吨/小时）	20吨/日（4吨/小时）	1.5吨/日（0.3吨/小时）
总施工费	279851千日元	207112千日元	75390千日元
竣工年月	1992年3月	1996年3月	1999年3月

③浮岛处理中心大型垃圾处理设施

处理对象	可燃性大型垃圾、不可燃性大型垃圾、小金属物
所在地	川崎市川崎区浮岛町509—1
处理能力	50吨/日（10吨/小时）【可燃性25吨/日（5吨/小时）、不可燃性25吨/日（5吨/小时）】
处理方式	剪断方式、回转方式
总施工费	3082790千日元
竣工年月	1995年9月

④橘处理中心大型垃圾处理设施

处理对象	可燃性大型垃圾、不可燃性大型垃圾、小金属物
所在地	川崎市高津区新作1—20—1

---

[1] 笔者在2011年2月的现场调研时，基建工作才刚刚开始。

续表

处理能力	50 吨/日（10 吨/小时）【可燃性 25 吨/日（5 吨/小时）、不可燃性 25 吨/日（5 吨/小时）】
处理方式	剪断方式、回转方式
总施工费	966950 千日元
竣工年月	1988 年 2 月

1999 年 2 月，川崎市在南部地区开始分类收集塑料瓶，同时在堤根处理中心安装了空罐处理设备和塑料瓶处理设备。1993 年 9 月开始，在北部区域开始进行塑料瓶的分类收集，同时在王禅寺处理中心安装了新的空罐和塑料瓶转运设施。2005 年又在橘处理中心安装了资源垃圾转运设施，自此北部地区的空罐和塑料瓶的全部转运成为可能。1992 年 12 月在王禅寺处理中心建造了处理能力为 10 吨/日的空瓶处理设施，1996 年 3 月在堤根处理中心建造了处理能力为 20 吨/日的空瓶处理设施，由于王禅寺处理中心的重建工程，2007 年 3 月关闭了王禅寺处理中心的空瓶处理设施。现在，北部地区的空瓶在被运至王禅寺处理中心内的临时存放场之后，搬运至堤根处理中心空瓶处理设施处进行回收处理（见表 3-10）。

表 3-10 川崎市的回收事务所

设施名\区分	南部生活环境事务所	川崎生活环境事务所*	中原生活环境事务所	宫前生活环境事务所	多摩生活环境事务所
竣工年月	2002 年 3 月	1979 年 3 月	1982 年 5 月	1988 年 11 月	1978 年 3 月
占地面积（m²）	6668.93	（30324.40）	4865.12	8237.70	7382.81
建筑面积（m²）	3082.37	2428.25	2015.90	5469.41	3274.53

*川崎生活环境事务所设在堤根处理中心内，与垃圾焚烧设施并用。

3.2.4 废弃物填埋工作

虽然川崎市内有四座处理中心，可以焚烧普通垃圾。但是川崎市内产生的灰尘以及由下水道设施和水道设施建设而产生的煤渣、污泥等城市设施废弃物，只能在市内唯一的公共最终处置场所——浮岛废弃物填埋处理场进行填埋处理。

1. 浮岛 1 期废弃物填埋处理场（表 3-11）

表 3-11　川崎市的浮岛 1 期垃圾掩埋处理场

设施名	浮岛 1 期垃圾掩埋处理场
所在地	川崎市川崎区浮岛町 507—1
占地面积	124000m^2
掩埋容量	1493700m^3
掩埋开始年月	1983 年 5 月
废水处理设施	浮岛 1 期垃圾掩埋处理场渗出液处理设施　　竣工年月：2006 年 3 月
工程费	1944600 千日元
废水处理	240m^3/日（凝聚沉淀处理＋生物降解＋高度处理＋污泥处理）
集中排水方法	竖型保水等集中排水井方式
建筑面积	610.41m^2

2006 年 3 月，浮岛 1 期废弃物填埋处理场的填埋工作终止之后，为了适应填埋处理场的废止基准，建立了浸出液处理设施。通过使用此设施，填埋处理场内贮存的水经雨水浸透进行净化，将浸出的水聚集在水井处进行无害化处理，之后排放至东京湾。此外，在填埋处理场的上部，作为"挑战低碳的川崎环保战略"的一环，川崎市政在与东京电力合作，正在建设日本最大的太阳能发电站。

2. 浮岛 2 期废弃物填埋处理场（表 3-12）

作为管理型普通垃圾最终处理场，在确保保护堤岸的准备工作和安全性的基础之上进行填埋处理。填埋的施工方法是利用浮动输送机系统进行薄层散布，将焚烧灰尘等废弃物均匀地散布入海里。

排水处理设施将填埋处理场区域内的海水吸上来，利用凝聚沉淀处理设备进行无害化处理之后排放至东京湾。为了确认排水处理的合理进行，川崎市定期实施水质检查，谋求保护周边地区的生活环境和公共水域的水质。此外，2008 年为了防止伴随海面填埋而产生的水质恶化，设置了生物处理设施和第二凝聚沉淀处理设施。今后也参考填埋处理事务的进行状况，计划进行高度处理设施的配备。

表 3-12 川崎市的浮岛 2 期垃圾掩埋处理场

设施名	浮岛 2 期垃圾掩埋处理场		
所在地	川崎市川崎区浮岛町 523—1		
占地面积	168600m²		
掩埋容量	2673500m³		
掩埋开始年月	2000 年 4 月		
名称	排水管道建设工程	掩埋处理设施建设工程	竣工年月:1999 年 3 月
工程费	2399250 千日元	942900 千日元	
废水处理设施	浮岛掩埋事务所（川崎市川崎区浮岛町 523—1）		
掩埋事务所建筑面积	1113.94m²		
名称	工程之 1（第 1 凝聚沉淀处理）	工程之 2（生物降解、第 2 凝集沉淀处理、砂石过滤处理）	
工程费	2520000 千日元	1215000 千日元	
竣工	1999 年 3 月	2007 年 3 月	
废水处理能力	1100m³/24 小时		

3.3 居民的社会参与和普通垃圾的分类

3.3.1 宣传普及与生活环境

川崎市政府在做好各项垃圾处理工作的同时，也对居住在川崎市的居民加大针对垃圾排放的宣传普及活动的力度，并且开展了多项改善和保护川崎市环境活动。川崎市的宣传普及工作和保护环境活动主要包括以下 7 个方面。

1. 针对垃圾合理排放和彻底分类进行普及宣传

①灵活运用各种宣传媒体进行普及宣传:为谋求市政府的基于《川崎市普通垃圾处理基本计划》[1]的环保事务的顺利推进，灵活运用川崎市的市政通讯、市政府主页以及各种传单等多种多样的宣传媒体，进行针对垃圾合理排放和彻底分类的普及宣传活动。

---

[1] 该计划又称之为"川崎挑战 3R 计划"，详细内容请见第四章。

②散发《川崎市垃圾与资源物分类和丢弃方法》手册:为了使居民周知废弃物的正确排放方式以及不同地域的普通垃圾收集日,川崎市环保局制作了《垃圾与资源物分类和丢弃方法》手册。在区政府、图书馆和居民馆等川崎市设置的机构散发的同时,并在川崎市各个区政府的办事处将准备好的这些手册发放给来这里办理手续的、刚刚从外地迁入到川崎市居住的人们。另外,川崎市环保局还制作了简版的《川崎市垃圾与资源物分类和丢弃方法》手册,通过邮寄的方式在川崎市的全市范围内发放。

③展开各种活动进行普及宣传:参加川崎市的居民节以及各区的民众节日,通过展板展示,提倡使用购物袋以减少一次性塑料袋的使用,致力于普及宣传川崎市的3R活动。

④随着资源垃圾分类收集项目的扩大进行宣传:2011年3月开始,为了使居民知晓市政府将计划在全市范围推广混合纸收集回收,政府与生活环境事务所协同进行细致入微的普及宣传。另外还在川崎区、幸区、中原区对实施塑料容器包装分类和丢弃方式的普及宣传。

2. 环境教育和学习事务

①向小学校提供发行社会课程的辅助读本《生活与垃圾》:1977年川崎市以小学三年级和四年级的学生为对象,开始发行了社会课辅助读本《生活与垃圾》。目前又进行了必要的修订,继续向市内的小学校发放。

②举行3R促进讲演会:作为促进3R意识启蒙以及学习的机会,以本市居民、垃圾减量指导员和垃圾回收从业者为对象,举办讲演会。

③举办普通垃圾再生利用讲习会:举办为促进家庭排放普通垃圾的减量和再生利用,就有关在家里可以完成的再生利用普通垃圾的方法,以及经过电动普通垃圾处理器处理之后产生的生成物的利用等知识进行讲习会讲座。

④建立生活环境学习室:在浮岛垃圾处理中心的学习室,展示以垃圾处理为中心的生活环境事务的发展史以及现在状况,居民可以随时参观学习。此外,在学习工作室里,开办利用空瓶做材料的玻璃工艺学习班、搪瓷画学习班等。2009年,利用展示室的人数为2323人,利用学习工作室的人数为1383人。

3. 推进以居民为主体的垃圾减量和再生利用的社会活动

①促进资源集体回收工作：为促进垃圾的减量和再生利用，针对实行资源集中回收的街道会等已经登记的团体，支付回收每千克3日元的奖金，对已登记的从业者支付每千克1日元的报酬。此外，为了通过资源集中回收来促进资源再生利用，进行针对资源集中回收活动的扩大以及向尚未实行该制度地区的推广的宣传活动。2009年通过资源集中回收的垃圾量为47474吨。

②发行再生利用物品交换信息杂志：为了实现启蒙减少废弃物排放的目的，川崎市每月发行信息杂志《回声》，成为再生利用物品的交换桥梁。

③对购买普通垃圾处理器等进行补助：为推进一般家庭排放的普通垃圾的减量化和再生利用，在购买包含普通垃圾肥料化装置以及普通垃圾处理器等的时候，川崎市政府补助购买金额的二分之一[1]。2010年的计划补助数量约为400个。而2009年补助数量为普通垃圾处理器等225个和普通垃圾肥料化装置49个。

④派遣普通垃圾再生利用的指导者：为了促进家庭中的可持续的普通垃圾再生利用，从2007年开始，创立了普通垃圾的再生利用指导者的认定制度。聘请长期从事普通垃圾再生利用工作、有着丰富知识的工作人员为川崎市普通垃圾处理中的再生利用指导者。如果居民想知道使用电动普通垃圾处理器干燥过的普通垃圾再生利用方法，或者使用普通垃圾肥料化装置时有生虫和发臭的问题出现，或者再生利用遇到困难的时候，市政府派遣再生利用指导者深入家庭进行实地指导。

⑤设立自由市场：川崎市为居民服务，为鼓励居民推进垃圾的减少和再生利用，开设家中不再使用的可再利用的物品的交易自由市场。

⑥旧衣物及牛奶纸包装回收工作：为推进通常作为普通垃圾被丢弃的旧衣物的再生利用，参加川崎居民节以及区居民节日，举办旧衣物的回收活动。此外，还在各个生活环境事务所和各区政府设立旧衣物回收点，2009年回收旧衣物量为72566公斤。

另外，为促进牛奶纸包装的再生利用，减少垃圾排放量，在各个生活环境事务所和各区政府设置回收点。2009年回收牛奶纸包装量为1937公斤。

---

[1] 但补助上限额为20000日元。

⑦运营再生利用设施:提供废弃物再生利用相关的信息,支持居民自主环保活动,橘再生利用社区中心成为再生利用活动的据点。此外,在中心及再生利用村,根据居民的申请,抽签选择可再利用的大型垃圾,为居民无偿提供,以促进再生利用事务的发展。2009年度再利用物品为720件。

4. 促进城市街道的美化活动

①实施禁止乱扔烟蒂的运动:基于《川崎市防止乱扔饮料容器条例》,为促进地区街道的环境美化,利用市政通讯、市主页、海报等各种宣传媒体开展宣传活动,同时,每月在主要车站的周边地区共同进行路上禁烟的统一活动,致力于普及宣传城市街道美化的意识。

此外,由于每年5月30日展开"无垃圾日"活动,在此前的5月28日还进行城市街道美化活动。在每年9月24日到10月1日作为"卫生环境周"活动的一个环节,在川崎市内统一开展城市街道美化周,并举办大型城市街道美化活动。

②垃圾随意丢弃防治重点区域街道的清扫工作:以JR川崎站周边区域为对象,清扫被随意丢弃的烟蒂和饮料瓶等。举办宣传禁止乱扔烟蒂的活动,以期建立舒适的城市环境和维护良好的城市景观。

③防止非法丢弃垃圾的对策:废弃物的非法丢弃在川崎市临海地区最为集中,废弃物以生产垃圾为主,但目前正在不断多样化。因此,要强化一直以来实施的政策同时,并采取新的对策。这些对策包括:

  A. 设置非法丢弃废弃物和指导员监视制度
  B. 清除以沿海地区为中心的全市范围内的废弃物非法丢弃并防止再次发生
  C. 加强与川崎市防止非法丢弃废弃物联络协议会的合作
  D. 继续实施由废弃物非法丢弃监视装置进行的监督活动,并加强巡逻
  E. 要求市内企业以及个人出租车经营者协助提供非法丢弃废弃物的相关信息
  F. 其他对策等

5. 居民、垃圾处理从业者和行政之间的互动

①废弃物减少指导员工作:为促进垃圾的减少和再生利用,废弃物减少指

导员[1]作为地区志愿者和指导者，充当着居民和市之间的沟通渠道，行政要加强与指导员的合作和互动。此外，行政方面还要增加川崎市废弃物减少指导员联络协议会以及区废弃物减少指导员联络协议会的活动，以谋求依据普通垃圾处理基本计划制定的具体政策的顺利推行，增加活力。

②川崎市促进垃圾减少居民会议：为推进以居民、垃圾处理从业者和市行政之间的合作关系为基础的垃圾减少活动，必须实现三者的合作。居民会议正探讨如何实现三者的合作，如何使得每一位居民在市内和家庭中自主地、成为日常生活习惯地减少垃圾等这些问题。居民会议由废弃物减少指导员、垃圾和再生利用相关的居民活动团体、垃圾处理从业者团体、知识经验丰富的人、公开招募的居民以及行政人员构成。2007 年 1 月到 2008 年 3 月，作为第一周期的活动，进行了"制作减少普通垃圾手册"、"地域垃圾减少活动发表大会"、"促进塑料购物袋的减少"等活动。从 2008 年开始居民会议增加了新的成员，第二周期以"减少普通垃圾"、"宣传传单的研究"、"减少塑料购物袋使用的工作"、"向年轻人传达 3R 理念"等主题进行活动，继续推进普通垃圾的减少。

③减少塑料购物袋的使用：为建立环境友好型的生活方式，居民团体，垃圾处理从业者和行政合作，正在推进塑料购物袋使用的减少。

6. 由地区生活环境事务所进行的宣传和指导工作

为保障川崎市构建循环型社会事务的顺利进行，分管对应各区域的生活环境事务所的负责人正在广泛听取居民的意见和建议，并将之应用到实际政策当中去。同时，行政方面与居民，废弃物减少指导员和街道会等居民团体组织合作，展开宣传活动。此外，要对一般服务业垃圾排放业者进行合理排放的指导，对非法丢弃垃圾进行调查和规制。

地区生活环境事务所进行的宣传和指导工作的主要内容包括：

A. 3R 的普及、宣传

B. 分类排放的指导

C. 对不合理排放者的指导

D. 促进环境教育、学习

E. 促进环境美化

---

[1] 到 2011 年 3 月，川崎市共有约 1800 名废弃物减少指导员。

  F. 促进资源集中回收工作
  G. 混合纸试点地区的跟进宣传
  H. 与废弃物减少指导员的合作和组织区废弃物减少指导员联络协议会
  I. 区域间的联络调整
  J. 非法丢弃垃圾的调查和防治政策的指导
  K. 监视烧荒活动

7. 建立环境模范表彰制度

  川崎市政府整合了对积极协助废弃物和垃圾处理的居民进行表彰的"生活环境协助者表彰"制度以及主要对城市绿化做出贡献的居民进行表彰的"绿化模范表彰"制度，从1999年开始设计了新的"川崎市环境模范表彰"制度。以该制度为依据，对为废弃物和垃圾对策、城市绿化事务、全球变暖对策、防治公害事务贡献力量的居民和团体进行表彰。

3.3.2 普通垃圾分类的原则制定

1. 普通垃圾的分类原则

  根据川崎市制定的《垃圾与资源物分类和丢弃方法》，川崎市政府针对居民的垃圾种类制定了垃圾分类的原则，并制作成小册子分别发放给每一个在川崎市居住的居民。川崎市的垃圾分类和原则制定如下。

  ①普通垃圾：只限于"空罐头、塑料瓶、空瓶子、废干电池、小金属件、混合纸（只限于试验收集地区）、大型垃圾"以外的垃圾。

  原则一：每周收集3次，安排在每星期的"星期一、星期三、星期五"或是"星期二、星期四、星期六"。（所在的地区不同，收集日的规定也不同。详细情况请参见《垃圾与资源物分类和丢弃方法》27—36页）。

  原则二：请将垃圾放在带盖的容器或透明、半透明的塑料袋内，在收集的当天早晨8点之前倒出。

  提示：垃圾收集过后以及前天晚上等请不要丢弃垃圾。（这将给住在垃圾站附近的居民造成麻烦！）

②普通垃圾丢弃法如下：

  A. 厨房垃圾：请充分除去水分之后丢弃。

  B. 树枝·木板断片：切成长未满 50cm 的小段，用绳子捆起，以每次扔 3 捆左右为适宜。

  C. 烤肉串的钎子：在丢弃前，请先折断钎子尖等，使其没有危险。

  D. 废食用油类：让其渗入布料和纸张中，或将其凝固后丢弃。

  E. 不能再利用的纸：报纸、杂志、瓦楞纸板、牛奶纸盒等请拿到当地的资源集中回收点。

③丢弃注意事项：

  注意一：需要先用厚纸包好，并写上"（危险）"字样后才能丢弃的物品。包括（玻璃杯、碗、玻璃、陶瓷器类、电灯泡、日光灯管）的丢弃。

  注意二：可以作为普通垃圾对待的物品。包括装洗发水的容器、化妆品瓶、粮食油的容器、录像带、CD、塑料玩具（大小未满 50cm 的）、鞋类的丢弃。有关垃圾与资源物等的咨询，请垂询生活环境事务所或所在地区的废弃物减少指导员。

2. 资源类垃圾的分类原则

①资源物包括：空罐、塑料瓶、空瓶、废干电池

  原则一：每周收集 1 次，时间安排在"星期一～星期六"。（所在地区不同，收集日的规定也不同。详细情况参见《垃圾与资源物分类和丢弃方法》27—36 页。）

  原则二：请在收集的当天早晨 8 点之前倒出。

  提示一：有的商店还通过设置在店铺的回收箱等收集"食品托盘"、"牛奶袋"、"PET 瓶"等，积极推进资源物的再生利用。请您在购物时去这些商店。

  提示二：如果是在公寓等有管理工作规则居住，请遵从此处的居住规则。

②空罐、塑料瓶

  原则：请将它们一起装入透明、半透明袋后丢弃。

  提示：请不要将弃物（香烟的烟头等）丢入"空罐、塑料瓶"中。

  空罐原则：空罐冲洗内部。因为会引起车辆火灾，对喷雾剂罐、盒式液体气罐，应加装可安全排出内装物而设置的盖，在没有火源的室外倒空内装物，与空罐、塑料瓶一起倒出。

塑料瓶原则:塑料瓶宝特瓶的识别标志△收集对象只限于有此标志的瓶子。A.取下瓶盖剥下标签;B.冲洗内部;C.压扁;D.请将它们一起装入透明或半透明袋后丢弃。

提示一:如果取下塑料瓶的"瓶盖"与"标签",其再生利用将变得更容易。

提示二:"瓶盖"与"标签"请作为普通垃圾丢弃。

提示三:作为收集对象的塑料瓶是指带有△标记的"饮料、酒、甜料酒类以及酱油"用的塑料容器。

③空瓶

空瓶原则:请取下瓶盖,冲洗瓶内部,然后装入"空瓶容器"。

提示一:请将瓶盖作为普通垃圾倒出,金属制的瓶盖为空罐。

提示二:一升瓶、啤酒瓶等可回收瓶和可再利用瓶类请丢弃至当地的资源集中回收点,或退回至销售店或向您出售该产品的商家。

④废干电池

废干电池原则:将废干电池放入透明的塑料袋内,当天早晨8点之前放到"空罐、塑料瓶收集站"。

提示一:由川崎市收集的物品只有叠层形和筒形干电池,扣式电池和充电式电池除外。

3. 大型垃圾的分类原则

①大型垃圾:30cm以上的金属制品及50cm以上的家具类等,一律收取费用。

原则一:针对每个地区设定星期几收集,每月收集2次。

原则二:采用电话事先申请的制度。

原则三:大型垃圾丢弃申请方法原则上电话受理。

　　　　受理中心电话:044(×××)××××

提示一:请确认电话号码,不要打错电话。

提示二:不会说日语者请找会日语的人代打电话。

◆每周受理日:星期一——星期五

◆受理时间:上午8点至下午4时30分

◆休息日:星期六,星期日,节假日,12月31日—1月3日

◆申请时间:在收集日的3天之前(星期六、星期日、节假日、收集日当天除外)

提示一:听觉障碍者的专用传真号码044(×××)××××

②大型垃圾的丢弃方法和注意事项:请在收集日的当天早晨8点之前,将填写好姓名或受理编号的"处理贴纸"贴在物品上的醒目处,放在申请时的指定地点。

可购买大型垃圾处理券的地点:川崎市的"大型垃圾处理券"(背面为处理贴纸)可在市内的便利店,邮政局(邮储银行)购买。在办理此业务的便利店,邮政局(邮储银行)的店面贴有标签。

4. 金属小件的分类原则

金属小件:包括未满30cm的金属制品及伞,铁丝衣架

原则一:针对每个地区设定星期几收集,每月收集2次。

原则二:请在收集的当天早晨8点之前放在"空罐、塑料瓶"收集站。

原则三:金属小件的主要示例,汤勺、汤匙、锅子、平底煎锅、水壶、熨斗、电动剃须刀、烤面包机。

提示一:锅、长柄平锅、水壶等烹调用品,其不含"柄、手把、加注口"的长度为30cm以内的物品可作为小金属件收集。

5. 普通垃圾的管理实施工作

针对川崎市的生活环境以及普及宣传,市政府还对普通垃圾处理进行了一系列调查研究工作,并将研究成果普及实施。这些调查研究和普及实施主要包括以下几个方面。

①基于普通垃圾处理基本计划进行进度管理:川崎市基于2009年4月改定了《川崎市普通垃圾处理基本计划》的行动计划,以新设定的重点施行对策为中心,实施合理的进度管理。另外,川崎市政府还灵活运用家庭垃圾减量化和检查表制度,以期提高居民减少垃圾、再生利用的意识。

②调查研究:为了减少家庭垃圾的排放,实现全面的处理中心体制,调查其他城市的垃圾减量化政策实施状况,进行其效果和课题的整理。

③进行关于废弃物政策实施的综合规划以及调整:废弃物相关的政策实施,除要与市综合规划整合之外,还要谋求与主要事务相关科室间的调整。

④运营川崎市环境审议会废弃物部会：在川崎市进行关于环境行政的综合性地、规划性地推进调查审议，此外还为了对环境保护相关的重要事项进行专业的调查审议，设置了环境审议会。作为环境审议会的常设部会，废弃物部会对废弃物的处理及再生利用相关事宜进行专业的调查审议。

⑤对废弃物、再生利用关系法的应用：容器包装再生利用法以及其他再生利用关联法律施行的同时，在谋求收集和处理机制的完善的同时，收集来自日本国家以及各市县以及各团体的信息，做好与相关科室的调整工作。

6. 展开普通垃圾的其他相关工作

①制作统计资料和信息收集

A. 垃圾、粪便处理等的数据分析、预测

基于排放实际情况的调查结果，关于垃圾排放量预测及垃圾搬入、处理预测等，与相关科室一起进行数据的管理。

B. 废弃物相关法律改定关联的信息收集

针对伴随废弃物相关法律的改定而发生的收集、处理体制的调整，收集来自国家、县以及各团体的信息，谋求与相关科室的调整。

C. 月报、年报以及事务概要、刊物等的发行

D. 废弃物处理事务相关的照会、回答

②设立东京都周围的九都县市废弃物问题研讨委员会

1986年6月第12次首脑会议上，以废弃物自区内处理为原则，以促进垃圾减量化、资源化为基础，从长期的观点看来废弃物广域处理政策成为必要，以此共识为基础，设置标记委员会，并延续至今。

2010年4月相模原市加入，由八都县市变为九都县市，事务局采取由各都县市轮流负责制，2010年由东京都负责，展开了关于垃圾减量化、再资源化的广泛普及启蒙活动，同时九都县市共同实施了关于合理处理垃圾等相关的调查和研究。

3.3.3 垃圾相关的公共设施提供

川崎市从补偿垃圾处理设施附近居民的角度出发，在橘处理事务所、堤根

事务所和王禅寺事务所都建立了启迪普及环保意识和适合于居民健康生活的公共设施。

1. 普及启发设施

川崎市政府1993年在橘处理事务所建设了橘再利用社区中心，目的是为了进行资源可再生利用以及环保意识普及的教育。该设施1993年3月开工，于当年10月就竣工完成，总建筑费用为3亿2040万日元（表3-13）。

表3-13　橘普及启发设施的概况

设施名	橘再利用社区中心
所在地	川崎市高津区新作1—20—3橘处理中心内
开工、竣工年月	（开工）1993年3月 （竣工）1993年10月
占地面积	417.61 m²
建筑面积	960.80 m²
构造、规模	钢筋ALC制造三层
设施的内容	1F：储备室150m²、修理中心29m²、实践中心42m² 2F：自习室47m²、第2会议室89m²、第1会议室42m² 3F：展览角130m²、办公室、消息中心39m²
总建筑费	320402千日元

2. 居民余热利用设施

川崎市政府1981年在堤根处理中心内建设了堤根居民余热利用设施，在王禅寺处理中心内建设了王禅寺居民余热利用设施（表3-14、表3-15）。目的是为了一方面缓解来自垃圾处理中心周围的反对声音，另一方面则是给附近居民提供一个健康的生活环境。

表3-14　堤根居民余热利用设施（优内滴堤根）

所在地	川崎市川崎区堤根73—1
开工、竣工年月	（开工）1981年3月 （竣工）1982年3月
占地面积	堤根处理中心内5958.63 m²
建筑面积	1626.88 m²、温水泳池等1383.46m²、老人设施等243.42m²

续表

设施的内容	1. 温水泳池 　普通泳池/25m×6道深度1.1—1.3m 　幼儿泳池一面深度0.2—0.4m 　更衣室、淋浴室、高温室、洗眼及浸腰池、救护室、监控室、办公室、前厅、美术展厅、温度表示显示器等 2. 老人休养设施 　大房间（附带舞台28张榻榻米大小）、浴室、日本间、前厅
总建筑费	温水泳池305180千日元、406144千日元、老人休养设施70805千日元、其他30144千日元

表3-15　王禅寺居民余热利用设施（优内滴王禅寺）

所在地	川崎市麻生区王禅寺1321番地
开工、竣工年月	（开工）1987年12月 （竣工）1990年3月
占地面积	王禅寺处理中心内9924.14 ㎡
建筑面积	3224.57 ㎡
建筑延伸面积	9856.64 ㎡
构造、规模	钢筋混凝土、部分钢筋骨架地下一层、地上四层
设施的内容	B1F:停车场（可容纳116辆车） 1F:温水泳池 　竞赛泳池/25m5道泳道（深度1.1—1.2m） 　流水泳池/宽3.6m外围130m（深度1m） 　幼儿泳池/22m²（深度0.3—0.35m） 　滑动泳池/39m²（深度0.65m） 　采暖浴槽、采暖室、淋浴室、更衣室 2F:休养室129m² 　健身室276m² 　更衣室、桑拿室、浴室等 3F:老人休养设施 　大房间105m² 　浴室、屋顶花园、图书室、门口、前厅、办公室 　大会议室60人用；第4会议室10人用 　第1会议室12人用；美术展览室98m² 　第2会议室12人用；餐厅 　第3会议室12人用 王禅寺居民广场 　占地面积10363.93m²（由于施工,于2007年7月起关闭）
总建筑费	工程费3455193千日元、用地费83904千日元、办公费161246千日元、计3700343千日元

附表一 垃圾焚烧设施的设备梗概

设施名 区分		浮岛处理中心	堤根处理中心 （与生活环境 事务所并用）	橘处理中心	王禅寺处理中心
所在地		川崎市川崎区浮岛町509—1	川崎市川崎区堤根52	川崎市高津区新作町1—20—1	川崎市麻生区王禅寺1285
电话号码		044（287）9600	044（541）2047	044（865）0013	044（966）6135
开工、竣工年月		（开工）1991年12月 （竣工）1995年9月	（开工）1976年3月 （竣工）1979年3月	（开工）1971年6月 （竣工）1974年11月	（开工）1983年10月 （竣工）1986年3月
占地面积		59532.74 m²	30329.40 m²	25945.59 m²	34277.99 m²
建筑面积		42129.45 m²	13475.61 m²	16136.70 m²	10999.85 m²
公称处理能力		900吨/24小时	600吨/24小时	960吨/24小时	450吨/24小时
设施的内容	型号	NKK福伦特式全连续焚烧炉	三菱马尔丁式全连续焚烧炉	三菱马尔丁式全连续焚烧炉	三菱式全连续焚烧炉
	座数	（300吨/24小时）3座	（300吨/24小时）2座	（200吨/24小时）3座	（150吨/24小时）3座
	通风	强制通风	强制通风	强制通风	强制通风
	烟囱	（高度）（烟囱口径） 47.5m 1.3m×3	（高度）（烟囱口径） 86.7m 2.0m	（高度）（烟囱口径） 100m 1.9m	（高度）（烟囱口径） 85m 2m
	集尘装置	过滤式集尘器	电力集尘器 洗烟塔（自立圆通喷射式）	过滤式集尘器	电力集尘器
	垃圾坑	钢筋混凝土制角型坑 （容量2400吨）	钢筋混凝土制U型坑 （容量1200吨）	钢筋混凝土制U型坑 （容量1200吨）	钢筋混凝土制U型坑 （容量900吨）
	灰烬坑	钢筋混凝土制角型坑 （容量780m³）	钢筋混凝土制U型坑 （容量800m³）	钢筋混凝土制U型坑 （容量800m³）	钢筋混凝土制U型坑 （容量360m³）
	起重机	吸尘起重机25m³ 2座 吸灰起重机3.5m³ 1座 紧急情况1.5m³ 1座	吸尘起重机6m³ 2座 吸灰起重机2m³ 1座	吸尘起重机6m³ 2座 吸灰起重机2m³ 1座	吸尘起重机4.5m³ 2座 吸灰起重机1.2m³ 1座

续表

	助燃装置	先混合型喷火装置 使用都市煤气 1炉1座	喷火装置1炉2座（使用都市煤气）	喷火装置1炉2座（使用都市煤气）	喷火装置1炉1座（使用都市煤气）
	废水处理设备	活性污泥处理、化学处理、循环利用	化学处理,凝聚沉淀脱水处理	活性污泥处理、化学处理	活性污泥处理、化学处理、循环利用
	余热利用设备	发电设备电力输出12500kW（将剩余电力出售），各个房间取暖、浴场热水供给、洗涤工厂	发电设备电力输出2000kW，各个房间取暖、浴场热水供给、向余热利用设施（温水泳池、老人休养设施）供给蒸汽与电力	发电设备电力输出2200kW（将剩余电力出售），各个房间取暖、浴场热水供给、为居民购物广场（含温水泳池在内的各馆内热源）提供蒸汽	管理公寓内取暖、各个房间取暖、浴场热水供给、洗涤工厂、向余热利用设施（温水泳池、老人休养设施）供给蒸汽
	附加设备	垃圾计量器、空气帘、洗车厂、氯化氢去除装置、氮化物去除装置、飞灰稳定装置、防治白烟装置、生活环境学习室	垃圾计量器、空气帘、氯化氢去除装置、氮化物去除装置、飞灰稳定装置、防治白烟装置、减温塔、活性炭注入装置	垃圾计量器、空气帘、氯化氢去除装置、氮化物去除装置、飞灰稳定装置、减温塔	垃圾计量器、空气帘、洗车厂、氯化氢去除装置、氮化物去除装置、飞灰稳定装置、二次焚烧装置、活性炭注入装置
总办公费	本体工程费+建筑工程费	39761090	9388905	3559730	6697000
	用地费及其他	966000	1175806 288010	55900	522063
	总计	40727090	10852721	3615630	7219063

附表二 川崎市的公共厕所管理

名称	所在地	建设年月	构造	厕所配置
小岛新田站前公共厕所	川崎区田町 2—13	1982.6	木造平房	男：大1、小3 女：2
大师站前公共厕所	川崎区大师站前 1—18	1961.3	木造平房	男：大1、小3 女：2
港町站前公共厕所	川崎区港町 1	1979.2	钢筋混凝土造平房	男：大2、小3 女：2
川崎站前东口公共厕所	川崎区站前本町 26	2010.3	钢筋造平房	男：大2、小2 女：2 残疾者用2
川崎站前西口公共厕所	幸区掘川町 72	2008.12	木造平房	男：大2、小3 女：3、小孩用1 残疾者用1
武藏小杉站前公共厕所	中原区小杉町 1—492	1984.3	钢筋混凝土造平房	男：大2、小4 女：3、小孩用1 残疾者用1
新丸子站前公共厕所	中原区新丸子 766	1995.3	钢筋混凝土造平房	男：大2、小4 女：2、小孩用1 残疾者用1
宫前平站前公共厕所	宫前区宫前平 1—11	2000.3	钢筋混凝土造平房	男：大1（残疾者兼用） 小：2 女：2（残疾者兼用1）
登户公共厕所	多摩区登户 3508	1985.3	轻钢筋造平房	男：大1、小2 女：2
上河原公共厕所	多摩区布田 35	2010.3	轻钢筋造平房	男：大1、小1 女：1 残疾者用1
武藏新城站前公共厕所	中原区上新城 2—1	1994.9	钢筋混凝土造平房	男：大1、小3 女：3、小孩用1 残疾者用1
武藏中原站前公共厕所	中原区上小田中 5—2	1996.11	钢筋混凝土造平房	男：大1、小3 女：2、小孩用1 残疾者用1
沟口站前广场公共厕所	高津区沟口 1—2	1997.9	钢筋混凝土造二层建筑	男：大2、小6 女：4 残疾者用2

续表

沟口站前南口公共厕所	高津区沟口2丁目320—6	2009.12	钢筋混凝土造平房	男:大1、小3 女:2 残疾者用1
新百合之丘公共厕所	麻生区上麻生1—21	2001.4	钢筋混凝土造平房	男:大2、小4 女:3、小孩用1 残疾者用1

第四章
川崎市废弃物处理相关的政策制度

4.1 相关政策制度变化

4.1.1 废弃物指导政策的沿革

1. 废弃物处理相关基本法的出台

20世纪60年代至80年代是日本的经济高速增长期，其经济社会活动主要是以城市化所带来的大量生产和大量消费为中心，这使得日本国内的废弃物和普通垃圾急剧增加，对日本人的生活环境产生了深刻的影响。日本政府为了防止生活环境的进一步破坏，1970年在所谓的"公害国会"上全面修订了日本的《清洁法》，制定了新的《废弃物处理及清洁相关法律》[1]，并从1971年开始在日本全国实行。

《废弃物处理法》是日本关于废弃物的基本法律。这部法律规定了抑制废弃物排放，进行合理分类、保存、回收、运输、再生、处分等条款，并通过清洁生活环境以达到保护社会环境和提高公共卫生水平的目的等内容。同时还规定了废弃物的分类和处理责任。[2]

同时，随着废弃物内容的多元化，不管是一般废弃物还是产业废弃物，其垃圾最终处理也变得愈加困难，填埋处理场的剩余使用年数也不断减少。在全球变暖问题为首的世界规模性的环境问题愈发严峻的情况下，如何抑制自然资源的消费和形成减少资源负荷的可持续型社会、低碳社会，成为世界各国日益紧迫的课题。

---

[1] 简称《废弃物处理法》。

[2] 废弃物分类只有两大类，即：一般废弃物和产业废弃物。一般废弃物的处理责任在地方政府，而产业废弃物的处理责任则在排放企业。

城镇化过程中的环境政策实践

从1992年12月开始，川崎市又全面改订了以废弃物的合理处理为基本方针的新废弃物条例，并且制定了以构建资源循环型社会为目标的《川崎市废弃物的处理以及再生利用相关条例》[1]，从1993年起在全市范围内开始实行。

此外，2000年日本政府在全国范围内还制定了《促进循环型社会形成基本法》，又经过数次改订了《废弃物处理法》，同时制定各种再生利用法。2005年日本政府还正式实施了《废弃汽车再生资源化相关法》[2]，不断地谋求废弃物处理相关法律制度的完善。在这样的大背景下，川崎市政府按照国家以上各个相关的法律制度，不断地充实和强化川崎市的废弃物指导行政政策。

2. 产业废弃物的指导政策

自从1972年4月川崎市成为"政令指定都市"开始，就开始加强对产业废弃物工作的指导政策。依据日本国家《废弃物处理法》，以排放者责任制为原则，对产业废弃物排放者和处理者，实行发放许可的制度，进行产业废弃物的监视和业务规范指导。

1991年为了推进产业废弃物的按计划进行合理地处理，决定每五年制定一次《川崎市产业废弃物处理指导规划》[3]。目前，依据2006年制定的第四次处理指导规划[4]进行了减少产业废弃物排放和再生利用相关的政策指导。

在川崎市的产业废弃物排放业者中，建筑业排出的产业废弃物约占全国排放的每年约4亿吨产业废弃物的20%，并且，在川崎市还极其容易发生一些企业的非法排放等。为了促进老旧建筑物等在拆建过程中所产生的包括瓦砾和木屑等在内的大规模特定建筑材料的分类和再生利用，2000年5月川崎市制定了《建筑工程相关材料的再资源化相关法律》[5]，并于2002年5月正式开始全面实行。川崎市依据这部《建筑再生利用法》，对订货商和建筑业者进行了制度讲解以及规范指导的工作。

此外，日本每年大约会产生350万台废弃汽车，约八成得以再生利用，剩

[1] 以下简称《条例》。
[2] 简称《汽车再生利用法》。
[3] 简称《处理指导规划》。
[4] 第四次处理指导规划期为从2006年到2010年。
[5] 简称《建筑再生利用法》。

余的老化废弃塑料等约两成粉碎之后进行填埋处理。目前，由于日本各地的垃圾终端处理场地的不足、处理费用增加，以及随之而来的非法丢弃和处理增加逐渐成为日本显现的社会问题。因此，为了使汽车制造商和相关业者合理分担义务，确保废弃汽车相关废弃物的合理处理和资源的有效利用，日本政府于2002年7月制定了《汽车再生利用法》，2005年开始正式全面实施。川崎市依据《汽车再生利用法》，从2004年7月开始根据汽车解体业和破碎业许可制度对业者进行了指导和审查工作。2005年1月开始又根据回收业者以及氟氯化碳回收业者的登记制度对业者进行指导。

另一方面，印制电路板[1]由于具有绝缘性和非可燃性等特性而被广泛应用于电压器、电容器中。但是，1968年发生了"卡内米米糠油症事件"[2]，使得PCB的毒性广为世人所知，成为又一公害的社会问题。由此，导致了日本于1972年开始终止了PCB的制造和进口。但是，同一时期又发现了存在没有对PCB进行处理而又长时间保存的大量流失变压器等。这可能导致人们对PCB引起的环境污染的担忧。因此，川崎市为了促进PCB废弃物的合理处理，2001年6月制定了《关于促进印制电路板废弃物的合理处理特别措施法》[3]，2001年7月开始实施。川崎市以《PCB废弃物特别措施法》为依据，对PCB废弃物的保管业者要求其提交保管状况等书面报告，并进行审查和现场检查等。直到PCB废弃物完全处理为止，川崎市政府对其进行合理的指导工作。

3. 商业一般废弃物的指导政策

川崎市政府依据川崎市的《条例》，对商业一般废弃物进行指导工作，认定平均每天排放在100kg以上的商业一般废弃物的经营者为大量排放业者，要求其提交《减量计划书》。此外，从1994年开始，将日平均排放量50kg以上至100kg以下的经营者也列入指导工作的对象范围。根据平成12年的修订《条例》，规定商业一般废弃物日平均排放量在30kg以上至100kg以下的经营者为候补大量排放业者，与大量排放业者同样需要履行提交《减量计划书》的义务。

---

[1] 又称PCB电路板。

[2] 发生在北九州市小仓北区的摄取含PCB污染物质的食用油事件，导致该事件的主要物质为PCDF及び Co-PCB。

[3] 简称《PCB废弃物特别措施法》。

按照这些制度和政策，对排放业者进行减少商业一般废弃物排放、再生利用以及正确处理相关的指导工作。

2000年10月开始，又进一步引入一般废弃物的处理业许可制度，关于大量排放者和候补大量排放者排出的商业一般废弃物的回收，原则上由获得许可的处理业者来进行。同时，对于大量排放者，必须使用废弃物控制文件。关于市回收商业一般废弃物的排放方法，须使用"商业垃圾指定专用袋"，并记录业者名称。

此外从2003年开始，为了彻底贯彻由经营者来处理的责任，确保受益者负担的公平性，对《条例》又进行了修订。从2004年开始，停止了"商业垃圾指定专用袋"的使用，同时原则上停止市直接回收商业一般废弃物。川崎市不问排放量，所有的商业一般废弃物均交由获得许可的处理业者来进行回收或者由经营者自行运至垃圾处理中心。

4.1.2 个别政策的实施

由于川崎市内没有设置产业废弃物的终端处理场，根据这一特点，2006年3月市政府以"减少终端处理量"为计划目标，制定了《第四次川崎市产业废弃物处理指导规划》，即：从2006年度到2010年度的五年计划。以"3R推进制度"和"合理处理推进制度"为中心，川崎市谋求建设从产业废弃物部门开始的循环型城市。此外还设定了三个数字目标，努力争取在2009年实现目标。

1. 减少废弃物产生、再生利用和物品回收的3R推进制度和政策

①大量排放业者制度：在市内排放的产业废弃物当中，大量排放业者排放量占到了全部产业废弃物的87.6%，因此，采取了以减少大量排放业者废弃物排放量为中心的政策。

②共享不使用物品相关信息的合作：关于县内四个地方政府[1]、工商会议所以及工商会共同实施的废弃物交换系统，力图改善其制度和形式，使之更易于利用。

---

[1] 这里四个地方政府是指神奈川县政府、横滨市、横须贺市和相模原市政府。

③建设再生利用法的推进：伴随着拆除建筑物工程等产生的特定建筑材料废弃物，依据建设再生利用法促进其再资源化。

④促进再生物品的利用：为了使再生物品得到再利用，对以排放事业为中心的事业者，鼓励其进行研究和开发，用再生材料代替以前使用的原材料。同时鼓励依据推进国家推动的环境再生物品的采购相关法律[1]进行环境产物的调配。

2. 推进合理处理的制度

①优良评价制度：优良评价制度是指针对符合《废弃物处理法》施行规则规定的评价标准的处理业者，可以运用其在更新许可提交文件时省略一部分文件的做法。符合标准的处理业者会对外公开，使得排放者可以根据自己的判断选择优良的处理业者。为了使这一机制充分发挥作用，川崎市正致力于敦促使产业废弃物处理业者知悉和促进制度的落实。

②电子管理票制度的导入：与原来的纸质管理票相比，电子管理票在事务处理的效率化、法令的遵守、数据的透明性方面更加优越。因此，针对排放者和产业废弃物处理业者，川崎市政府促进其导入电子管理票制度。

③实现垃圾中间处理的质的转换：通过对进行再生利用处理的设施选择，减少最终处理量。

④特殊管理的产业废弃物等的合理处理：废石棉、PCB 废弃物等，贯彻合理处理的指导。

⑤不合法处理的对策：针对违反处理标准和非法丢弃等不合法处理，要从防患于未然的观点出发配备专门的组织体制，定期进行巡逻的同时，发现不合法处理的情况时，依据法律进行相应的行政处罚或刑事处罚。

3. 三个数字目标

①通过产业废弃物的分类回收和彻底抑制垃圾产生，在 2009 年川崎市的产业废弃物排放量不超过 2004 年的 307.8 万吨排放量。

②将 2009 年产业废弃物的再生利用率从 2004 年的再生利用率 32.7%，提高到 34.3%。

③ 2009 年的填埋处理量比 2004 年的填埋处理量 12.4 万吨，减少 50%。

---

[1] 即日本政府的《绿色购入法》。

4.1.3 从业者的资质许可制度

1. 从业者资质许可体系和许可期限与许可状况

根据《废弃物处理法》的规定，有意在川崎市范围内从事产业废弃物处理的从业者可以向川崎市政府提出申请。依据申请，再经过文件审查以及现场检查等才能得到从业许可。川崎市的从事产业废弃物处理的许可业务体系见图4-1。

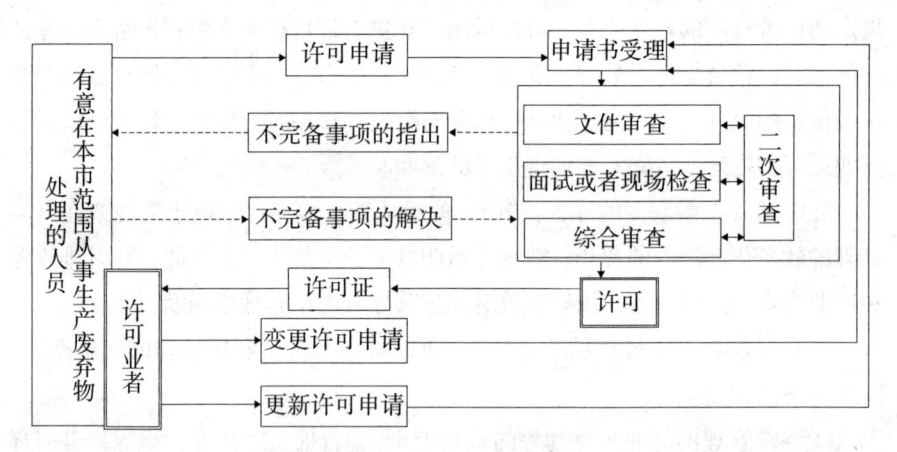

图4-1 许可业务的体系

此外，川崎市还设定了许可期限，导入了每五年更新一次产业废弃物处理业的许可制度。到2010年3月31日川崎市产业废弃物处理业许可状况见表4-1。

表4-1 许可状况（件数）

		2005年	2006年	2007年	2008年	2009年
许可种类	新许可	476	471	506	433	412
	变更许可	101	119	114	89	90
	更新许可	582	624	618	802	873
停止	许可到期	180	152	137	209	205
	停止报告的处理	55	55	46	55	61

2.许可期限与许可状况

通过1991年10月的法律修订,产业废弃物处理业被分为以下类别。即:产业废弃物运输业、产业废弃物处理业、特别管理产业废弃物回收运输业和特别管理产业废弃物处理业四个类型。到2010年3月31日川崎市的产业废弃物处理业从业者数许可详情见表4-2。

表4-2 产业废弃物处理业从业者数许可详情(件数)

处理业种类		2005年	2006年	2007年	2008年	2009年
处理业者	回收运输业(除中转和保管)	4368	4527	4763	4907	5011
	回收运输业(包含中转和保管)	48	42	42	41	42
	中间处理业	66	66	67	69	69
	终端处理业(海洋排放)	0	0	0	0	0
	中间处理业・最终处理业(海洋排放)	1	1	1	1	1
特别管理者	回收运输业(除中转和保管)	400	470	531	523	546
	回收运输业(包含中转和保管)	9	8	10	12	11
	中间处理业	8	8	8	8	8
	终端处理业	–	–	–	–	–
	中间处理业・最终处理业					
合计		4900	5122	5422	5561	5668

3.产业废弃物处理设施设置许可

关于产业废弃物处理设施的设置或者变更,在提交设置或者申请变更的许可之后,符合技术上的标准以及设置者的能力,且被认为不会对周边地区的生活环境造成损害的情况下可以允许动工(见图4-2)。

此外,为了推进可信性、安全性高的处理设施的设置,在工程完工之后,并在设施使用前有义务接受检查,只有当检查结果显示符合标准之时才能够开始投入使用。

为了使产业废弃物处理设施的设置者负责产业废弃物处理设施的维护管理相关的技术上的业务,规定产业废弃物处理设施设置者有义务设置技术管理者。此外,针对为处理随着商业活动产生的产业废弃物而设置产业废弃物处理设施的业者,为了使产业废弃物的处理工作合理进行,有义务在每个事业场设置产业废弃物处理责任者。川崎市 2010 年 3 月 31 日的产业废弃物处理设施详情见表 4-3。

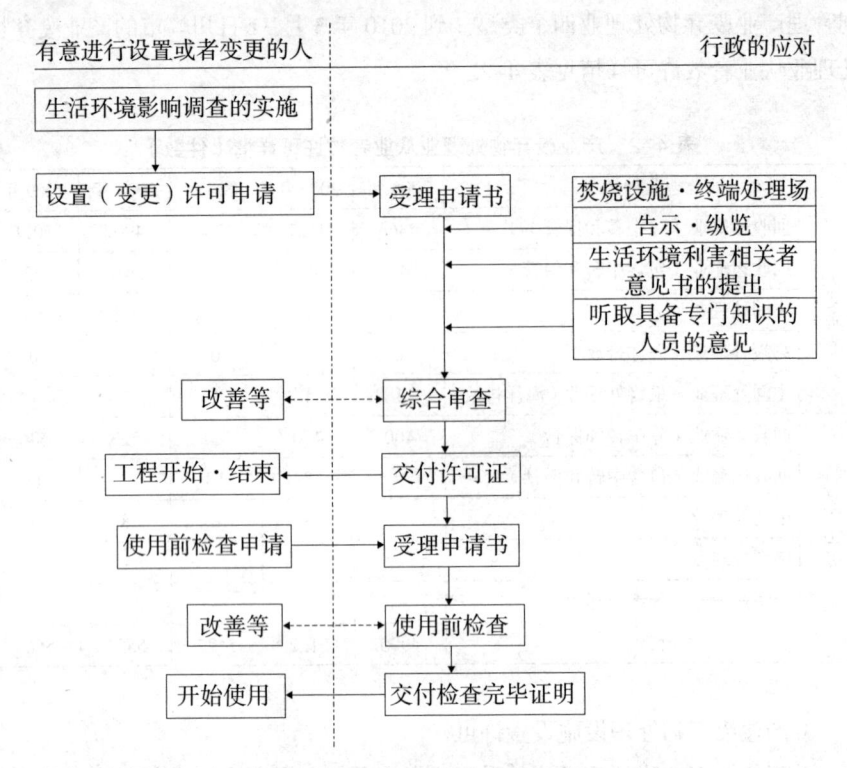

```
有意进行设置或者变更的人                                    行政的应对
    │
生活环境影响调查的实施
    │
    ↓
设置（变更）许可申请 ──→ 受理申请书 ←── 焚烧设施·终端处理场
                          │              告示·纵览
                          │         生活环境利害相关者
                          │            意见书的提出
                          │         听取具备专门知识的
                          │              人员的意见
                          ↓
    改善等 ←──────────── 综合审查
                          │
                          ↓
工程开始·结束 ←────── 交付许可证
                          │
                          ↓
使用前检查申请 ──────→ 受理申请书
                          │
                          ↓
    改善等 ←──────────── 使用前检查
                          │
                          ↓
    开始使用 ←────── 交付检查完毕证明
```

图 4-2　产业废弃物处理设施的设置许可相关的手续

表 4-3　产业废弃物处理设施详情

区分 \ 设置者		事业者	处理业者	公共团体	合计
污泥脱水设施	设施数	53	9	3	65
	立方米/天	7602.1	1764.4	4542.6	13909.1
污泥干燥设施	设施数	3			3
	立方米/天	110.7			110.7
污泥焚烧设施	设施数	6	7		13
	立方米/天	338.1	4012.3		4350.4

续表

废油水油分离设施	设施数	5	2		7
	立方米/天	228	190		418
废油焚烧设施	设施数	11	4		15
	立方米/天	335.6	266.1		601.7
废酸碱中和设施	设施数		4		4
	立方米/天		1287		1287
废弃塑料类破碎设施	设施数		21		21
	吨/天		1200.31		1200.31
废弃塑料类焚烧设施	设施数	2	7		9
	吨/天	17.7	3604.7		3622.4
木屑·瓦砾类破碎设施	设施数	1	43		44
	吨/天	640	23809		24449
PCB污染物或PCB处理物分解设施	设施数		1		1
	吨/天		6.6		6.6
PCB污染物或PCB处理物净化设施或分离设施	设施数		1		1
	吨/天		140		140
产业废弃物焚烧设施	设施数	7	8		15
	吨/天	775.54	4129.5		4.905.04
合计	设施数	90	105	3	198

4.1.4 检查制度与行政处罚

向上年度的产业废弃物产生量在1000吨以上，或者特别管理产业废弃物产生量在50吨以上[1]的产业废弃物的大量排放者要求提交《产业废弃物处理计划》，并向上年度制作和提交《产业废弃物处理计划》的从业者要求提交《产业废弃物处理计划实施状况报告书》。

进一步对每个特别管理产业废弃物排放者都有设置特别管理产业废弃物管理责任者的义务，同时川崎市环保局要征收设置、变更的报告。此外，设置产业废弃物处理设施的业者负有设置产业废弃物处理责任者和废弃物处理设施技

---

[1] 满足这两个条件的2008年实际情况共有218个业者。

术管理者的责任，同时川崎市环保局要征收设置、变更的报告。

2002年开始，依据PCB废弃物特别措施法，向PCB废弃物保管业者征收上一年度PCB废弃物的保管状况报告。此外，2008年产业废弃物控制文件交付等的状况报告再次实施开始要求提交报告书。

1. 现场检查等指导状况

由于产业废弃物的不合理处理，有可能对生活环境造成重大影响，为了防患于未然，杜绝不合理处理现象，依据法律进行正确处理，针对排放业者和处理业者进行定期的现场检查，采样进行分析试验，以达到彻底的监视指导（表4-4）。

表4-4 现场检查指导状况（件）

现场检查场所（2009年）	产业废弃物	特别管理产业废弃物
排放者	189	38
回收运输业者（除中转保管）	65	0
回收运输业者（包括中转保管）	10	0
处理业者（中间处理设施）	124	0
处理业者（填埋）	2	-
处理业者（海洋排放）	0	-
PCB保管业者	0	17
合计	390	55

同时针对产业废弃物的不合理处理进行现场检查并进行的采样分析，同时检验产业废弃物等各种状况（表4-5）。

表4-5 现场采样以及检验的产业废弃物等的分析状况

处理方法（2009年）		产业废弃物等	检验目标数	测定项目	分析者
海洋排放	B地区	非水溶性无机性污泥	2	22	市外民间分析机构
其他		填埋地流水	0	0	
		底土	0	0	
		土壤	0	0	
		油污	0	0	

续表

	燃烧灰烬	3	21	市外民间分析机构
	煤尘	3	21	市外民间分析机构
合计		8	64	

2. 行政处罚状况

在废弃物没有得到合理处理的情况下，将会造成破坏生活环境的直接原因。因而，参与其中的人必须遵纪守法，进行合理处理，努力保护环境。因此，川崎市对违法者将严厉追究责任并进行正确处理的指导（表4-6）。

表4-6 行政处罚情况（2009年）

相关条文	件数
依据法第14条第3款以及第14条第6款停止违反者营业	0
依据法第14条第3款以及第14条第6款取消其许可	22
依据法第15条第2款第6则改善命令	0
依据法第15条第14款的监督命令	0
依据法第15条第3款取消其许可	0
依据法第19条第3款的改善命令	0
依据法第19条第5款的措施命令	0
依据法第19条第6款的措施命令	0
合计	22

3. 对商业一般废弃物排放业者的指导

①对大量排放者的指导：商业一般废弃物每日平均排放量在100kg以上的业者称为大量排放者[1]，大量排放者负有提交《减量计划书》和选拔任命一般废弃物管理责任者的义务。同时，要召开说明会，个别的听取意见、现场检查工作，通过这些举措，对大量排放者进行抑制一般废弃物的排放、促进重新利用和物品回收，以达到废弃物减量化、资源化以及合理处理目的相关的指导。此外，把握大量排放者设施运入状况的同时，要求其使用废弃物全程控制文件，以彻底防止非法排放等不正确的处理行为。

---

[1] 满足这个条件的2010年实际情况共377个业者。

②对候补大量排放者的指导:商业一般废弃物每日平均排放量在30kg以上100kg以下的从业者被称为候补大量排放者[1]。要求候补大量排放者提交《减量计划书》,同时,通过现场检查对候补大量排放从业者进行抑制一般废弃物的排放、促进其重新利用和回收以达到废弃物减量化、资源化的目标,实现合理处理相关的指导。

③对排放者的指导:针对商业一般废弃物的排放者,进行合理排放的指导。

④促进商业垃圾的减量化、回收和重新利用以及合理处理:A.向一般废弃物排放者分发入门指导手册,促进一般废弃物的减量化、回收、再生利用和合理处理。B.收集再生利用工作的进行情况和信息,同时,通过向排放者提供这些信息,促进商业一般废弃物的处理向着减量化和合理处理的方向迈进。

⑤促进合理包装:针对商店、超市和百货商场以及商业街约1600家店铺,每年6月、11月两次要求其协助合理包装的实施。

⑥再生利用环保商店制度的扩充:将考虑对环境的影响,积极进行废弃物回收和再生利用的商店认定为再生利用环保商店,广泛推荐居民使用。川崎市到2010年3月31日共认定了包括一条商业街在内的共221家商店。

4. 一般废弃物处理业许可业者的许可与指导

在川崎市内根据《废弃物处理法》的规定,依据有意从事一般废弃物处理业的人员提出的申请,川崎市环保局通过文件审查、现场检查等发放许可证以及进行相关指导。许可期间为2年,2010年有89个业者成为更新许可的对象。主要包括:(1)新建,变更和更新许可申请的受理和审查;(2)变更报告的受理和审查;(3)举办针对一般废弃物处理业者的讲习会(一次);(4)对一般废弃物处理者的现场检查和指导;(5)基于对一般废弃物处理业者运入设施的内容物的审查结果进行指导;(6)一般废弃物处理业实际情况报告的征收、综合;(7)一般废弃物处理业者的养成指导(表4-7)。

表4-7 许可的状况(到各年度3月31日)

许可种类		2005年	2006年	2007年	2008年	2009年
许可种类	新建许可	9	4	16	5	4
	变更许可	0	0	3	0	0

---

[1] 满足这个条件的2010年实际情况共1114个业者。

续表

	更新许可	12	91	51	88	23
停止	到期	1	2	0	0	3
	停止通知	3	1	0	2	3
许可业者数		116	118	123	121	119

5. 汽车再生利用法相关业者的等级和许可

根据汽车再生利用法的规定，在川崎市，依据有意从事废旧汽车受领、氟氯化碳类回收的汽车再生相关业者的申请，由川崎市环保局进行文件审查，进入受领业者、氟氯化碳回收业者的登记工作。此外，依据有意从事废旧汽车解体、破碎业的人员的申请，由川崎市环保局进行文件审查、现场检查等，进行解体业者与破碎业者的许可工作。许可期间均为5年（表4-8）。

表4-8 汽车再生相关业者的登记（2009年，件）

受领业者	新建登记申请		8	解体业者	新建登记申请		0
	撤销申请		0		撤销申请		0
	登记	新建	8		登记	新建	0
		更新	46			更新	9
		合计	54			合计	9
	登记的拒绝		0		登记的拒绝		1
	废业等的通知		1		废业等的通知		0
	登记业者数		197		登记业者数		10
氟氯化碳回收业者	新建登记申请		0	破碎业者	新建登记申请		0
	撤销申请		0		撤销申请		0
	登记	新建	0		登记	新建	0
		更新	5			更新	3
		合计	5			合计	3
	登记的拒绝		0		登记的拒绝		0
	废业等的通知		0		废业等的通知		0
	登记业者数		30		登记业者数		3

6.汽车再生利用法相关业者的现场指导等工作

汽车再生利用法规定，是将废旧汽车认定为废弃物与废弃物处理法密切相联。废旧汽车的不正确处理有可能会对生活环境造成重大影响。为了防患于未然，就要杜绝废旧汽车的不正确处理现象。为了符合基于废弃物处理法的合理处理以及基于汽车再生利用法的再资源化等标准，川崎市政府对登记和许可业者进行定期现场检查和彻底监视指导（表4-9）。

表4-9 现场检查的状况（2009年）

现场检查相关业者	现场检查数
受领业者	135
氟氯化碳类回收业者	11
解体业者	11
破碎业者	3

7.非法丢弃的处理对策

非法丢弃废弃物，不但会对环境造成不利影响，将环境恢复原状也需要一定消耗，且会带来经济损失；而且还会增加居民对废弃物处理事业的不信任感。因此，以非法丢弃废弃物现象最多的沿海地区为中心，川崎市政府与生活环境事业所及警察局等相关部门开展合作，杜绝市内的非法丢弃现象，促进环境的改善（表4-10）。

表4-10 非法丢弃件数和量（从1999年到2009年）

年	件数（件）	量（吨）
1999年	312	101.94
2000年	308	78.46
2001年	336	32.74
2002年	462	24.39
2003年	591	49.99
2004年	315	23.83
2005年	331	32.42
2006年	458	30.73

续表

2007 年	1707	90.94
2008 年	3917	124.53
2009 年	4989	135.90

①应对对非法丢弃的投诉:通过电话接受对非法丢弃和烧荒的举报,到现场对排放者进行特定调查和情况调查,同时,与相关部门密切合作。

②巡逻监视非法丢弃:巡回监视市内约 100 处经常发生非法丢弃的场所,同时为了改善状况,致力于与有关部门合作应对。

③在非法丢弃经常发生的场所设置监视摄像机进行监视:在市内 8 个非法丢弃现象严重的场所设置监视摄像机和警报装置,致力于减少此类犯罪。

4.2 安全卫生管理体制与废弃物相关的预算

4.2.1 安全卫生管理体制

根据日本劳动安全卫生相关的法令,废弃物处理相关的雇主[1]应保障在职场工作中的废弃物处理劳动者的安全和健康,同时也要确保舒适的工作环境。此外,日本政府还根据 1993 年 3 月 2 日的基发[2]第 123 号规定了《清洁事业安全卫生管理纲要》。

川崎市环保局以此为依据,推行以尊重人性为基础的以居民为本位的工作环境政策。优先确保废弃物处理过程中的安全卫生,防止灾害和事故的发生。川崎市环保局为了使劳动者能够在安全且健康的工作环境中劳动,制定了《环保局劳动安全卫生管理基本计划》政策,进行有组织的、可持续性的安全卫生活动。

---

[1] 这里的雇主包括地方政府相关部门和废弃物处理的私营企业。

[2] 基发:日本法律用语,指厚生劳动省劳动基准局长给各都道府县地方政府劳动局长下发的通知。

1. 安全管理体制

关于安全管理，为提高劳动者的安全意识而实施各种活动:举行讲习会，举行灾害防止活动以及安全卫生委员会活动，以防止劳动灾害的发生。具体到2010年度，主要有以下与安全管理相关的活动安排（表4-11）。

表4-11 安全管理活动和讲习会

活动	活动时间	讲习会（环保局主办）	各废弃物处理设施的对策
车辆事故防止月	4月和9月	安全驾驶管理者（正·副）讲习会	根据环保局劳动安全卫生管理基本计划，依据各设施实际情况，制定《安全卫生管理计划》，进行各种安全管理相关活动。讲习会、学习会等可配合月间活动随时举行。
全国交通安全运动	4月6日—15日 9月21日—30日		
缺氧事故防止月	5月	缺氧事故防止讲习会	
公务灾害防止月	7月	综合安全卫生管理者·安全管理者讲习会、安全卫生管理系统研修会、安全促进员学习会、锅炉事故防止讲习会、电气事故防止讲习会等	
全国安全周	7月1日—7日		
年末年初安全作业运动	12月15日—1月15日		
安全日	各处理设施可以单独设定（每月）		
4S日			

①派遣劳动者参加专门机关主办的讲习会。用以培养各种作业操作的主要负责人讲习会，以及各种作业操作的特别教育等。

②表彰优良驾驶者和车辆事故防止优良设施的活动。这是根据川崎市《环保局优良驾驶者等表彰纲要》展开的活动。

③灵活运用《安全作业要领》。川崎市将《垃圾收集相关》《粪便·净化槽相关》《垃圾处理·资源化相关》等规定的安全作业操作要领，作为确保在作业现场的安全作业操作的操作标准，致力于建立无事故、无灾害的废弃物处理职场。

2. 卫生管理体制

关于卫生管理，川崎市环保局考虑到作业操作环境和劳动条件的特殊性，为提高劳动者的健康管理意识，设定举行卫生管理活动，实施特殊健康诊断以及由保健咨询师进行的巡回健康咨询。同时实施由企业医务人员进行的废弃物处理职场的巡视，从身体健康和心理健康两方面保持和促进劳动者的卫生健康。此外，作为卫生管理的补充体制，每一辆废弃物处理作业车辆上都携带有应急急救药品。

对于重体力劳动业务的劳动者，川崎市环保局还实施特别健康诊断以及事后措施对策。同时作为预防政策的重点，举行腰痛预防讲习会等，以期充实卫生管理体制。具体到2010年，卫生管理相关的主要措施有以下三点（表4-12）。

表4-12 举办卫生管理活动和相关讲习会

活动		举办时间	讲习会（环保局主办）	各废弃物处理设施的对策
促进健康运动月		10月	卫生管理者讲习会、腰痛预防讲习会、心理健康讲习会、防止吸被动吸烟讲习会	基于各设施的《安全卫生管理计划》，促进健康的保持与增进各项工作
全国统一活动	全国劳动卫生周	10月1日—7日		

①向专门机关主办的讲习会派遣劳动者进行卫生管理者培养的讲习会。

②进行巡回健康咨询。根据各废弃物处理设施的劳动者人数，设定大致每月一到两次的健康咨询日，实施由健康咨询员进行的健康咨询和保健指导。

③由企业的医务人员定期进行职场巡视。定期进行职场巡视是为了致力于改善劳动环境和防止劳动者健康伤害。

④对每一位劳动者进行健康诊断（表4-13）。

表4-13 川崎市废弃物处理劳动者的健康诊断内容表

	健康诊断	对象要求
环保局主办内容	重金属类特别健康诊断	除处理中心以及浮岛填埋事业所的事务职以外
	呼吸系统特别健康诊断	除处理中心管理职以及事务职以外，浮岛填埋事务所劳动者以及加濑清洁中心从事中转运输作业的劳动者
	深夜作业特别健康诊断（后期）	经常在劳动安全卫生规则第13条第1项第2号第10款规定的业务时间内工作的劳动者
	处理重物业者特别健康诊断	垃圾·粪便收集、净化槽清洁、车辆准备

续表

总务局主办内容	一般健康诊断	入职健康诊断	新入职劳动者
		定期健康诊断 A 诊断	34 岁以下以及 36—39 岁的劳动者
		定期健康诊断 B 诊断	35 岁以及 40 岁以上的劳动者
		特定化学物质处理这健康诊断	从事填埋处理作业以及在处理中心从事化学实验的劳动者
		有机溶剂处理者健康诊断	从事填埋处理作业以及在处理中心从事化学实验的劳动者
		齿科特殊健康诊断	从事填埋处理作业以及在处理中心从事化学实验的劳动者
		VDT 业务从事者健康诊断	从事 VDT 业务的劳动者
		从事噪音业务处理者健康诊断	经常从事噪音处理的劳动者
	癌症诊断	胃癌诊断	35 岁以上的提出要求的劳动者（限已加入劳动者互助合作会的劳动者）
		大肠癌诊断	35 岁以上的提出要求的劳动者（限已加入劳动者互助合作会的劳动者）
		妇科诊断	提出要求的女性劳动者（限已加入劳动者互助合作会的劳动者）
	全面体检		40 岁以上的提出要求的劳动者（限已加入劳动者互助合作会的劳动者）
	骨骼密度检测		提出要求的女性劳动者（限已加入劳动者互助合作会的劳动者）
	乳房 X 光检查		40 岁以上的提出要求的女性劳动者（限已加入劳动者互助合作会的劳动者）
	乳房超声波检测		提出要求的女性劳动者（限已加入劳动者互助合作会的劳动者）
	破伤风预防接种		从事有被破伤风菌感染可能工作的劳动者
	特定保健指导		达到一定标准的、健康保险组织建议进行特定保健指导的 40 岁以上劳动者（限已加入劳动者互助合作会的劳动者）

3. 明确安全卫生责任的管理体制

川崎市为了明确安全卫生管理的责任，还建立了以环保局长为首的川崎市安全卫生管理体制（图 4-3），并根据劳动安全卫生法确立了安全卫生管理体制规定的职责。环境科技信息中心所长和公害研究所长、公害监视中心所长肩负着卫生促进者的职责。5 个生活环境事业所所长肩负着综合安全环境管理者

第四章 川崎市废弃物处理相关的政策制度

的职责等等。以此类推明确了各部门和各职场的安全管理者、卫生管理者以及安全卫生促进者的职责范围，并设立了废弃物处理劳动者相关的安全卫生委员会全面展开工作环境的安全卫生监督。

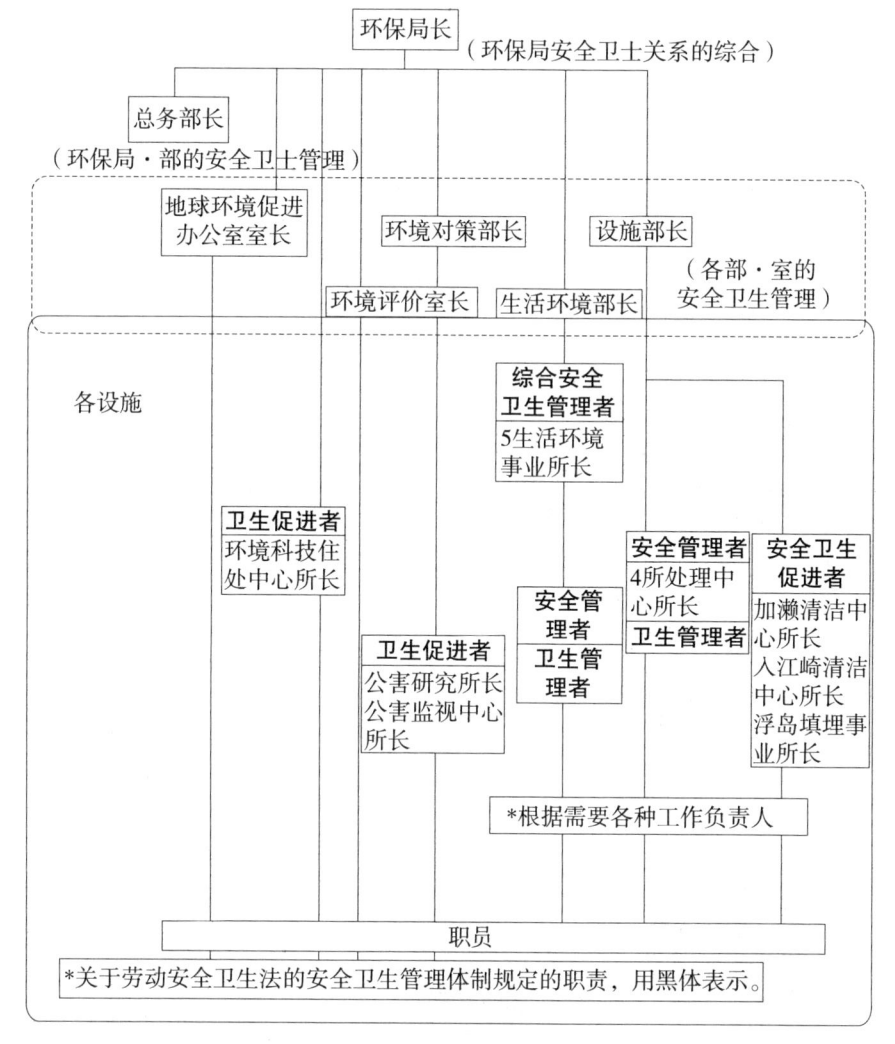

```
                            环保局长 （环保局安全卫士关系的综合）
                               │
        ┌──────────────────────┼──────────────────────┐
     总务部长                                      
（环保局·部的安全卫士管理）                        
                                                  
    地球环境促进          环境对策部长    设施部长   （各部·室的
    办公室室长                                      安全卫生管理）
                        环境评价室长  生活环境部长

    各设施
                                    综合安全
                                    卫生管理者
                                    5生活环境
                                    事业所长

    卫生促进者
    环境科技住                                   安全管理者   安全卫生
    处中心所长                                   4所处理中    促进者
                        卫生促进者    安全管     心所长      加濑清洁
                        公害研究所长   理者                   中心所长
                        公害监视中心  卫生管                  入江崎清洁
                        所长         理者                    中心所长
                                                            浮岛填埋事
                                                            业所长

                                       *根据需要各种工作负责人

                              职员

    *关于劳动安全卫生法的安全卫生管理体制规定的职责，用黑体表示。
```

图 4-3　川崎市安全卫生管理体制图

川崎市废弃物处理劳动者相关的安全委员会是以环保局的局长和部长为中心的组织体制展开各项于安全卫生相关联的监督活动（表 4-14）。

城镇化过程中的环境政策实践

表 4-14　川崎市废弃物处理劳动者的安全卫生委员会一览表

环保局部长─☆环保局　职员安全卫生委员会		安全管理者法	
├─环境对策部门会议	综合安全卫生管理者法	法第11条　令第3条	
└─废弃物部门会议	法第10条　令第2条	川职规第5条	
├南部生活环境事业所职员安全卫生委员会	南部生活环境事业所长	科长　安全卫生股长 同收股长 粪便·净比槽股长	
├川崎生活环境事业所职员安全卫生委员会	川崎生活环境事业所长	科长　安全卫生股长 回收股长	
├中原生活环境事业所职员安全卫生委员会	中原生活环境事业所长	科长　回收股长 副所长 科长　安全卫生股长　回收 科长 粪便·净化槽股长 副所长 科长 安全卫生股长　回收	
├宫前生活环境事业所职员安全卫生委员会	宫前生活环境事业所长		
├多摩生活环境事业所职员安全卫生委员会	多摩生活环境事业所长		
├浮岛处理中心职员安全卫生委员会	代理人	浮岛处理中心　所长	
├堤根处理中心职员安全卫生委员会	南部……负责科长	堤根处理中心　所长	
├橘处理中心职员安全卫生委员会	川崎……负责科长	橘处理中心　所长	
├王禅寺处理中心职员安全卫生委员会	中原……负责科长	王禅寺处理中心　所长	
├*浮岛填埋事业所职员安全卫生委员会	宫前……负责科长	代理人为所属长选定	
├*加濑洁洁中心职员安全卫生委员会	多摩……负责科长	（则第4条第2项）	
├*入江崎清洁中心职员安全卫生委员会	（则第3条）		
└环境对策部职员安全卫生委员会			

职员安全卫生委员会设置依据 无印……劳动安全卫生法第19条 *印……川崎市职员安全卫生管理规则 第9条第4项 ☆印……川崎市职员安全卫生管理规则 第9条第3项	安全促进员 各设施纲要 所属长（综合安全卫生管理者）或安全管理者任命 但是，只在生活环境事业所设置	卫生管理者 法第12条第4项 有资格者或所属长选定 但是，宫前·多摩生活环境事业所选定2名 （则第7条第1项第3号） 代理者由所属长选定 则第7条第2项

相关法令的略称说明 法……劳动安全卫生法 令……劳动安全卫生法实施行令 则……劳动安全卫生规则 川职规……川崎市职员安全卫生管理规则 通知……行政通知	各种工作主要负责人 法第14条　令第6条 有资格者或由所属长选定 作业指挥者 基发通知第123号第2项 所属长指定人员 企业医生法第13条 保健咨询师法第66条第7项 企业医生 3名 保健咨询师 2名	安全卫生促进者 法第12条第2项 浮岛填埋事业所长 加濑清洁中心所长 入江崎清洁中心所长 卫生促进者 法第12条第2项 公害研究所长 公害监视中心所长 环境技术信息中心所长

124

4. 废弃物处理劳动者的技能研修

为使环保局的废弃物处理劳动者有为全体居民服务的使命感和责任感，同时为了提高废弃物处理的行政效率，废弃物处理劳动者需要进行知识、技能以及态度等方面的学习。为此，川崎市环保局每年都有效率地计划组织劳动者进行必要的研修，以提高从业所需要的素质和技能。下表是历年在环保局进行的各种研修（表4-15）。

表4-15　废弃物处理劳动者的各种技能研修

研修名称	对象	目的
技能业务劳动者8年研修	入职8年后的技能·业务劳动者	以经过8年的工作，将要走上职场重要岗位的劳动者为对象目的有：重新审视应当怎样行为以得到居民的信任，怎样更好地为居民服务，以及作为劳动者自己应该怎么做等学习。
技能业务劳动者20年研修	入职20年后的技能·业务劳动者	为使经验丰富的熟练劳动者发挥领导才能，以养成秩序井然的职场环境，以工作20年的劳动者为对象，使其对服务规律和自己的健康管理进行重新认识，提高领导能力。
事业所自主研修	技能·业务劳动者所属的事业所	根据各个事业所的实际情况安排研修，以提高劳动者的素质。
综合职场研修	技能·业务劳动者所属的事业所	使得每一个劳动者重新认识"服务的原则"，合理执行职务，确保严格遵守服务规律的、安全的职场环境，减少职场事故、灾害。

4.2.2　川崎市的政府预算与垃圾处理费用

1. 川崎市历年财政支出和废弃物相关的环境费用推移

川崎市作为日本的政令城市，其财政收入相对较多而且稳定，因此可用于环境方面的费用支出相对较宽松（表4-16）。1990年以来，历年的环境费用占财政支出比例除2003年和2008年低于3%以外，基本上每年都保持在3%以上。

表4-16　川崎市的历年财政支出和环境费用支出（1990—2010年）

年度	财政支出（亿日元）	指数（1990年比）	环境费用支出（亿日元）	指数（1990年比）	环境费用占财政支出比例（%）
1990	4255.8	100.0	166.8	100.0	3.92

续表

1991	4480.8	105.3	200.9	120.5	4.48
1992	4613.9	108.4	206.0	123.5	4.47
1993	4901.6	115.2	313.5	188.0	6.40
1994	5056.8	118.8	369.3	221.5	7.30
1995	5063.9	119.0	234.7	140.7	4.63
1996	5179.8	121.7	185.8	111.4	3.59
1997	5220.9	122.7	187.6	112.5	3.59
1998	5104.9	120.0	239.8	143.8	4.70
1999	5090.8	119.6	174.9	104.9	3.44
2000	5097.1	119.8	200.0	119.9	3.92
2001	5381.6	126.5	205.0	122.9	3.81
2002	5272.7	123.9	181.2	108.7	3.44
2003	5485.3	128.9	158.2	94.9	2.88
2004	5209.6	122.4	159.6	95.7	3.06
2005	5106.0	120.0	176.2	105.6	3.45
2006	5456.0	128.2	177.4	106.4	3.25
2007	5523.9	129.8	169.0	101.3	3.06
2008	6094.6	143.2	159.6	95.7	2.62
2009	5816.8	136.7	186.8	112.0	3.21
2010	6116.7	143.7	242.8	145.6	3.97

2. 垃圾处理相关费用

①垃圾相关的经费

以环境相关费用支出比重最小的 2008 年为例，川崎市的环境费用支出为 159.6 亿元，而同一年的垃圾处理相关经费[1]为 156.6 亿日元，占到了环境支出的 98%。可见在城镇化过程中，维护城市环境所需要的日常生活垃圾处理占有决定性的地位。如果按 2008 年 10 月 1 日，川崎市总人口为 1390270 人以及

---

[1] 这里显示的垃圾处理相关经费的合计，包含环保局的经费（环境费）和总务局的经费（总务费，劳动者薪资、奖金等）。关于垃圾收集车的购买以及处理设施的建设等相关经费，并非单年度而是按照复数年份的支出来计算的。由于四舍五入的关系合计部分尾数不一致。

川崎市总家庭户数的数量为640658家来计算的话，川崎市平均每吨垃圾处理经费为47253日元，平均每个家庭的垃圾处理经费为24447日元，而平均到每个人的垃圾处理经费为11265日元。更进一步按照表4-17的收集分类来看川崎市2008年垃圾处理相关的经费的话，其中用于普通垃圾的收集搬运处理处分的经费就占71%，达到111亿日元。

表4-17　川崎市2008年垃圾处理相关的经费

区分	收集搬运相关经费（亿日元）	处理处分相关经费（亿日元）	经费合计（亿日元）	处理量（吨）	平均每吨支出费用（日元）
合计	89.5243	67.0964	156.6207	331453	47253
普通垃圾	55.7994	55.2105	111.0099	297529	37311
大型垃圾	5.5986	5.5596	11.1582	8145	136995
空罐分类	7.1753	0.2482	7.4235	7543	98415
空瓶分类	10.3051	1.7983	12.1034	11013	109901
小型金属	4.6876	1.4798	6.1674	2637	233879
塑料瓶	5.9584	2.8000	8.7584	4586	190981

②粪便相关的经费

表4-18　川崎市2008年粪便相关的经费

区分	收集和运输相关经费（亿日元）	处理和处分相关经费（亿日元）	经费合计（亿日元）	处理量（千升）	平均每千升经费（日元）
粪便收集	3.0399	0.3008	3.3407	9561.6	34830
净化槽清洁	4.1102	1.0544	5.1646	33349.8	15486
粪便压送	0.9613	0.0032	0.9645	28872.8	3340
宫前下水投入	0.4049	0	0.4049	14498.6	2793

2008年10月1日，川崎市一年粪便收集相关经费为3亿3407万日元，每千升平均经费为34830日元（表4-18）。川崎市粪便收集对象家庭数为7141家，因此用于每个家庭平均经费为46783日元。

3. 2010年的财政预算与垃圾处理相关经费

①财政预算与垃圾处理相关经费

2010年川崎市财政预算总额为6116亿7177万6千日元（约合480亿元

人民币），比上一年度增长了 299 亿 9145.1 万日元。其中，垃圾处理相关的预算额为 242 亿 8120.8 万日元，比上一年度增长了 30%，多了 56 亿 406.8 万日元。另外，垃圾处理相关预算占川崎市财政预算的比例为 4%。

②垃圾处理预算的主要用途

垃圾处理预算的主要用途包括以下方面：

A. 事务残渣等的再生利用促进事业 2045.5 万日元

B. 垃圾收集事业 8 亿 2832.9 万日元

C. 分类收集事业 2 亿 4288.5 万日元

D. 垃圾收集车辆准备事业 3 亿 3368.6 万日元

E. 普及宣传活动事业 8217.8 万日元

F. 垃圾减量化促进事业 2 亿 534.7 万日元

G. 资源化处理事业 8 亿 6200.5 万日元

H. 大型垃圾处理事业 2 亿 473.5 万日元

I. 海面填埋事业 4 亿 4622.4 万日元

J. 废弃物处理设施基础设施准备事业 17 亿 5089.8 万日元

K. 垃圾处理事业 60 亿 3796.1 万日元

L. 资源化处理设施准备事业 14 亿 3292.6 万日元

③川崎市 2010 年的环保局相关收入支出预算细目（表 4-19 与表 4-20）

表 4-19　川崎市 2010 年预算收入细目（千日元）

科目			2010 年度	说明
14 使用费及手续费			2496408	
	01 使用费		11314	
		09 其他使用费	11314	电、煤气、通信、水等
	02 手续费		2485094	
		03 环境手续费	2485094	垃圾处理手续费、净化槽等的清洁手续费
15 国库支出费用			1896939	
	02 国库补助金		1896939	
		05 环境费用国库补助金	1896939	再生利用综合设施

续表

17 财产收入			310892	
	01 财产运用收入		66047	
		01 财产出租	52271	自动售货机设置场所临时出租费
		02 基金运用收入	13776	资源再生化基金利息收入
	02 卖出财产收入		244845	
		02 卖出物品收入	244845	卖出资源化产出物收入
18 收到捐款收入			500	
	01 收到捐款收入		500	
		05 环境费用捐款收入	500	资源再生基金捐款收入
21 诸收入			547587	
	01 滞纳金及附加费用		9	
		01 滞纳金	9	税外收入滞纳金
	02 市存款利息		11	
		01 市存款利息	11	存款利息
	06 杂项收入		547567	
		02 赔偿金	1	收集计划科赔偿金
		04 付款	37617	保险费付款款项等
		08 杂项收入	509949	电费收入等
22 市债			7380000	
	01 市债		7380000	
		05 环境债	7380000	垃圾运输车准备事业债
收入合计			12632326	

表 4-20　川崎市 2010 年预算支出细目（千日元）

科目			2010 年度	说明
06 环境费			24281208	
01 环境管理费			795195	
		01 环境总务费	600434	环境事业管理·综合相关经费以及环保局劳动者的安全卫生管理经费
		03 余热利用居民设施运营费	194761	余热利用居民设施的运营相关经费
03 垃圾处理费			12998081	

续表

	01 垃圾处理总务费	7718476	垃圾处理相关经费
	02 生活环境普及费	347686	生活环境事业的宣传及指导相关经费
	03 产业垃圾指导费	1191177	产业废弃物相关的指导・检查经费
	04 焚烧场地费	3089783	处理中心运营相关经费
	05 大型垃圾处理场地费	204735	大型垃圾处理设施运营经费
	06 废弃物海面填埋费	446224	废弃物海面填埋相关经费
04 粪便处理费		508604	
	01 粪便处理费	508604	粪便处理相关经费
05 设施费		9979328	
	01 设施准备费	2503960	现有设施的维修准备经费
	02 设施建设费	7475368	新设施的建设相关经费

4.2.3 城市的环境保护

川崎市为了保护环境,由 1990 年 3 月 23 日设立的川崎市"余热利用财团"进行改组,在 1992 年 3 月 27 日建立了"川崎市再利用环境公社"。"川崎市再利用环境公社"目前致力于环境的保护工作、垃圾处理及垃圾焚烧炉产生的余热的再利用、资源化工作等相关资料的收集,并针对这些工作展开调查研究及支援活动。同时,通过管理运营余热再利用设施,从而提高居民的再利用意识,并致力于居民生活环境水平的提高及垃圾政策的改善。

《川崎市再利用环境公社》的企业性质为财团法人[1],其基本概要为:

A. 设立年月日:1992 年 3 月 27 日

B. 所在地:川崎市川崎区

C. 基本资金来源:由川崎市负责捐赠 10 亿日元

D. 基本内容包括:

  a. 进行与再利用相关信息的收集以及普及启发

  b. 进行与再利用相关的调查与研究

  c. 进行对居民团体的再利用相关活动的支援

  d. 运用再利用设施开展文化活动

---

[1] 在日本,财团法人是一种由日本政府或地方政府全额出资的法人机构。

e. 再利用设施的管理运营及其他市政府相关委托工作

f. 进行与垃圾的回收运输相关的委托工作

g. 其他必要工作内容

4.3 川崎市是如何计划处理普通垃圾的？

笔者认为一个城市有必要根据本市的具体情况，每年制定一个有效的年度普通垃圾回收处理计划。这样的计划在未来中国的城镇化过程中将越来越重要。那么，川崎市是怎样计划处理本市的普通垃圾的呢？这里以《川崎市 2010 年度普通垃圾处理计划》为例使读者理解一个城市垃圾处理计划制定的必要性。

4.3.1 川崎市 2010 年度普通垃圾处理计划

1. 处理计划的基本情况

处理对象区域的设定为川崎市管辖的全部区域。处理计划包括了两个方面：（1）普通垃圾回收处理基本计划（表 4-21）；（2）粪尿·净化槽清扫等处理计划（表 4-22）。

表 4-21　普通垃圾回收处理基本计划

	回收对象人口数（人）	计划处理量（吨）
计划回收垃圾	1433600	332938
搬入设施垃圾	—	124330
合计	—	457268

表 4-22　粪尿·净化槽清扫等处理计划

	回收对象人口数（人）	计划处理量（公升）
粪尿回收	14366	9111
净化槽清扫	9942	20713
污泥处理	—	11456
处理计划总量	—	41280

2. 抑制普通垃圾的弃置及促进垃圾再生利用的对策计划

①可以进行二次利用及再生利用的垃圾的回收计划

    A. 对可以进行再生利用的垃圾进行分类回收计划。

        回收日：从每星期的星期一或是星期六的其中一天，在各地区根据本地区需求自行选择。

        施行地区：全市所有区域。

        回收对象：空罐、空玻璃瓶、塑料瓶、使用过的电池（全市区域）；混合纸张（市管辖的部分区域、2011年1月起在全市所有地区施行）；塑料制容器包装（2011年1月起川崎区、幸区、中原区的所辖范围）。

    B. 在各地区的每月两次大型垃圾回收日，将不足30cm的小型金属类制品，作为"小金属物"进行回收。

    C. 旧报纸等的回收，将被作为资源集体回收的补充性业务进行。

    D. 废弃的荧光灯管或灯泡，将在生活环境事务所作为试点进行回收。

    E. 对于居民弃置的大型垃圾中，可进行二次利用或再生利用的家具等产品，应在区域再利用中心及再利用社区中心进行展示，从而尽可能地对资源进行有效利用。

②资源回收的施行计划

    A. 大型垃圾处理设施的资源回收工作。在进行粉碎处理的过程中，应从大型垃圾及小金属物中回收金属类制品。

    B. 资源化处理设施的资源回收工作。在资源化处理设施内，应力图将空罐、空玻璃瓶、塑料瓶、混合纸张及塑料制容器包装的再资源化。

③开展对资源集体回收设施的支援计划

    A. 根据川崎市资源集体回收业务登记团体奖励金，下发纲要等。

    B. 支援方法：对实施团体下发奖励金。对负责回收的企业或个人下发奖励金。协助川崎市资源集体回收业务联络委员会的工作。

    C. 对象产品：纸类、布类、瓶类。

    D. 旧衣类：将被作为资源集中回收的补充性工作，在生活环境事务所进行定点回收。

④制定资源化的数量计划

可再生利用的垃圾回收量	31359 吨
从市政府经营处理设施回收的资源量	1096 吨
居民集体资源回收量	62000 吨
合计	94455 吨

⑤开展川崎市减少垃圾指导员的委托计划

川崎市减少垃圾指导员的人数为 1963 人。委托他们组织川崎市减少废弃物指导员联络委员会及各地区减少垃圾指导员联络委员会的工作。

⑥开展有关垃圾的环境知识的学习计划

举办推进 3R 的公开演讲以及小学社会学科附加本《生活与垃圾》的发放工作。并实施开展设施的参观活动、上门讲解垃圾知识学习以及互动访问讲座的工作。

⑦开展再生利用方面的普及启发设施的运营计划

设施名	设施地址
橘再利用社区中心	高津区新作
再利用区域中心堤根	川崎区堤根
再利用区域中心王禅寺[1]	麻生区王禅寺

⑧开展对居民的普及启发活动计划[1]

  A. 通过市政新闻、网络主页、传单及宣传单等各种广告媒体的宣传。

  B. 设立自由市场。

  C. 对家庭用食物垃圾处理机购买者的补贴。

  D. 请求居民对抑制垃圾的弃置或是对垃圾进行分类弃置的合作。

  E. 请求居民对积极使用环保产品、绿色产品、可再生利用产品的合作。

  F. 表彰对在减量、再生利用方面有突出贡献的居民。

  G. 平时举办与减少垃圾、资源化、推进城市美化相关的普及启发性活动。

  H. 以区和街道为单位开展居民参加的庙会的活动。

⑨开展对企事业单位进行指导的计划

  A. 强化对大量弃置商业类普通垃圾及相对大量弃置商业类垃圾的企事业单位进行减量、资源化方面的指导。

---

[1] 2010 年暂停使用中。

B. 制作产生垃圾的企事业单位专用的垃圾减量化和资源化手册。
C. 推进商业类垃圾的减量化及资源化。
D. 对妥善弃置商业类垃圾进行指导。
E. 推广促进适度妥善包装。
F. 普及再利用环保商店制度。
G. 开展对普通垃圾处理业者的内部调查及实绩报告书的征收业务。
H. 普通垃圾处理业的许可业务等。2010年计划更新对象企事业单位为102家。

4.3.2 普通垃圾处理计划

1. 垃圾处理计划

①垃圾回收计划（表4-23）

表4-23 垃圾回收计划

区分		回收计划量（吨）	回收方法及回收运输主体	搬入目标设施	处理处分方法及处理主体	居民及企事业单位的协作义务
家庭类垃圾	普通垃圾	292833	以回收站方式（指定的收集场所）进行每周3次的定期回收，并根据不同地区需要分别规定回收时间段。(市)	处理中心及加濑无污染中心	焚烧后掩埋(市)	要尽可能地对垃圾可再利用的部分进行筛选后弃置。弃置方法是将垃圾装入带顶盖的塑料容器或是透明、半透明的塑料袋，弃置在指定的回收场所。竹签等比较锐利的垃圾应事先予以处理，并将玻璃、陶瓷类垃圾装入同一袋子并标明内部有危险品。对回收工作完毕的指定场所进行清理，并保持其卫生。不要将不同类垃圾进行混合丢弃。

第四章　川崎市废弃物处理相关的政策制度

续表

大型垃圾「」中的内容仅限可再利用的家具等	8157	施行通过申请的方式，进行每月2次的对提出申请的个别住户的废弃物回收。（委托）「市政府或是橘再利用社区中心的制定管理员上门回收」	大型垃圾处理设施及JR货物梶之谷终端站「再利用区域中心及再利用社区中心」	金属类应予以资源化（委托）可燃物则焚烧（市）「通过向居民提供，力图资源的有效利用」	
电视、空调、冰箱、冰柜、洗衣机、甩干机[1]	5993	直销型企事业单位进行回收。	市营储备中心（加盟川崎家电再利用委员会的直销型企事业单位）及制定回收场所	由制造型企事业单位的再商品化	为确保作为处理对象的物品的再商品化得以实施，应妥善交给回收中心。支付回收搬运及再商品化等所需费用。
电脑[2]	174	制造型企事业单位进行回收。	制造型企事业单位指定的回收场所	由制造型企事业单位的再资源化	为确保作为处理对象的机械的再商品化得以实施，应妥善交给回收中心。
电动自行车	64	制造型企事业单位进行回收。	制造型企事业单位指定的回收场所	由制造型企事业单位的再资源化	为确保作为处理对象的车辆的再商品化得以实施，应妥善交给回收中心。
空罐	7302	以回收站方式（指定的收集场所）进行每周1次的定期回收，并根据不同地区需要分别规定回收时间段。（市）	南部再利用中心、堤根处理中心资源化处理设施、橘处理中心内储备中心及JR货物梶之谷终端站资源物转载设施	资源化（委托）	除去罐内的残留物，并与塑料瓶一同装入透明或半透明的垃圾袋进行弃置。

[1] 仅限日本《特定家庭用电器再商品化法》第2条第4项中规定的特定家庭用电器变成垃圾时。

[2] 仅限于资源的有效利用相关的法律条文第2条第12项规定的再资源化产品，根据"规定个人电脑制造等相关企业的，使用完毕个人电脑的自行回收及再资源化的判断标准相关事项的经济产业省令"，可由制造事业者进行自行回收和再资源化。

续表

空玻璃瓶	10952	以回收站方式（指定的空玻璃瓶收集场所）进行每周1次的定期回收，并根据不同地区需要分别规定回收时间段。（市）	南部再利用中心、堤根处理中心资源化处理设施、王禅寺处理中心内储备中心及JR货物梶之谷终端站资源物转载设施	资源化（委托）	除杂瓶外，除去玻璃瓶内的残留物，并弃置在玻璃瓶指定回收容器中。未使用的玻璃瓶可将之请求专卖店或是请求资源集体进行回收。
塑料瓶	4528	以回收站方式（指定的收集场所）进行每周1次的定期回收，并根据不同地区需要分别规定回收时间段。（市）	南部再利用中心、堤根处理中心资源化处理设施、橘处理中心内储备中心及JR货物梶之谷终端站资源物转载设施	资源化（委托）	清除瓶内的残留物后，将瓶上的瓶盖、商标摘除，并与空罐装入同一透明或是半透明垃圾袋。
小金属物	2593	以回收站方式（指定的收集场所）进行每月2次的定期回收，并根据不同地区需要分别规定回收时间段。（市）	浮岛处理中心及橘处理中心	资源化（委托）	从原则上来讲，应用绳子或胶带进行捆扎后弃置。另外，剪刀、剃须刀片、菜刀等，应用较厚的纸张予以包裹等，以防出现安全问题。
使用完毕的干电池	242	以回收站方式（指定的收集场所）进行每周1次的定期回收，并根据不同地区需要分别规定回收时间段。（市）	处理中心、南部再利用中心、加濑无污染中心及JR货物梶之谷终端站资源物转载设施	资源物抽出型无害化处理（委托）	可确认有干电池的透明或是半透明垃圾袋，并弃置在空罐及塑料瓶的回收场所旁边。纽扣式电池及充电式电池，可请求专卖店进行回收。
旧报纸等	190	作为资源集体回收的补充性业务。（市）	生活环境事务所、处理中心及加濑无污染中心的储备中心	资源化（委托）	尽可能的进行资源集体回收，以及请求旧报纸等回收业者进行回收。

第四章 川崎市废弃物处理相关的政策制度

续表

混合纸	4139	以回收站方式（指定的收集场所）进行每周1次的定期回收，并根据不同地区需要分别规定回收时间段。（委托）	民间资源化设施（匿名）混合纸及其他塑料资源化处理设施及JR货物梶之谷终端站资源物转载设施	资源化（委托）	将混合纸类物[1]用绳子捆扎或通过其他方式使其不会散落，并用纸袋或包装纸袋对其进行包裹。
塑料制容器包装	1413	以回收站方式（指定的收集场所）进行每周1次的定期回收，并根据不同地区需要分别规定回收时间段。（委托）	（暂称）混合纸及其他塑料资源化处理设施	资源化（委托）	对其上面附着的污垢进行擦拭或用水冲刷后，将之放在透明或是半透明的垃圾袋中弃置。
道路清扫后垃圾	589	实施公共垃圾箱的垃圾回收及站前吸烟区的清扫等工作。（市）	处理中心	焚烧后掩埋（市）	不在公共场所乱丢弃烟头、空罐等。
猫、狗等的尸体	4804	根据居民的申请，对个别住户废弃物进行回收。（市）	处理中心及加濑无污染中心	由专门的焚烧炉进行焚烧（市）	申请时，应放置在纸壳箱内弃置。
商业类普通垃圾	普通垃圾	124060	相关企事业单位或是许可业者搬运至指定处理设施。但是，有特殊情	指定处理设施	焚烧后掩埋（市）	应尽可能地通过进行再资源化等措施减少垃圾的产生。不得将不易烧毁的垃圾或是产业垃圾混入其他的垃圾中。委托给许可业者处理时，应商量好具体的保管场所、回收时间、弃置方法等，争取达到妥善处理的效果。

[1] 混合纸中不包括以下几种纸类：作为资源集中回收对象的旧报纸等；带有异味的纸类；不干净的纸类。

· 137 ·

		况时，由市政府负责回收及搬运。[1]			对回收工作完毕的指定场所进行清理，并保持其卫生。
猫、狗等的尸体（除实验用动物的尸体外）	1234	企事业单位自行搬运至指定处理设施。	指定处理设施	由专门的焚烧炉进行焚烧（市）	装在纸壳箱内弃置。
实验用动物的尸体		相关企事业单位根据自己的义务进行妥善处理。			
资源物		原则上，由相关企事业单位根据自己的义务进行资源化。			
生活垃圾及木屑[2]		相关企事业单位或是普通垃圾收集搬运业者，搬入普通垃圾处理业者的处理设施内进行处理。			

② 2010年市政府不予以回收的垃圾分类

区分	垃圾的类别	适用于以下方法
含有有害物质	含有可对人体造成某种影响的化学物质的物品（硫酸、盐酸、烈性苏打、农药、剧毒性物品）	与专卖店协商，并进行妥善处理。
易燃物品	可燃、燃点低且可瞬间燃烧的物品（汽油、稀释剂、灯油、大量火柴、烟花、火药等）	
危险物品	对回收搬运工作的安全性带来影响的物品（爆炸物、刀枪类物品、注射针等）	

[1] 以下情况由市政府负责商业类普通垃圾的回收及搬运。(1)企事业单位作为无偿性的社会奉献活动所进行的，公共场所的清扫和美化活动；(2)由于遭受天灾，市政府认为有必要的；(3)与社会福利相关的设施中，市政府认定对其负责回收及搬运的设施；(4)其他市长认为有必要进行的设施。

[2] 这里的生活垃圾仅限能够资源化的部分。仅限资源化以及为符合指定处理设施的接受标准处理的木屑。

第四章 川崎市废弃物处理相关的政策制度

续表

有特殊臭味的物品	发出特殊臭味的物品（脏物及沾有脏物的纸尿布等）	根据弃置的方法及弃置的量，部分垃圾可进行回收。其如何处理需事先报告至环保局或是生活环境事务所，并服从其指示。
无法在市营处理设施内处理的	一边的边长超过2米的大型垃圾、牢固的物品、超过回收车辆及处理设施工作能力的物品	

③对特殊管理垃圾的操作

在包括微波炉在内的普通家庭弃置的PCB使用产品中，对除掉了PCB使用产品的部分，作为大型垃圾进行回收。

④川崎市的垃圾处理及再生利用相关的法律条文第26条规定的指定处理设施

指定处理设施名	搬入设施内垃圾的被弃置区域
浮岛处理中心	川崎市全域
堤根处理中心	中原区、高津区、宫前区、多摩区、麻生区
橘处理中心	宫前区、多摩区、麻生区
王禅寺处理中心	麻生区

※ 日平均弃置30公斤以内垃圾，且一次的回收量小于200公斤的企事业单位，可对所有的指定处理设施搬入垃圾。
※ 猫狗等动物的尸体（实验用动物尸体除外），可搬入所有的指定处理设施。

2. 垃圾中转搬运计划及中转设施
①中转搬运计划

垃圾的种类	中转区域	搬运计划量（吨）
普通垃圾	加濑无污染 ——→ 浮岛、堤根处理 中心　　（车辆）　　 中心	61665
	橘处理 ——→ JR梶之谷 ——→ 神奈川临海铁道 ——→ 浮岛处理 中心（车辆）终端站（铁路）末广町站（车辆）　中心	26080
大型垃圾	JR梶之谷 ——→ 神奈川临海铁道 ——→ 浮岛处理 终端站（铁路）　末广町站　（车辆）　中心	1722

139

续表

空罐·塑料瓶	JR 梶之谷 ──→ JR ──→ 南部再利用 终端站 （铁路） 川崎货物站（车辆） 中心		1347
	橘处理中心内部 ──→ 水江空罐·塑料瓶 储备中心 （车辆） 再利用中心		6103
空玻璃瓶	JR 梶之谷 ──→ JR ──→ 南部再利用 终端站 （铁路）川崎货物站（车辆） 中心		3068
	王禅寺处理中心 ──→ 堤根处理中心资源化 储备中心 （车辆） 处理设施		3098
混合纸	JR 梶之谷 ──→ JR ──→ 民间资源化 终端站 （铁路）川崎货物站（车辆） 设施		2116
焚烧后产生的灰烬	橘处理中心及 ──→ JR 梶之谷 ──→ …… 王禅寺处理中心（车辆） 终端站 （铁路） ……→ 神奈川临海铁道 ──→ 浮岛垃圾掩埋 末广町站 （车辆） 处理中心（2 期）		27251

②中转设施

设施名	所在地	形式	公称能力	计划接收量
加濑处理中心	幸区加濑	垃圾的压缩、装填专用集装箱	300 吨 /5h	61665 吨

3. 中间处理计划

①焚烧处理

设施名	所在地	形式	处理能力 （吨/24 小时）	计划处理量 （吨）	焚烧后残灰烬量（吨）
浮岛处理中心	川崎区浮岛町	连续焚烧式	900	179580 （搬入内部设施量）	24066
堤根处理中心	川崎区堤根	连续焚烧式	600	75825（搬入内部设施量）	11140
橘处理中心	高津区新作	连续焚烧式	600	108020（搬入内部设施量）	17828
王禅寺处理中心	麻生区王禅寺	连续焚烧式	450	63565（搬入内部设施量）	9423
合计			2550	426990（搬入内部设施量）	62457

第四章 川崎市废弃物处理相关的政策制度

②粉碎处理（包括小金属物）

设施名	所在地	形式	公称能力（吨/5h）	计划处理量（吨）
浮岛处理中心大型垃圾处理设施	川崎区浮岛町	旋转式、剪断式粉碎机	50	4747
橘处理中心大型垃圾处理设施	高津区新作	旋转式、剪断式粉碎机	50	6476
合计			100	11223

③资源化处理

A. 空罐及塑料瓶

设施名	所在地	种类	形式	公称能力（吨）	计划接收量（吨）
南部再利用中心	川崎区夜光	空罐	电磁压缩	28/7h	2598
		塑料瓶	压缩、捆扎	7/7h	1565
堤根处理中心资源化处理设施	幸区柳町	空罐	电磁压缩	15/5h	939
		塑料瓶	压缩、捆扎	1.5/5h	657
民间资源化设施（委托）（水江空罐·塑料瓶再利用中心）	川崎区水江町	空罐	电磁压缩	—	3787
		塑料瓶	压缩、捆扎	—	2316
合计		空罐		—	7324
		塑料瓶		—	4538

B. 空玻璃瓶

设施名	所在地	形式	公称能力（吨/5h）	计划接收量（吨）
南部再利用中心	川崎区夜光	自动颜色分类	45	5352
堤根处理中心资源化处理设施	幸区柳町	手动分类	20	5603
合计			65	10955

C. 使用完毕干电池

设施名	处理内容	计划接收量（吨）
委托民间资源化设施	接收搬运、处理委托，进行重金属回收、无害化处理	242

D. 混合纸

设施名	所在地	处理内容、形式	公称能力（吨/10h）	计划接收量（吨）
（暂称）混合纸及其他塑料资源化处理设施	川崎区浮岛町	分类、压缩	70	2817
民间资源化设施（委托）	川崎区水江町	接收搬运、处理委托，进行资源化处理	—	1322

E. 塑料制容器包装

设施名	所在地	处理内容、形式	公称能力（吨/10h）	计划接收量（吨）
（暂称）混合纸及其他塑料资源化处理设施	川崎区浮岛町	分类、压缩、捆扎	55	1413

④动物尸体处理

设施名	所在地	处理对象	公称能力	计划接收量
浮岛处理中心动物尸体处理设施	川崎区浮岛町	猫狗等尸体	150公斤/5h×2个锅炉	5822个

4. 最终处理计划

设施名			浮岛垃圾掩埋处理场（2期所在地）
所在地			川崎区浮岛町
计划掩埋量	都市设施垃圾	普通垃圾	62457吨
		商业垃圾	4192吨
	商业垃圾		608吨
	普通垃圾		654吨
	合计		67991吨
掩埋对象			炉渣、玻璃碴及陶制品的残渣、砖瓦类、污泥等

※ 在对市政府进行的处理不造成影响的范围内接收从普通家庭中弃置的掩埋对象的搬入工作。

5. 指定家庭用电器再商品化法中规定的指定家庭用电器的接收场所
①指定家庭用电器再商品化法第17条中规定的指定接收场所

设施名	场所
B组指定接收场所	高津区下野毛

②加盟川崎家电再利用委员会的小型企业可利用的市营储备中心

场所		接收量（吨）
川崎生活环境事务所	川崎区堤根	30
多摩生活环境事务所	多摩区枡形	53

6. 市政府负责处理的产业垃圾

按照川崎市垃圾处理及再利用方面相关的法律条文第29条第2项的规定，市政府对产业垃圾的处理做如下决定。

①发生场所在川崎市内。

②弃置者为川崎市内的小型企业。

③处理方法为掩埋。

④处理对象在对市政府进行的普通垃圾处理不造成影响的产业垃圾部分，接收向市营处理设施内的搬入。但不接受向焚烧处理设施的搬入。

⑤种类

处理方法	产业垃圾的种类	接收标准
掩埋	玻璃及陶制品碎片	难以进行再生利用的、直径小于15cm的、中间无空心的、非有害的
	砖瓦类	难以进行再生利用的、直径小于30cm的、中间无空心的、非有害的

※ 回收计划量与处理计划量，可根据燃烧炉的运营情况而有所出入。

4.3.3 生活废水处理计划

川崎市居民的粪尿回收、净化槽的清扫、污泥收集以及与其伴随的粪尿及净化槽污泥处理由市政府负责。

1. 粪尿回收及净化槽清扫计划

回收对象	计划量（公升）	回收及清扫方法	居民的义务
粪尿收集（包括对临时厕所的回收）	13386件	9111	（1）原则上，每月进行2次回收 （2）对于临时厕所，将根据企事业单位的申请进行回收	公共下水道处理区域内部，设立有掏取式厕所的建筑物的所有者，应经常进行下水管道的清洗等工作。不向便槽内丢弃碎布等杂物。应注意保证不会从掏取口处由雨水流入。

续表

净化槽清扫	5777 基	20713	根据各户的申请，设置管理进行各户的清扫工作	公共下水道处理区域内部，设立有净化槽的建筑物的所有者，应经常进行下水管道的清洗等工作
污泥收集	800 件	11456		

2. 粪尿及净化槽污泥处理计划

设施名	所在地	处理方法	处理能力（升/小时）	计划接收量（升）
入江崎无污染中心	川崎区盐滨	除去夹杂物，并稀释后送至水处理设施中	20.0	26730
宫前生活环境事务所	宫前区宫崎	将污泥进行沉淀分离，并将上清水稀释后投入下水管道中	8.0	17010

3. 公用厕所清扫计划

公用厕所数	清扫方法	居民的义务
15	（1）原则上，每日进行 2 次清扫 （2）不得将清扫间隔至 2 天以上 （3）在川崎，全年都将进行清扫工作	为使利用者能够舒适方便使用，应在使用时保持清洁

第五章
北九州市的环境行政政策实践

5.1 产业与环境的基本概要

5.1.1 城市基本概要

北九州市位于日本列岛的西端九州岛的最北边，具有紧邻发展迅速的东亚诸国的地理优势。北九州市到 2006 年为止市辖面积为 487.88 平方公里。该地区全年气候温和、雨水充沛，2005 年的平均气温为 17.7 摄氏度，年平均降水量也超过 2000 毫米，达到了 2022 毫米 / 年。

近代以来，北九州市作为日本屈指可数的几个重工业城市之一，同时作为国际贸易港口，取得了迅猛的发展。现在该城市已经是日本西部规模最大的工业集群，并且成为以技术先进而著称的制造业城市。此外，它的港口、机场、铁路、高速公路等交通基础设施配备也十分完善，是国际物流的据点城市。

在市内中心区，商业区建筑鳞次栉比，并设有公园和近水空间，市民可以在享受城市繁荣的同时享受休憩的空间。北九州市还有长达 210 公里的海岸线，森林面积约占市区面积的 40%，自然资源非常丰富。

北九州市城市人口日趋老龄化，2008 年的总人口为 98.5 万人，该数字虽然已经低于日本政令城市的标准[1]，但 2006 年的全市总产值却达到了 35600 亿日元。

北九州市是日本走向现代化产业的发源地。1901 年由八幡制铁所建成的耸立在北九州市八幡东区的日本第一高炉[2]便是其最好的象征（图 5-1）。

---

[1] 参见本书第二章注 [1]。
[2] 该高炉已经作为日本现代产业遗产，被永久保护。

城镇化过程中的环境政策实践

隔着关门海峡[1]与北九州市相望的就是处在日本最大岛屿本州岛最南端的城市——下关（原名：马关），海峡之间最近地点相距仅 300 米。而下关市就是 1895 年签署的《马关条约》所在地。

由于北九州市的洞海湾是一座天然深水良港，而在九州岛的中南部丘陵地带的大分县和熊本县有着大量可以炼焦的煤矿，同时根据《马关条约》的赔偿协议，将中国湖北的大冶铁矿开采的铁矿石沿长江运送到门司港。日本政府利用《马关条约》中所获得的清政府赔偿金，在拥有得天独厚的地理条件的八幡市（今天的北九州市八幡东区）建立了日本第一座钢铁制造厂，取名为"官营八幡制铁所"，该制铁所就是今天日本最著名的钢铁公司新日铁株式会社的前身。

图 5-1　耸立在北九州市八幡东区的日本第一高炉
（左 1901 年时，右 2011 年笔者摄）

自日本明治后期以来，北九州地区就以钢铁业以及重化学工业为中心发展成为日本屈指可数的四大工业地带之一，带动了日本国家的现代化和经济的高速发展。然而，工业产业繁荣的同时，带来了严重的环境公害污染。整个 20 世纪 50—60 年代，日本北九州地区的大气污染非常严重，天然良港的洞海湾也因受到周围工厂排放出的工业废水污染，变成了"死海"。

5.1.2　公害与环境污染

在多地震的日本列岛，北九州市所处的区域却是一个很少有地震的地带。

---

[1] 本州岛与九州岛之间的海峡，名称关门海峡，该名来自于海峡两边的城市——下关市和门司市各取一字组成。

第五章 北九州市的环境行政政策实践

由于有洞海湾这样一个天然良港，而且煤炭资源也很丰富，基于这些自然条件，1901年国营八幡制铁所在此建立。以此为契机北九州发展钢铁、机器、水泥、化学工业等基础产业，并作为"产品制造基地的城市"得到了迅速发展。特别是朝鲜战争结束以后的日本处在高速经济增长时期，北九州市作为支持日本的工业地区之一，为经济发展做出了重要的贡献。

北九州市100多年来的工业产业发展的历史（图5-2），也是一个经历了从公害发生到环境治理，再到今天获得重生的过程。1901年官营八幡制铁所开始营业之后，北九州市作为日本"铁之都"迅速发展起来。产业的发展在带来了经济富裕的同时，八幡制铁所的煤炭燃烧烟尘污染越来越严重，当时流行在北九州市的一句口头禅就是"八幡的鸟都是黑色的"。1953年市政府在户田区设置了烟尘下落检测器，测定煤炭的燃烧烟尘。进入20世纪60年代以后，随着北九州市的重化学工业的发展，烟尘、废水引起的污染公害问题日趋严重。当时，城市的降尘量是全日本最多的地区，被工厂群包围的洞海湾就连极富生命力的大肠杆菌也不能存活，被一致认为是"死海"。

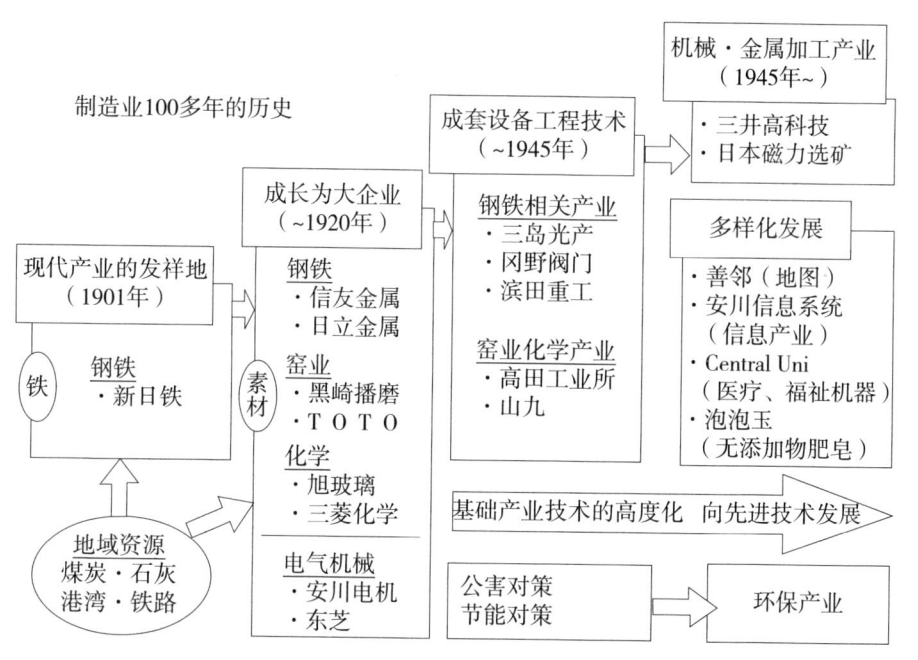

图5-2 北九州市产业发展演变过程图

城镇化过程中的环境政策实践

1963 年以小仓市为中心,日本政府促成了周围门司市、八幡市、户田市、若松市的 5 市对等合并,自此诞生了拥有 7 个区[1],成立了人口过 100 万的北九州市。同年,在新成立的北九州市设立了由 4 人组成的卫生局公共卫生处公害室,着手开展环境公害问题的应对处理。1964 年为测量硫黄酸化物以及浮游粉尘,设立大气污染自动测定器,1965 年由于在洞海湾周边地区,烟尘落下记录值达到年平均 80 吨 / 每平方公里 / 每月[2](图 5-3)。

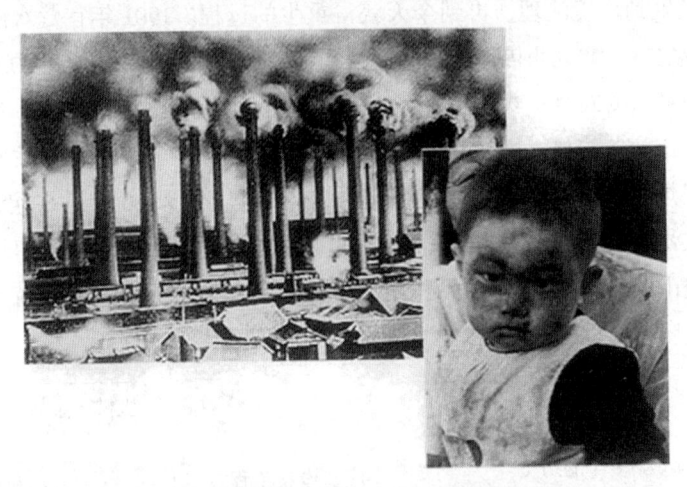

图 5-3 1950 年至 1970 年的大气严重污染状况

面对严重的公害,最先谋求解决问题对策的却是为孩子们的健康而忧心忡忡的母亲们。当地的妇女会最早发起了"我要蓝天"的市民活动,要求企业和政府努力采取解决公害的措施。户田区的妇女协会制作纪录片《憧憬蓝天》,使得环境公害问题开始引起普通市民的重视。1968 年市政府制定了《大气污染防治法》和《噪音管理法》,并付诸施行。1969 年北九州市发出了日本第一个污染烟雾警报。根据当时洞海湾的海水水质调查发现,溶氧量达到 0.6 毫克 / 升,COD 为 48.4 毫克 / 升,还含有高浓度的氰基、砷等有害物质,洞海湾被称作鱼类"死亡的海域"。以此为契机,产业界、政府、市民开始了"产

---

[1] 为了形成对等合并,把最大的居住地小仓市分割为小仓南区和小仓北区,八幡市分割为八幡东区和八幡西区。加上门司区、户田区和若松区为 7 个地区。

[2] 据当时测定的烟尘落下最大记录值为 108 吨 / 每平方公里 / 每月。

第五章 北九州市的环境行政政策实践

官民"[1]为联合体的克服公害污染合作。

自此以后，北九州市政府开展地区工业公害综合事先调查，并组成了北九州市大气污染防治联络会议。由于市民运动的展开以及媒体的积极报道配合，整个社会对公害的问题意识迅速提高，从而促使企业和政府加大力度去应对公害污染。同时，通过市民、企业和政府的联合行动，环境也得到了迅速改善。以往被称为"灰色城市"的北九州市，在1987年被当时的环境厅[2]评为"拥有蓝天的城市"，如今洞海湾内已有100多种鱼贝类回归生息。到了20世纪80年代末，北九州市就已经作为环境再生之城，不仅被介绍到了日本的国内各地，也介绍到了海外世界各地。

5.1.3 一个时代的象征?

在第一次去北九州市调研的过程中，在北九州市环境普及启蒙环保小屋中，笔者注意到了这样一张展品，这是北九州市的一所市立小学——山之口小学（现在更名为：响之丘小学）的校歌（图5-4）。可以说这首校歌是北九州市那个时代的象征。

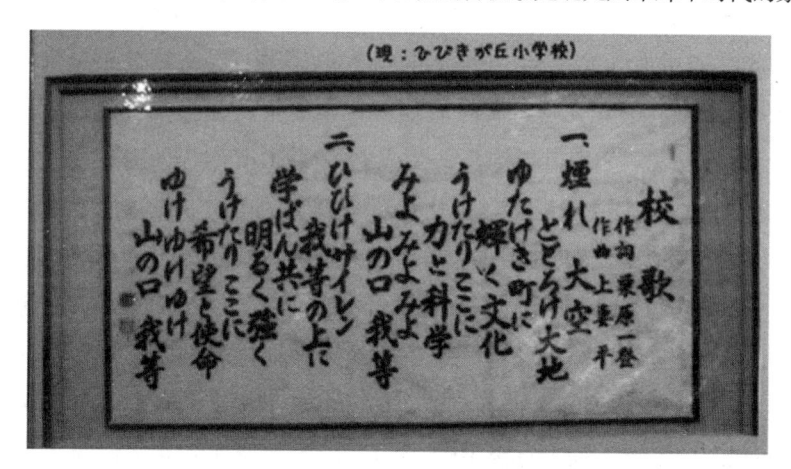

图5-4 北九州市立山之口小学校歌

---

[1] 北九州市初期为"产官民"联合体，此后变为"产官民学"体制。这种"产官民学"的合作机制贯穿了北九州市的整个地方行政的政策体系，并延续至今。

[2] 为了加强环境治理的力度，日本已将环境厅升格为环境省。

校歌译成中文，内容所描写的第一段为"轰隆隆的大地上飘起冲向天空的浓烟，是富裕城市的辉煌文化，给这里带来力量和科学，看吧、看吧、看吧，我们的山之口。第二段，鸣响在我们上空的汽笛声，明亮而坚强地伴随着我们一起学习，给这里带来希望和使命，前进、前进、前进，我们的山之口"。作词者为日本著名诗人栗原一登，他就是改革开放初期在中国人人皆知的日本著名影星——栗原小卷之父。可见，在工业化高速发展时代的日本，就连当时日本知识精英阶层也未曾意识到公害污染的后果，反而大加赞美。

在笔者与馆长的对谈中，她告诉我这首校歌歌词代表了北九州市最差的时代，而近年，为了适应今天北九州市的美好环境，学校已经对校歌歌词进行了修改，并告诉学生们北九州市今天是模范环境城市。而笔者的建议却是不应该删减以往的歌词内容，从而把过去的认知事实一笔勾销。而是应该在第一段和第二段之后再加入第三段和第四段，告诉学生们北九州市是如何从过去的公害污染城市逐渐走向今天的美好城市的，这比什么都重要。但是，在2012年5月中旬的本课题组再次集体调研时，这首校歌已经从展品中撤出。我问了一下讲解员，她回答道："有些展品已经定期更换了。"笔者期待下次访问该展馆时能够看到一首更加尊重客观历史事实的响之丘小学校歌。

1970年以后，北九州市将发布烟雾污染警报的权限移交给市长，同时在本厅舍内设立了公害监视中心，并成立了由20人组成的卫生局公害对策部。公共下水处理场也开始运营。同年，日本的所谓"公害国会"通过公害相关的14项法案，加速了北九州市治理公害的步伐。1971年确立了特殊气象信息通报制度，新设置了由45人组成的北九州市公害对策局，制定公布了北九州市公害防治条例，建成了正式的废弃物焚烧工厂。1972年北九州市与市内54个事业所和企业签订公害防治的君子协定。1974年对污染严重的洞海湾进行浚渫工程，直至1975年7月，共除去了包含水银30ppm以上的堆积污泥35万立方米。至此，北九州市克服公害的各种政策法规得以完善的同时，昭和50年代（1975—1984年）后期公害环境治理也取得了突破性的进展。

该地区在1979年到1983年开展了缓冲绿地的事业。1980年在沿海地区开设大规模废弃物处理场,并完成了从 1969 年开始的紫川堆积污泥浚渫工程。1982 年北九州市获得"绿色城市奖以及内阁总理大臣奖",同年北九州市铺设公共下水道长度达到了 2000 公里。1985 年在经济合作开发机构(OECD)的环境白皮书中,被作为从"灰色城市"向"绿色城市"转变的典型成功事例,向全世界加以介绍。1987 年在日本环境厅"星空之城竞赛"中,被选为大气环境良好"星空之城"。

5.1.4 环境主导的行政政策历程与城市恢复

总结北九州市克服公害,推进以环境主导的行政政策,主要经历了以下四个阶段:第一阶段,1980 年以前,由地区妇女会的成立,以产学官民的整体对应来解决环境问题的日趋严重以及以克服公害为主的时代;第二阶段,1980 年到 20 世纪 90 年代初期,参加了两个环境问题首脑会议,并且荣获国际表彰,以改善环境以及加强国际合作的时代;第三阶段,20 世纪 90 年代初期到 2005 年,加强垃圾分类管理、垃圾收费化、处理多氯联苯、生态工业园区建设开始,以产业废弃物处理为核心,建设循环型社会的时代;2005 年开始的第四阶段,市民互动的可持续发展、研究开发低碳社会、建立环境模范城市、面向世界成为环境首都,展开可持续发展以及低碳社会的时代。

自从国营八幡钢铁厂于 1901 年投入使用以来,北九州市为日本的经济增长做出了巨大的贡献。然而,遗憾的是 1955 年至 1974 年中期的工业生产,带来了大气污染、水质污染等严重的环境污染,从而导致严重危害人民的公害问题大范围发生。面对北九州这样严重的全民性灾难,市民、企事业单位和政府行政部门的相关人员开始联手,致力于解决环境问题。在他们的共同努力之下,1980 年以后,环境治理才取得了突破性的进展。

1980 年以后克服公害以来,制定政策的重点由公害对策转到了创建舒适的城市环境上来。并且,自 1985 年以后,人们逐渐开始关注温室效应、酸雨等全球范围内的环境问题。此后,北九州市于 1996 年制定了地区版的《议程 21》手册,并于 2000 年制定了《北九州市环境基本法律条文》,积极开展与推进综合性、计划性的组织与环境保护相关的工作。

另外，为了将北九州市在克服公害过程中所开发的环境保护技术，提供给正在被环境问题所困扰的发展中国家，自 1985 年开始，北九州市率先开展了国际范围内的环境保护合作，领先于其他自治团体，并在全球范围内广受好评。为进一步推进城市间的环境保护合作，在建立亚洲环境城市网络的基础上，创设了东亚经济交流推进机构，正在展开各式各样的环境保护活动。

在积极做好环境保护工作的同时，北九州市利用其在各个领域的制造业中所拥有的产业技术这一优势，率先推进建设资源循环型社会的活动。其中，1997 年 7 月被评为日本第一的环境城市建设项目，该项目是结合了《产业振兴措施》与《环境保护措施》所独特制定的地区性政策，取得了良好的成果。

现在，为了解决在全球范围内蔓延的环境问题，需要重新审视当今的日常生活、生产活动以及都市建设的方式等多方面的问题。在北九州市，从 2004 年 10 月份开始，市民、非营利组织、企事业单位、行政部门等各大主体之间开始携手合作，制定了建设世界级环境都市的长期活动规划——北九州市"环境都市大设计"。此外，北九州市还于 2007 年 10 月制定了《北九州市环境基本计划书》作为"环境都市大设计"的具体实施措施的行政计划。

2008 年 7 月，北九州市由于其高举实现低碳社会的远大目标，尝试先进的工作而被日本国内评为"环境模范都市"，并于 2009 年 3 月制定了为具体实现提案内容的行动计划"北九州市绿色国度计划"。将以往措施中总结出的经验与各大活动中所培育出的市民的力量相结合，继续朝着实现建设低碳社会这一目标而努力。

5.2 环境治理的政策机制

5.2.1 政策机制的形成

如果用一句话来表述北九州市克服公害所形成的政策机制的话，那就是相关利害主体之间结成伙伴关系在环境治理和恢复过程中，主动发挥各自的作用。具体为以居住在北九州市的市民和地区社会以及非政府组织为核心，形成几个相互有机合作的三角关系机制（图5-6）。比如：政府（国家、地方）——地区社会（市民和地区社会以及非政府组织）——企业（民间）的关系；又比如：政府（国家、地方）——地区社会（市民和地区社会以及非政府组织）——大学（研究机构）的关系；或者企业（民间）——地区社会（市民和地区社会以及非政府组织）——大学（研究机构）的关系。最终，在克服公害的政策制定过程中，形成了国家和地方政府注重政策形成和制度设计（制度性）——民间企业和地区社会在重视相关利益各方彻底融合过程中担负相应的责任和积极参与（公平性）——大学和研究机构提供长期操作实践并加以不断完善（合理性）的有机结合机制。

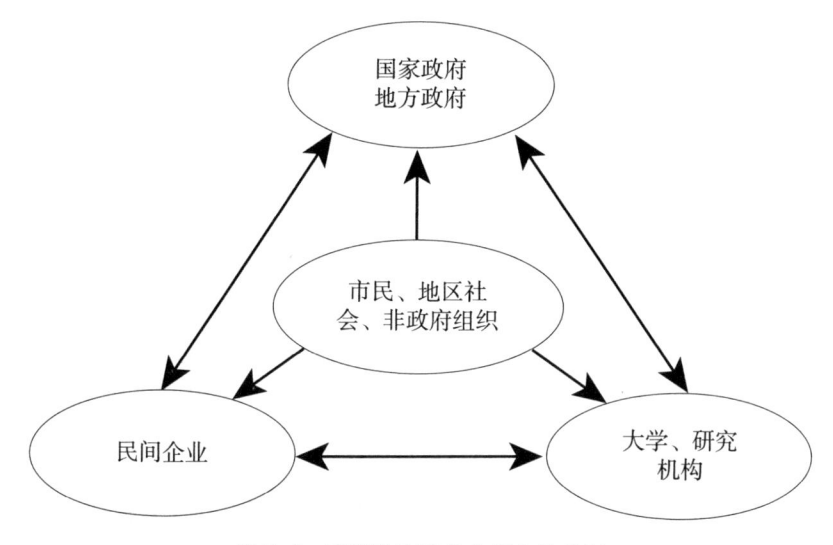

图5-5 克服公害的北九州市的机制

在这样一系列政策合作机制的驱动下，北九州市又是如何克服公害具体地解决环境问题的呢？首先，政府部门加强管理，北九州市地方议会制定了《防治公害条例》，形成了比国家法律更严格的细化条例细则，并对各个企业进行详细解释说明。其次，市政府与所在地的企业在诚信的基础上采取集体签约的方式签订了公害协议（君子协议），比如：在二氧化硫方面，同时与50家公司签订协议。其目的是敦促企业自发地采取治理对策，同时也告诉企业这是一个生产成本下降的过程。第三，推进工厂开展清洁生产（CP），使用末端处理技术（电气集尘器、脱硫装置、污水处理设施）对症治理，转换燃料和制造工艺、减少污染物质发生量以及资源再生等，达到生产技术的低公害化（CP），采取环境对策和降低生产成本。最后，政府、企业、市民各自承担职责。政府：建立公害监控中心、建设下水道等，企业：增加厂区内防治公害的设备。

从1972年到1991年的近20年间，北九州市在治理公害和改善环境方面，总计投入的费用为8043亿日元，其中政府的补助金为5517亿日元占68.6%，民间企业为2526亿日元占31.4%。而治理排水和完善下水道系统设备所投入的费用就达3460亿日元占43%（图5-6）。在笔者对北九州市的几次访谈中，市政府的负责人都不断表示，如果早在20世纪50年代就意识到环境问题的必要性，这此后的几十年之间，就不需要采取对策，投入这么多国家和市民的税金去治理公害和改善环境。对北九州市来说，毫无疑问这是一个极其惨痛的教训。

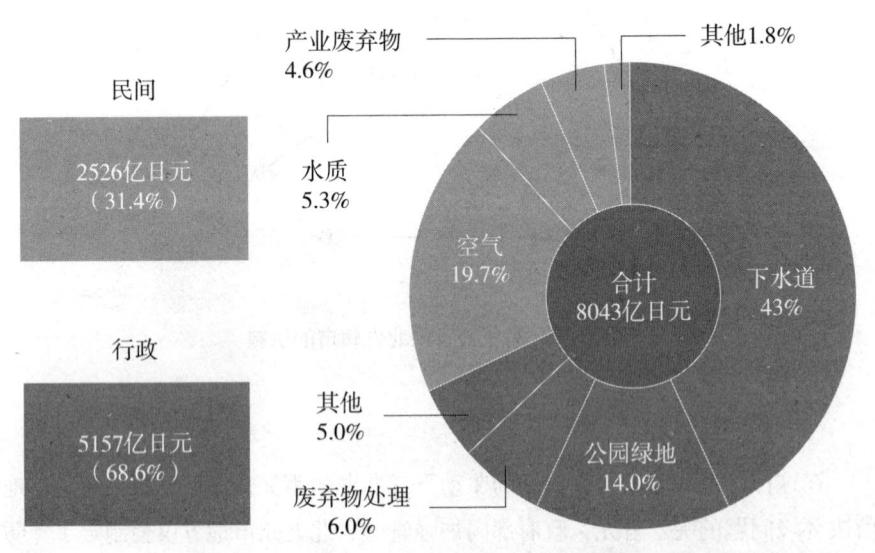

图 5-6 北九州市用于治理环境投入费用（1972—1991年）

5.2.2 政府部门的表率作用

在环境政策以及上述机制的作用下,北九州市政府积极起到表率作用,率先应对解决环境问题。目前,市政府主要工作的具体表现从以下几个方面来展开,目的是应对全球温室效应问题。

1. 在政府的办公室推广以节能为中心的环保工作。(1)认真落实关掉每一个照明和电气产品;(2)保持室内的适宜温度;(3)妥善进行空调设备的维护管理;(4)办公室垃圾减量和再利用等。

2. 市政府首先开展绿色购买活动。(1)优先购买含废旧纸混合率较高的产品;(2)优先购买带有环保标志、绿色商标的产品。

3. 顾及政府公务车对环境影响的行动。(1)贯彻政府公务车的环保驾驶,公务员上下班乘坐公共交通工具,一般禁止公务员开私家车上班;(2)考虑到对环保的影响,并积极推行引进新一代能源汽车的公务车。到2009年公务车实现状况,包括:34台天然气(NGV燃料)轻型车、1台全电动车、1台氢燃料车、3台混合动力除尘车等,合计有40多辆节能环保型公务车。笔者两次赴北九州市做实地调研考察,都是由市政府提供的天然气驱动的轻型公务车(图5-7)带着笔者来进行访谈。

图 5-7 市政府职员办公专用的公务车(NGV 燃料)

4. 市政府展开新能源对策，主要是引进太阳能发电等新能源。2009年实现状况，包括：市营胜山桥太阳光屋顶20kW、北九州环保小屋2kW、水道局的配水池10kW（共4处）、61所小学及中学安装了太阳能发电，还有其他等等。

5. 市政府自身的节能对策，主要是使用LED等节能装置。2009年实现状况，包括：市政府本部各处安装LED节能灯，德力葛原路线以及其他等道路安装LED节能灯。

北九州市政府在应对环境问题方面，不仅起到了表率作用，并且在具体的实施过程中取得了非常良好的成果。首先在市政府各个部门具体实施应对全球二氧化碳排放问题。2008年度市政府的二氧化碳总排放量，与作为基准的2002年度相比，减少了26%（表5-1）。虽然在焚烧废弃塑料中产生的二氧化碳排放量大幅度削减，但是市民在使用设施时二氧化碳排放量却有所增加。

表5-1 北九州市政府部门设施的二氧化碳总排放量削减表（千吨CO_2/年）

区分		2002年	2008年	二氧化碳增减率
部门	对象设施			
设施 办公室	市政建筑、区办公楼、派出机构等设施	18	17	-6%
市民利用设施	市民用学校、市民中心、保健福利设施	55	68	13%
市民服务事业	对市民提供服务的医院、交通、消防设施	24	23	-4%
生活基本基础设施	垃圾焚烧厂、净化中心（下水处理厂），净化厂等机械设备类设施	79	79	±0%
焚烧废弃塑料		185	82	-56%
卖出电量		-53	-42	9%
合计		308	227	-26%

进一步以2008年为基准年设定了市政府办公大楼到2011年的节能环保目标值。市政府办公大楼具体工作成果汇总如下（表5-2）。

表 5-2　北九州市政府办公大楼工作成果

大区分	小区分	2008年 (基准年)	2009年 (实绩值)	2011年 (目标值)	从基准年的增减 使用量	从基准年的增减 CO_2量（吨）	从基准年的增减 经费(千日元)
推进节能·节省资源	电（千kWh）	4905	4652	-1.20%	-253	-95	-777
	煤气（千m³）	412	377	±0%	-35	-84	-1399
	水道（m³）	30148	29203	±0%	-945	-1	-632
推进垃圾减量和资源化	复印用纸使用量（万张）	3442	3532	3000	90	—	-2054
	普通垃圾（吨）	70	51	±0%	-19	-4	-419
推进绿色购买	环保物品采购率（除合理理由下的非适合品的购买）	99.23%	99.64%	100%			
公务车的妥善管理	汽油等燃料（kl）	162	156	妥善管理	-6	-25	-3524
环保意识的落实	五分钟清扫精神（人）	1058	1008	积极参与	—	—	—
公共施工对环境的顾及	混凝土块（再资源化率）	100%	计算中	100%			
	柏油块（再资源化率）	100%	计算中	100%			
合计		—	—	—	—	-209	-8805

从最新的北九州市利用能源资料表明，从1997年以来北九州市政府积极引进新能源，到2009年底新能源引进规模为：太阳光发电1337kW、小水力发电1708kW、焚烧垃圾发电65840kW、包括氢能源在内的新一代核心能源1750kW、燃料电池200kW。同时利用焚烧垃圾产生的热能达到了23151GJ/h。

5.2.3 民间与政府的合作——自主对应与强化规制

为了早日恢复清洁的环境，北九州市的政府和企业一道为克服公害共同做出努力。政府陆续实施了管理与监视强化等政策的同时，水质污染对策等的基本工作也得到推进。企业在设置公害防治设施的同时，开发兼顾应对公害处理和节约能源、资源的新技术，构筑当今世界最先进的环境技术体系。

企业的具体对策——终端处理与清洁产品

企业为了达到排放标准，设置了除尘装置、脱硫脱硝装置和排水处理设施等来降低环境负荷（图5-8）。20世纪70年代，资源能源价格上涨，企业致力于提高生产过程的效率。其结果使得原料和燃料得到充分利用，生产效率得到了提高，同时也诞生了减少污染物质的清洁产品技术（CP）。排放气体处理等终端处理（END·OOF·PIPE:EOP）需要额外的费用，CP是能够提高企业收益，同时减少废弃物的双赢方法。企业将CP和EOP相结合，最终落实了环境对策。

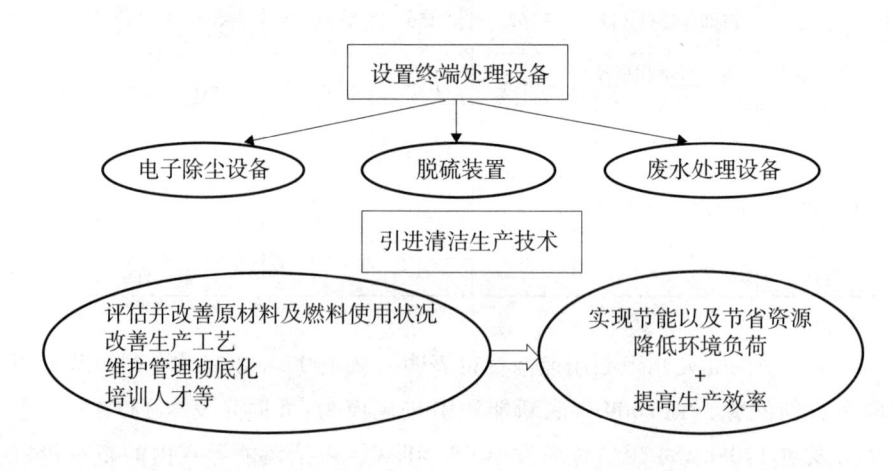

图5-8　设置终端处理设备和引进清洁生产技术

由于民间企业采取的环保措施和清洁生产（图5-9），各类公害污染企业单位产值的能源消耗量都有所下降，如以1973年的能源消耗量为100%来看，1990年造纸和纸浆、钢铁以及水泥等高能耗产业平均下降了35%以上，石油化学下降了20%。

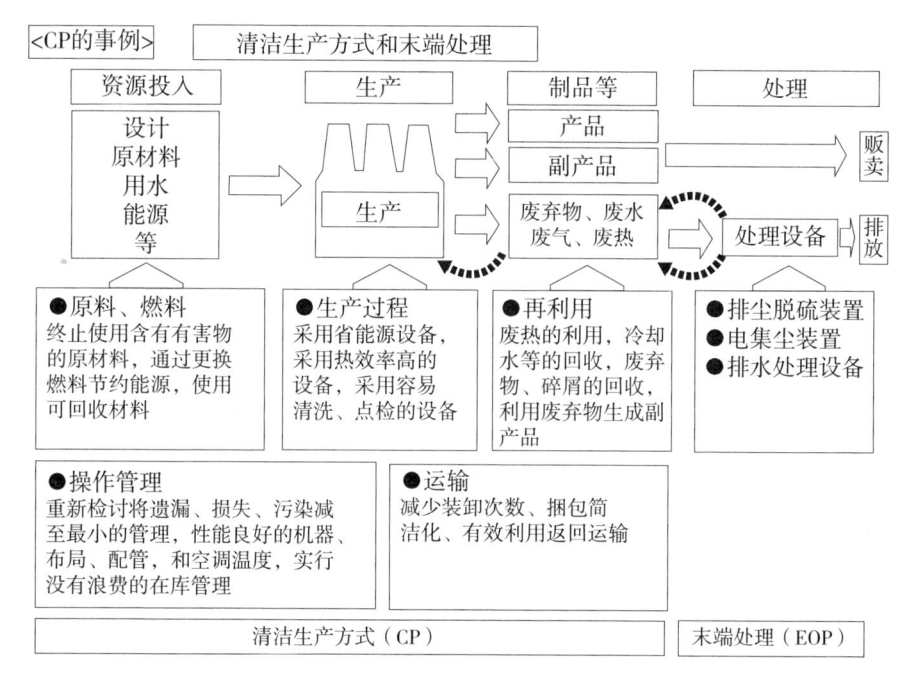

第五章 北九州市的环境行政政策实践

图 5-9 企业的对策流程图

特别是在钢铁业的污染削减中清洁生产的效果更加显著，SO_2 的排出量从 1970 年的每年 27575 吨削减到 1990 年的 607 吨（图 5-10）。在该削减过程中，75% 的削减量是通过清洁生产的燃料转换（重油、LP 气体、天然气）以及节能和省资源来实现的，另有 25% 经过排出口的处理、脱硫以及集尘装置等终端处理实现的。

1970 年，公害相关法令的设定，根据地方自治体的权限，设定附加排放标准，对违反规定的行为进行处罚，在危害健康的情况下追究责任业者的赔偿责任等。在北九州市完全监视规范污染产生源头的同时，在市内各个地方设置自动测定器，通过设置具备完备的遥测系统的中央监视局，进行日常集中监视。主要体现在以下三个方面。

城镇化过程中的环境政策实践

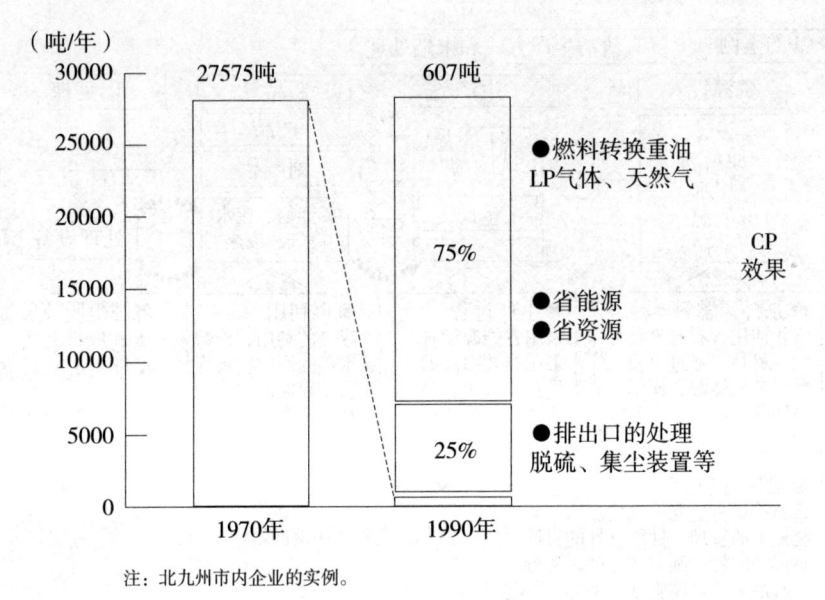

图 5-10 清洁生产的效果图

注：北九州市内企业的实例。

1. 制定具体的公害防治条例等

为了完善公害防治政策，1972 年开始施行公害防治条例。条例规定了指定企业的申报义务、遵守规定标准义务和对违反规定者提出的改善命令、处罚规定，还包含了对于法律对象外的小规模企业的规定。此外，设置了企业、有经验有学识者、市民、政府组成的审议会以期协商规定环境问题的基本事项。

2. 配备完善的下水系统

为解决水质污染源——生活污水的排放问题，1967 年开始公共下水道的铺设。在普及下水道的工作当中，采用受益者承担费用制，为了得到市民的理解，北九州市曾拍摄相关知识普及性电影，并多次召开了市民说明会。随着下水道的普及，河水水质得到很大改善。截至 2005 年末，大体完成了下水道的铺设，下水道铺设已经普及到了 99.8% 的人口。

3. 积极开展废弃物处理

为了提高家庭垃圾回收工作的效率，实现卫生处理，从 1971 年开始，垃圾装入塑料袋，在垃圾站进行回收。到了 20 世纪 90 年代，开始实施罐、瓶分类收集和垃圾袋需使用指定收费袋的制度，以期减少垃圾的量，并再利用。回收的垃圾，在市内三处垃圾焚烧工厂进行处理，利用焚烧产生的热量发电，销售剩余的电力。此外，1980年填海造田，当作长期、稳定的终端处理站。

5.3 北九州市面向未来的新环境政策实践

5.3.1 面向未来环境的具体行动

克服公害以后的北九州市作为日本的环境模范都市，近年面向未来环境正在展开一系列的具体行动。

1. 推进紫川流域的环保河流构想

目前北九州市将在其中心地区的小仓市中心，由市民、企事业单位、行政部门共同合作积极引进太阳能发电等技术并推动环境保护活动等，并提出建设低碳社会的构想——紫川环保河流构想。通过让市民亲自体验低碳城市，从而使其自主开展低碳运动、使城市充满活力。并大力推进北九州市"世界的环境首都"的"形象建设，活力建设"，向世界展示低碳社会的样貌和运行模式。

构想期间：从2009年到2013年；

规划区域：根据中心街区发展基本规划（小仓）所规定的范围（约400公顷）。

建设基本方针：

①北九州市的形象建设

②方便快捷的行动网络建设

③减少依赖汽车的市中心建设

④注重环保的生活模式建设

⑤可以学习环保知识的市中心建设

2. 建设快捷行动的北九州市地区自治团体项目

在2010年4月，北九州市被选为日本施行"新一代能源·社会系统实证"的日本四大地区之一。在北九州市提案的"北九州的建设行动迅速的地区自治团体项目"[1]中,提到的以新一代送电网(快捷栅极)为核心,将通过八幡地区东田街道开展交通系统及生活模式的变革所需实证验证。

具体内容:

① 10%的街区将由新能源覆盖

②向建筑物导入节能系统

③建设以地区节能电站为核心的地区能源管理系统

④通过"新一代所应有的地区社会模式"来建设都市交通系统等

以上项目获得的实证成果,不仅可以体现在城野地区的"零碳排放先进社区"中,也将在全市范围内推广。政府还进一步把北九州市成立的"亚洲低碳化中心"作为经济平台的基础,开展海外活动,并进行技术转让。

3. 北九州市环境产业推进会议

2010年2月召开了"北九州市环境产业推进会议",作为"北九州市环境模范都市地区推进会议"的下属组织,该会议旨在构建为低碳化服务的环境产业网络,并就进一步振兴环境产业相关内容进行"共同思考、共同行动"。

会议中提到,为积极提升环保产业的创造、能源的地区循环利用、再利用产业的效率,推动环境经营的开展等四个方面目标,会议设立了环境产业部会、产业能源部会、新环保城市部会、环境经营部会等四个部级会议。以上述部级会议的活动为基础,开设运营委员会,并就会议的具体行动内容、整体的运营及活动方针进行探讨,产业界、学术机关、行政部门合作共同开展低碳社会的建设。

4. 打造北九州下一代能源主题公园

北九州市的能源主题公园于2009年7月开始运营,坐落于若松地区响滩一带,该公园的最大特点就是大型风力等多种能源的供电设施聚集与此。作为综合向导设施,在环保城市中心分馆内设立了展览角,并向各个年龄层的人们介绍能源相关知识,于每个周的周一和周三组织社会团体进行参观活动。

5. 建造"看得见、能感受、能学到"的体验馆——北九州市环保小屋

北九州市为了推广在家庭内的节能型生活模式,在环境博物馆内,建造了

---

[1] 为了迅速实施新的环境政策,北九州市政府启动了地区组织可以快捷行动的"地区自治团体项目"计划,目的是为了更快更好地贯彻执行政策。

与 21 世纪环境共存型的样板房"北九州环保小屋",并于 2010 年 4 月开放。"北九州环保小屋"样板房,不仅能为环保小屋的普及带来宣传效应,也会为当地从事建筑行业的工作人员提供相关知识与技术。另外,样板房也将被用于大学及研究机构的实证研究场所,同时,也将与北九州市正在建设快捷行动地区的自治团体项目进行合作,引进采用副生产物氢的氢燃料电池等,建成"二氧化碳零排放住宅"。

6. 展开冷却地球日活动

所谓冷却地球日,是在北海道洞爷湖举行的八国首脑会议的第一天(2008 年 7 月 7 日)创设的"集思广益全球温室效应日"中提出的一项活动。在 2009 年度的冷却地球日中,北九州市被选为日本七夕熄灯象征活动的主会场。当天,北九州市在门司港复古地区设置了主会场,并在全市范围内举行了号召减少二氧化碳排放的七夕熄灯活动。

7. 创立亚洲绿色营地——亚洲低碳中心

为实现在"北九州市环境模范都市行动计划"中提及的,到 2050 年时将全亚洲地区的二氧化碳排放量缩减至 2005 年北九州市的二氧化碳排放水平 150% 这一目标,北九州于 2010 年 6 月在八幡东区平野开设了"亚洲低碳化中心"(见图 5-11)。该中心致力于把北九州市积累的本地企业的环境技术,通过连接亚洲各大都市的网络,以经济形式进行转移;并在亚洲范围进行相关人才的培养及调查研究,从而推进亚洲低碳社会的建设。

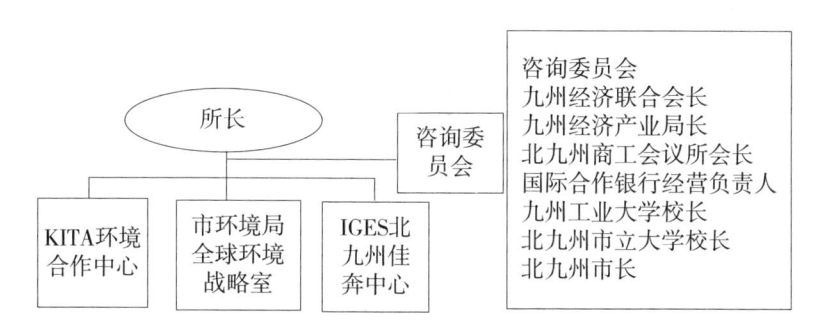

图 5-11 亚洲低碳中心机构图

5.3.2 北九州市引进新环境技术的政策实践

北九州市新环境技术的政策实践主要有以下几个方面：

1. 北九州氢能源城市政策实践

北九州市由于新日本钢铁公司的存在成为一个富含氢能源的城市。长期以来如何解决炼钢后产生的副产物氢气利用的问题，一直成为北九州市的一大课题。从目前技术的进步来看，在不远的将来北九州市有希望成为具有潜力的先进的利用氢能源的城市。

目前，作为环境模范城市利用氢能源的主要项目之一，就是将八幡地区东田区域作为"北九州氢能源城市"的实证考察测试工作的主要场所。开展的第一个项目，就是北九州市与福冈县及民间企业共同建设了加氢站，向北九州市引进的电池燃料汽车填充氢气。另外，将与在位于福冈市的九州大学伊都校区建设的加氢站之间，进行一系列开发氢燃料电池汽车往复行走的实证验证工作，该路段被称之为"氢能源高速"。

2. 推进形成零氟化先进街区工作

在以 JR 九州[1] 的城野车站前的陆上自卫队驻屯基地为中心的城野区域，通过促进公共交通的使用、引进电动汽车制度，从而抑制私家汽车的使用。并进行环保住宅及节能设备的安置，通过引入能源管理而力图使能量得到最大化使用等。采用多种低碳技术及综合性的对策，构筑以零氟化为目标的先进住宅街区。另外，北九州市正在努力在八幡地区东田区域进行的"北九州市的建设快捷行动的地区自治团体构想"中引进实证所必需的，以智能电网为基础的新一代城市建设中所取得的一些成果。从 2009 年开始面向拥有低碳技术、策略的企事业单位召开听证会，并从二氧化碳的减排效果及普及性等角度出发，对即将引进本地区的低碳技术、策略进行遴选。

3. 展开对太阳能发电等的补助金配给工作

从 2007 年开始，为了推进家庭、业务部门的全球温室效应对策，对于利

---

[1] 1985 年日本政府将日本的国有铁路（简称:国铁）按区域民营化，成立了 7 家民营公司。7 家民营公司的名称分别为:JR 九州、JR 四国、JR 西日本、JR 东海、JR 东日本、JR 北海道和 JR 货物。

用太阳能发电的市民，安置太阳热、地热利用系统的企事业单位，所进行的屋顶绿化事业，实施着对其相关的部分费用进行补助的政策实践（表5-3）。

表5-3　2009年各类补助金的实现状况

① 补助率

补助对象设施	2009年度补助率
太阳光发电系统	每千瓦3万日元　每件上限12万日元
太阳热利用系统	对象系统安置费的1/10 每件上限5万日元
地热利用系统	对象系统安置费的1/10 每件上限10万日元
屋顶绿化	补助对象经费的1/2 每件上限100万日元

② 补助金交付件数

补助对象设施	2009年度补助金交付件数
太阳光发电系统	259件
太阳热利用系统	5件
屋顶绿化	3件

4. 热岛效应对策

热岛现象是指随着大规模城市化导致的地表人工化（建筑物、装修等）及伴随能量消耗发生的人工排热量的增加，使得城市中心部的气温与郊外相比，温度呈岛型增高。在北九州市，可以在以小仓北区为中心的地区观察到热岛现象典型的岛状气温分布情况。

迄今为止，在北九州市，形成了由紫川河流的通风道、集中的绿地及由林荫大道的树荫构成的绿茵等，用来缓和热岛现象。对于民间企事业单位，则是施行屋顶绿化及高反射率涂装等工作；而对于市民，则从2005年起开始实施"北九州洒水大作战"的工作。

5. 绿色电力证书

使用自然资源发电即产生了绿色电力。北九州市考虑到在进行这种发电时几乎不会产生二氧化碳这一"环境附加价值"，所以把环境附加价值以证书的形式进行交易，建立了绿色电力证书制度。根据这一制度，通过购买证书，平时使用的化石燃料所生产的电力可以被看作是使用了绿色电力。而通过证书得来的收益,将被应用在自然能源普及事业的投资上。在北九州市,除了在市里举办的各大活动时积极推广绿色电力证书外,从 2009 年开始,由北九州市自行开展发放、销售绿色电力证书的工作,从而力图促进绿色电力证书的普及。

6. 推动汽车环境对策

交通高度依赖于汽车的北九州市(表 5-4),为了全面推动汽车环境对策,于 2002 年 2 月设立了北九州市汽车环境对策推进协会,并开始了较有成效的探讨及工作。现在,作为与汽车环境对策相关的具体措施,全市正在积极推进低公害车的普及以及环保驾驶的工作。另外,从 2003 年 6 月起,在全市范围内开展防止汽车发动机空转活动,至 2010 年 3 月 31 日共有 476 家企事业单位和 28238 名市民参与其中。

表 5-4 北九州市范围内的各年度末汽车保有量(单位:辆)

年度	总数	货用机动车	载人机动车	巴士	特殊车辆·特殊车	特殊用途车	小型两轮车	轻型机动车
2004	566577	55905	314356	1948	11140		9566	173662
2005	571271	55671	314530	1956	11244		9777	178093
2006	572117	55254	310696	1972	11359		10053	182783
2007	574225	54869	307058	1962	11340		10415	188581
2008	574262	53539	303051	1993	11252		10963	193464

注:特殊用途车是指消防车、警车、救护车、罐车等;特殊车是指建筑机械自动车等;轻自动车中包括小型特殊机动车。
资料来源:日本《北九州市统计年鉴》。

5.3.3 北九州市汽车环境的政策实践

北九州市为了解决汽车环境问题所采取的政策实践主要有以下四个方面。

1. 近年实施的主要汽车环境政策

①在北九州市公用车的范围内率先导入低公害车,至 2010 年 3 月末导入率为 54%。

②根据北九州市环境改善事业设施等整备补助制度，对超过 2.5 吨的巴士以及卡车等向最新规定的适宜车辆更换时，提供一定补助。

③在 2009 年 10 月展开环保车展 2009 活动。

④非私家车福利活动。在活动开始时，对没有驾驶私家车到场的人员发放商业街优惠券等优惠活动。在 2009 年 10 月"环保模式的城市"活动以及 11 月商业庙会开幕活动这两场活动中推行该对策。

2. 开展北九州环保驾驶活动

为了使从事不同业务领域的企事业单位能够推行环保驾驶，建立通过创造具有时效性的，即能够观察到二氧化碳排放量减少的企业内环保驾驶活动模型，从而达到从北九州市向全日本进行传播的目的。北九州市每年都实施北九州环保驾驶活动，在 2009 年已经将范围扩大至八幡地区与小仓地区，并继续推动该活动的进一步开展。

3. 推进北九州市环境首都综合交通战略

在人口减少以及老龄化日趋严重的今天，北九州市需要保证公共交通的便利性。以老年人出行为代表，为保证行动不便者顺利出行，必须推动从过度使用私家车向环境友好型的公共交通转型。为此，北九州市于 2008 年 12 月制定了"北九州市环境首都综合交通战略"，旨在实现北九州市的包括公共交通和道路交通在内的城市交通的 5 至 10 年短期可实施的交通政策。以建设最理想的交通体系为理念，以实现构建"大家的关心与行动所支撑的，可以安心出行的环境友好型城市"为目标。

为了实现理念的基本方针，必须做到以下三点:(1)超高龄社会下的"市民之足"的保障工作;(2)推动环境友好型的交通手段利用;(3)建设方便利用而且放心快捷的交通体系。实现目标期限为 10 年后的 2018 年，对象地区为市内全区域。短中期计划目标设定为将公共交通人口的覆盖率提高到 80%，将由私家车所产生的二氧化碳排放量削减 7000 吨。而北九州市环境首都综合交通战略的长期目标是将公共交通的分担率提升至 30%。

4. 推进改变货物运输手段利用形式的制度

在运输、物流方面，卡车运输正在逐年加快速度向铁道运输以及国内航行集装箱、渡轮等海上运输方式转变。后者在减排方面效果更为明显，即改变货物运输手段利用形式会带来这样的效果。北九州市把新门司货轮中转站作为国内航行渡轮运输基地，把北九州货物中转车站作为铁道运输基地，在这些地方进行了基本物流平台的整备工作，进一步完善了不过度依赖卡车运输即可完成国内运输的体制。通过这一制度设计，北九州市正在积极推进货物运输手段的转换工作，并每年完成2500万吨的连接货轮运输以及通过铁道运输和海上运输的"海与铁道"运输的工作。

另外，为了实现利用北九州港进行的改变货物运输手段形式，北九州市完善了补助金提供制度，即积极展开"推动改变货物运输手段利用形式的补助制度"。

5.3.4 北九州市环境项目的具体展开

1. 推动建设环境友好型的低碳住宅

北九州市通过建造全日本首个环境友好型高层公寓，长期以来积极致力于开展"环境友好住宅"的普及工作。最近，北九州市的民间企业也在积极地开展低碳住宅的相关项目，并在八幡地区东田—高见区域，实施被国土交通省列为模范项目的低碳住宅相关工作。

2. 市营住宅二氧化碳削减对策模范项目实施

为了实现向低碳社会储备型城市的转型，必须大力推进环境友好型建筑物的建设，而在北九州地方政府提供的市营住宅也同样有必要进行与环境对策相关的一些工作。北九州市基于这样的理念，原则上将在即将改建的市营住宅的屋顶上安装太阳能发电设备，力图减少二氧化碳排放量。

3. 在公立学校等单位实施引进太阳能发电技术

通过向市内公立学校实施引进太阳能发电技术，进行环境教育并推广环境教材的活用，同时推动减排工作。再通过这两方面内容的普及，对地区居民进行环境方面教育，并提高他们对全球温室效应和节能等内容的关心度。

北九州市从2009年开始，根据日本文部科学省《学校新政》的指导思想，积极引进太阳能发电技术，分别在40所小学和21所中学安装了太阳能发电设备。

4. 促进 ESCO[1] 项目的普及

之所以命名为"ESCO"项目是指对工厂企业以及办公楼的节能装修提供必要的技术、设备、人才、资金等全面性的辅助，以实现减少对环境造成不良影响的节能目标，并通过结果验证能够保证节能效果的事业。由于节能装修费用、ESCO 事业者的经费等，全部由节能效果所带来的经费空余部分的金额来支付，即便是没有初期设置费用也可以达到节能效果。北九州市已经于 2004 年度和 2005 年度在北九州市立大学北方校区以及于 2007 年度在北九州市立医疗中心推进 ESCO 项目。

5. 普及建筑物的 CASBEE 北九州[2]

从 2008 年 10 月开始，北九州市正式实施了针对建筑物的"CASBEE 北九州"的提交制度（表 5-5）。该制度是在充分考虑了北九州市地区特性基础上创立的一种北九州市独自评价系统。对于评价结果，在市政府的官方网页上进行公开。建筑负责人可通过公开评价结果，而起到向消费者宣传建筑物环境性能的作用。今后，为进一步实现环境保护及建设可持续发展城市的远大目标，北九州市将促使更多建筑负责人主动对环境开展探讨，将推动建筑负责人配备环境友好型的建筑物设备，促使"CASBEE 北九州"得到普及。

表 5-5 建筑物的"CASBEE 北九州"评价表

需提交评价结果的对象建筑物	占地面积 2000m^2 以上的新建筑或重建建筑
使用的评价体系	【CASBEE 新建筑（简易版）2010 年版】+【北九州市的重点项目】
评价结果	【CASBEE 新建筑（简易版）2010 年版】+【北九州市的重点项目】的评价结果
提交日期	开工前 21 天以前

6. 积极引进环境、能源领域的企业

为了环境模范城市的进一步发展，北九州市不仅在制造业方面的技术、制

---

[1] ESCO 取自 Energy Service Company 的缩写。

[2] CASBEE 北九州是一种对建筑物综合环境性能评价制度。即要求建设占地面积超过 2000m^2 以上的建筑物的负责人，必须对该建筑物的环境性能进行自行评价，并将其结果总结成材料交付给北九州市政府的制度。

品的开发起到了推动作用，也在公认的有未来发展空间的环境、能源相关产品的技术开发领域，积极引进对此领域有兴趣的企事业单位加入其中。2009年开展了有224个企业参加的，以"有机EL·白色LED"的先进技术为主题的演讲活动。

7. 推动北九州市政府与产学合作的技术开发

以北九州学术研究城市与市内各大学等研究机构为基础，策划并组织形式丰富多样的产官学相关的研究会（表5-6），并通过开展共同研究等活动，通过政府与产学的合作，推动北九州市建设低碳社会所需要的技术开发。同时，北九州市环境局等也设立了各种支援制度支持环境友好型相关技术的开发（表5-7）。

表5-6　主要的研究会（2011年底以前）

研究会名称	内容
北九州薄膜太阳能电池研究会	以色素增感型、有机薄膜型、硅质薄膜型的太阳能电池作为对象，进行零件开发、设备开发及新项目的开发进行相关支援，并共享最新信息、推进信息交流等活动
自动车用轻量化高品质零件加工技术研究会	将重点放在顾虑环境的便捷又有节能效果的高品质零件的实用化开发，并进行新素材的零件试做及评价工作
先进能量设备可信赖性研究会	就电力自动车的新一代自动车及家用电器的节能化问题所必需的能量设备（能量半导体），进行可信赖性试验方法的确立方面的研究

表5-7　环境局的支援制度等一览表（2011年底以前）

项目名	具体内容	负责科室
油菜花项目	对进行油菜花的栽培、榨油等团体的支持	环境学习科 582-2784
绿色国境助成项目	对环境模范城市推进活动的援助	
旧纸再利用	对进行旧纸回收的地区市民团体，按回收量交付奖励金	循环社会推进科 582-2187
生活垃圾的再利用	对电器式生活垃圾处理机购买的援助	
剪断树枝的再利用	市回收从各家庭收集的剪断树枝	
废弃食用油的再利用	对回收废弃食用油的地方团体提供容器	
小型净化槽的设置助成	对小型净化槽的安置的援助	业务科 582-2180

续表

免费节能诊断	免费进行节能的建议与指导	
太阳光发电系统的安置	对安置在住宅内的市民的援助	环境模范城市推进室 582-2238
太阳热、地热利用系统的安置	对安置在住宅内的市民的援助	
屋顶绿化	对屋顶绿化事业者的援助	
向打水活动借出道具	免费提供桶、柄勺、服装（法披）等	
环境未来技术开发助成事业	对环境技术的实证研究等的援助	582-2630
自然环境保护活动	对自然环境保护活动的援助	582-2239
对大型环保车辆更换的助成	向最新适合车辆进行更换的单位实施援助	

5.3.5 北九州市的城市环境政策实践的最大特征和具体经验

作为环境模范城市，北九州市的环境政策实践的最大特征就是利用居民和企业等在城市内部拥有的各项潜能，使之得以最大的发挥。进而在北九州市的绿色前沿[1]的思想引导下，积极推进以低碳社会为目标的可持续城市开发。其具体经验可以总结为以下7点，提供给我国的各个地方政府加以参考。

1. 通过合作关系来克服公害改善环境

北九州市从1901年开办政府经营的八幡制铁所以来，作为产业城市得到发展，但在经济增长的过程中出现了十分严重的公害问题。不过，公害问题通过北九州市每个人的努力得到克服，恢复了现在蓝色天空和美丽海洋。不言而喻，克服公害问题的原动力则在于市民、企业、行政等城市全体的一体化合作关系。最初由市民（户田夫人会）意识到公害，自发学习并拜访企业，开展启蒙活动。市民运动最终推动行政和企业，向着一体化合作的地区环境改善发展。

2. 制定环境和经济相互协调的政策措施

北九州市政府积极制定环境和经济相互协调的政策措施，特别是在克服公害方面积极与产业界合作，推广"清洁节能产业（CP）"的发展政策。企业的生产过程得到改善的同时，达到了大幅度节省能源的目的。在削减生产成本的同时,还大幅度减少生产活动过程中产生的污染物。这种政策措施的最终结果,

---

[1] 绿色前沿英文意思为 Green Frontier，中文可以指环境＋开拓未来。

达到了环境和经济相互谐调的双赢效果。像这样双赢的政策措施作为环境与经济相互协调的城市开发经验方法，不仅在日本北九州市，在实现我国城市化过程中的低碳社会里也理应起到重要作用。

3. 创建利于资源循环社会的生态产业园区

北九州市作为实证模型，建立了日本首个生态产业园区。现在为了利于形成资源循环社会，正在开展大约 40 个产业项目。目前北九州生态产业园区带来了约 1300 人的新增就业机会和超过 600 亿日元经济投资的显著经济效果，同时每年大幅度削减二氧化碳排放量约 20 万吨。关于北九州生态产业园区的详细内容将在第七章全面展开。

北九州生态产业园区的举措受到了国际社会的广泛关注，截至 2010 年底接受了 84 万人次的参访者。同时在推进国际合作中，北九州市与我国的天津、青岛、大连在生态产业园区的建设方面取得了一定的进展。2008 年 5 月中日两国首脑在日本首相官邸交换了生态产业园区的合作备忘录。2009 年 12 月时任国家副主席的习近平访问了北九州市，并且参观了北九州市的创建循环型社会实证模型以及北九州生态产业园区。

4. 设立"北九州市环境模范城市地区推进会议"

北九州市低碳社会的建设更加促使市民、产业界、学术机构、行政等在地区一体化方向上得以进一步的努力，2008 年 9 月设立了"北九州市环境模范城市地区推进会议"。到目前为止已经有 400 多个团体参与其中。对于北九州市是环境模范城市，市民的认知度已经从 2008 年的 39% 上升到 2009 年的 52%。北九州市正在将这种市民意识的提高作为正能量，立足于把建设低碳社会的开展转化为本地区每个人的行动，进而向日本乃至全球进行推广。

5. 开展与亚洲各城市的联系和合作

今天亚洲各国的城市化和城市发展备受瞩目。北九州市以此为契机，为使自己取得的"双赢"经验方法给亚洲等各国的城市环境问题的解决提供帮助，正在通过城市之间的网络开展环境方面的国际合作。迄今为止，接受了约 6000 名来自于发展中国家的人员进行研修。同时也向世界各地派遣专业人士，在亚洲各城市展开合作项目。

6. 设立环境模范城市和低碳城市推进协商会议

2009年，日本的13个环境模范城市为了更进一步推进环境模范城市所带来的地区性主动权，北九州市牵头，由其中11个城市联合起来向国家，以及国家的环境模范城市特区提出了相应的制度建设和支援制度等建议。而且，在有190个地方政府和国家机构等参与的低碳城市推进协商会议中，设立了"城市和地区的低碳化设施推进工作"等两个工作小组，积极推动"低碳城市推进协商会议"设施的探讨和具体实施。还通过国际会议等形式展开向海内外推动信息传播等各方面活动。

市民生活和产业活动的"城市和地区"正是建设低碳社会的主角，因此以环境模范城市和低碳城市推进协商会议这样的城市和地区作为主体，来推进低碳社会建设的规划。进一步再通过国家政府的协助，从而完善这样的规划。

7. "城市和地区"主动性和实践活动

北九州市迄今为止的治理环境历史表明，"城市和地区"采取主动性展开实践活动正是建设环境友好型社会的基础。而且，在实践活动中最大限度利用"城市和地区"的特性以及潜力非常重要。

北九州市的实践之所以能够开拓未来的道路，是因为其实施的许多环境政策措施经验对中国来说都具有积极的借鉴意义。

第六章
资源再生利用与建设环保城市的政策实践

6.1 普通垃圾处理

6.1.1 北九州市的不同类别普通垃圾的对策

北九州市在垃圾处理的环境理念上与川崎市的理念略有区别。北九州市一开始就在原有的构建"再生利用型"城市的环境理念的基础上，更进一步将垃圾处理的环境理念发展成以 3R，即减量化[1]（Reduce）、再生使用（Reuse）、再资源化（Recycle）为基本方针，在进行扩大再生产品等绿色采购需求[2]的综合性工作同时，力图构建"循环型"发展的城市。

北九州市于 2001 年 2 月制定了《北九州市普通垃圾处理基本计划》。该基本计划的重点课题是"强化商业类普通垃圾的对策"与"建设家庭类普通垃圾的循环型系统"等问题。这些问题在"北九州市普通垃圾处理所应遵循的方法探讨委员会"进行了多次深入探讨，并提出了相关的具体的解决推进政策和方案。

1. 商业类普通垃圾对策

首先，回归到商业类普通垃圾自行处理的责任问题上。2004 年 10 月开始，北九州市实施了原则上废止商业类普通垃圾的市内回收工作，并修改自行搬入垃圾的处理手续费用[3]。还废止了市垃圾回收设施对可再回收利用的旧纸、废木材的接收工作，和对空罐和空瓶的资源化中心的自行搬入工作等规定。同时，从 2007 年 4 月开始将"与普通垃圾的减量以及妥善处理相关的法律条文"中规定的"资源化、减量化计划书测定"的对象基准增加至占地面积 3000m² 以

---

[1] 北九州市的减量化（Reduce）主要是抑制普通生活垃圾的产生。

[2] 北九州市政府通过绿色购买的法律，率先购买再生产品。

[3] 为了抑制垃圾量的产生，北九州市的搬入垃圾处理手续费由 700 日元 /100kg 修改为 100 日元 /10kg。

第六章　资源再生利用与建设环保城市的政策实践

上的商业企业，并对店铺面积超过 500m² 的小卖店也列入了对象中，强化了抑制商业企事业单位的垃圾弃置工作。

2. 家庭类普通垃圾政策

有关建设家庭类普通垃圾的循环型系统的政策，从 2006 年 10 月开始，北九州市施行了结合"对普通垃圾分类和再生利用工作的支援"和"通过修订手续费带来的减量意识的提高"这两个政策的《对家庭类普通垃圾回收制度的修订》决定。北九州市政府有意识地提高家庭类普通垃圾减量的目标，即：2009 年与 2003 年的家庭类普通垃圾排出量相比，每一名居民每天减少 20% 的家庭类普通垃圾排出量的产生，同时增加了在全市范围内的对普通垃圾的再生利用率达到 25% 以上的目标[1]。市政府以这些政策为中心开展了各种各样的工作。另外，市政府为了进一步推进抑制普通垃圾产生的工作，从居民消费行动的阶段就开始思考垃圾的如何减量化。为了达到这个目的，从 2006 年 12 月开始，在全市范围内开展了不使用塑料购物袋的"环保贴纸"积分活动。

3. 推进绿色采购活动

在北九州市制定的相关条令中，在推进绿色采购活动中的所谓"绿色采购"不仅是指从品质与价格方面，而更重要的是最优先购买那些对环境不会带来过大负担的商品。并且，北九州市政府作为日本率先在市办公楼内开展绿色采购工作的市级单位，从 2001 年 10 月开始，就已经制定了"北九州市政府环境物品等的采购推进相关的基本方针"[2]，并且每年实现率都达到了 100% 的绿色采购活动的工作绩效。

6.1.2 垃圾处理现状与资源化垃圾分类回收

1. 普通垃圾量的变化和现状

在 2004 年 10 月实施了"商业类垃圾对策"、在 2006 年 7 月实施了"家庭类垃圾回收制度的修改"条例以后，北九州市的普通垃圾量已经从 2003 年的 51.4 万吨下降到了 2008 年的 35 万吨。减少了约 16.4 万吨，下降了 32%。

---

[1] 2003 年的再利用率为 15%。

[2] 简称"北九州市绿色购买基本方针"。

北九州市的家庭类普通垃圾的回收为每周两次，并从1998年7月开始导入普通垃圾专用收费塑料袋制度，又在2006年7月进行了收费金额的调整。每个专用收费塑料袋的价钱为：大袋（45L）50日元、中袋（30L）33日元、小袋（20L）22日元、特小袋（10L）11日元。

从普通垃圾处理的现状来看，对已经回收的普通垃圾，以及家庭类普通垃圾全部进行焚烧处理。大型垃圾则在粉碎后进行焚烧处理，资源垃圾则在进行挑选工作后重新再生利用。

按照北九州市的规定，自行搬入的普通垃圾必须自行向北九州市内设施搬入，必须由获得许可的从业者或者是垃圾产生者自行搬运所产生的垃圾。而大型垃圾的弃置者必须在两天前向"市大型垃圾客服中心"提出申请，购买并添附北九州市大型垃圾处理手续费交付单，将垃圾放弃在自家的门口，市处理中心会逐户进行回收。

2. 资源化垃圾的分类回收

北九州市对资源垃圾的分类回收工作，则是通过委托街道委员会负责该地区居民及企事业单位的回收工作。北九州市政府通过这种向各个主体分担责任的方法，以期达到全体居民对环境意识的提高以及形成地域社区、削减行政经费等目的。

市政府垃圾回收部门具体回收的资源化垃圾包括：空罐、空玻璃瓶、塑料瓶、塑料制容器包装、纸袋、纸盒、荧光灯管、小金属物等。同时展开居民的自主支援工作，向儿童协会及街道内会等的旧纸回收工作交付奖励金等。而市内的企事业单位开展的工作就是自行回收电池、可回收瓶、报纸、广告单等（表6-1）。

表6-1 资源化垃圾的回收量（吨）

年度	空罐、空瓶、塑料瓶	纸袋、纸盒	荧光灯管	纸集团资源	塑料制容器包装	小金属物
2004	13992	241	56	19549	—	—
2005	13259	263	64	21542	—	—
2006	13659	413	83	27654	—	—
2007	12329	423	85	32835	8406	151
2008	11541	409	99	32562	7981	144
2009	11468	387	108	30519	7744	164

第六章 资源再生利用与建设环保城市的政策实践

6.1.3 不同类别和不同处理方式的垃圾经费

2008年度北九州市花费在垃圾处理和再生利用工作上的年度使用经费为142亿日元。相比2003年的161亿日元的经费,由于2006年7月实施了"家庭垃圾回收制度的修改"的条例,伴随着普通垃圾的减量、再生利用的促进、进行了回收制度的修改以及垃圾回收工作的效率化等,从而减少了总共19亿日元的经费支出。

1. 不同类别普通垃圾经费支出

从不同类别普通垃圾经费支出来看,家庭类垃圾和商业类垃圾的经费支出减少最为显著(图6-1)和(表6-2)。家庭类垃圾的经费支出从2003年度的94亿日元下降到2008年度的76亿日元,减少了18亿日元。而企业类垃圾的经费支出从2003年度的20亿日元下降到2008年度的10亿日元,减少了10亿日元。同期普通垃圾经费支出增加的项目为资源垃圾4亿日元和其他垃圾6亿日元。

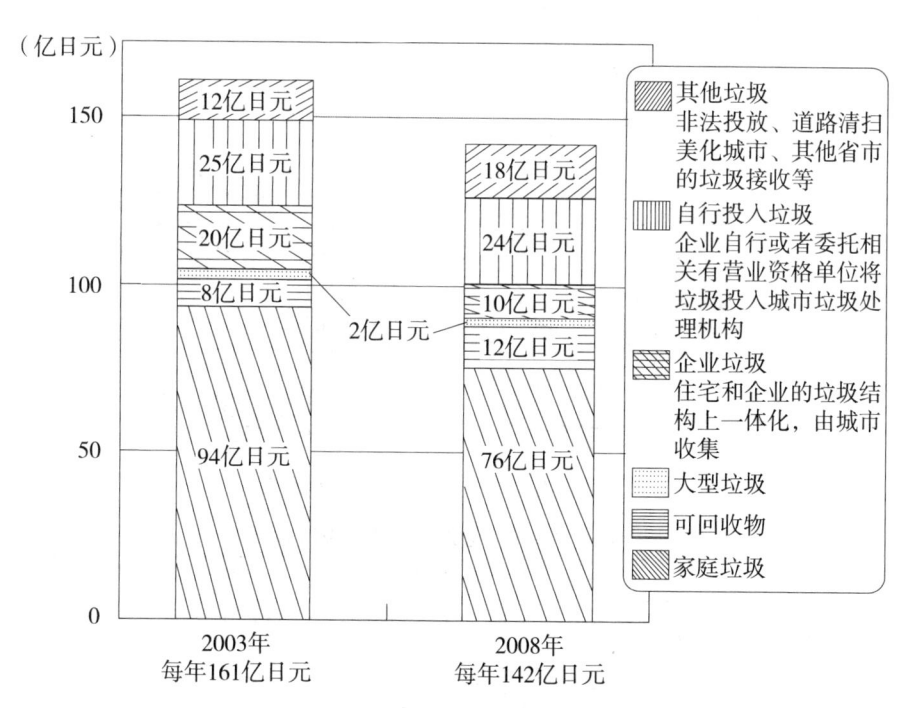

图6-1 不同类别普通垃圾经费支出

表 6-2　不同类别普通垃圾经费支出

年度	家庭类垃圾	资源垃圾	大型垃圾	商业类垃圾	自行搬入垃圾	其他垃圾
2003 年（161 亿日元）	94 亿日元	8 亿日元	2 亿日元	20 亿日元	25 亿日元	12 亿日元
2008 年（142 亿日元）	76 亿日元	12 亿日元	2 亿日元	10 亿日元	24 亿日元	18 亿日元

2. 不同处理方式的垃圾经费

从不同处理方式的普通垃圾经费支出来看，收集和搬运的经费支出下降最为显著（图 6-2、表 6-3），从 2003 年度的 84 亿日元下降到 2008 年度的 62 亿日元，减少了 22 亿日元。而焚烧的经费支出却从 2003 年度的 66 亿日元上升到 2008 年度的 69 亿日元，增加了 3 亿日元。再从不同处理方式的垃圾经费的费用构成比来看，2003 年 52% 的处理经费支出用于收集和搬运，41% 的处理经费支出用于焚烧。而到了 2008 年的处理经费支出有了很大的改变，用于焚烧为 49%，用于收集和搬运为 44%。

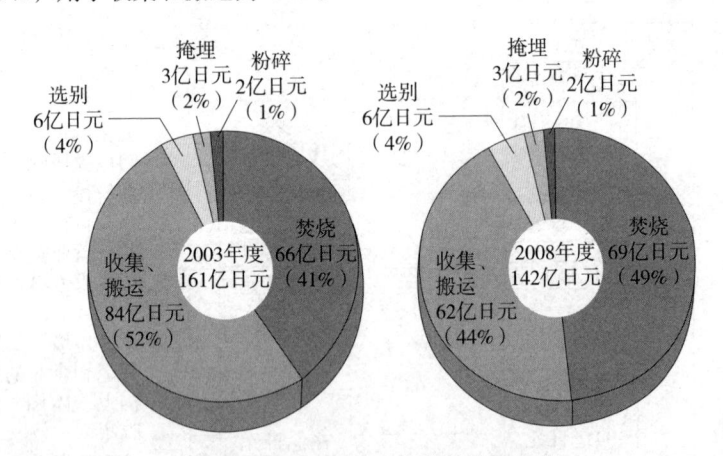

图 6-2　不同处理方式的垃圾经费

表 6-3　不同处理方式的垃圾经费

年度	总计	焚烧	收集和搬运	选别	掩埋	粉碎
2003 年	161 亿日元	66 亿日元（41%）	84 亿日元（52%）	6 亿日元（4%）	3 亿日元（2%）	2 亿日元（1%）
2008 年	142 亿日元	69 亿日元（49%）	62 亿日元（44%）	6 亿日元（4%）	3 亿日元（2%）	2 亿日元（1%）

6.1.4 通过分类回收确保再生利用资源的回收量

北九州市垃圾分类回收的最大特征就是，北九州市政府通过分类回收家庭和企业排放出来的垃圾，确保了再生利用项目的资源化原料的回收量，非常有利于第七章将要讨论的再生利用项目的稳定发展。

1. 建立确保回收量的垃圾分类回收体系和制度

这里继续以北九州市为例进行资源化原料回收的说明。北九州市政府从1993年以来，对混合扔出的垃圾，按照空罐、空瓶、塑料饮料品、容器包装、荧光灯管等进行分类，这样就使得每一项资源垃圾的再生利用处理都成为可能。通常在日本的一般城市里，家庭丢弃资源化垃圾的时候，这些资源化垃圾主要是由个体经营人员进行回收，因而很难保证再生利用原料的资源化回收量。从再生利用资源回收量这一点来看，正如日本社会正在经历的那样，中国的城市将来也一定会出现再生利用资源个体回收量不足的状况。为此中国的城镇化过程中，也需要研究如同表6-4一样的北九州市的分类回收体系和制度[1]，同样各个城市需要考虑如何在保证回收量的前提下进行资源化垃圾的分类回收。1993年以后的北九州市分类回收体系的建立和制度设计最主要的目的就是为了致力于垃圾中的资源有效利用及垃圾的减量化。

表6-4 北九州市垃圾分类回收体系和制度

A. 罐子、瓶子分类回收（1993.7）
B. 大型垃圾回收收费化（1994.4）
C. 塑料饮料瓶分类回收（1997.11）
D. 一般垃圾（家庭垃圾）使用指定垃圾袋制度（1998.7）
E. 皇后崎垃圾焚烧厂建立超级垃圾发电系统（1998.7）
F. 纸盒、白色泡沫聚苯乙烯定点回收（2000.7）
G. 荧光灯管的定点回收（2002.7）
H. 彩色泡沫聚苯乙烯定点回收（2002.7）
I. 工商企业的垃圾回收制度（2004.10）
J. 修改"家庭垃圾收集回收制度"（2006.7）

---

[1] 在日本又被称为"城市静脉物流系统制度"。

2.资源和垃圾去哪儿了？

如同川崎市的垃圾回收处理情况相同，北九州市政府就"资源"和"垃圾"的去向制作了自己的资源和垃圾的分类回收流程。但是从北九州市的流程图中可以看到针对所有垃圾的去向，北九州市向居住的居民更加详细地说明了以下五点。这使得以保证回收量为目的的北九州市的资源和垃圾的分类和回收方式得以顺利推行。

①需要居民进行分类的物品
②集中于专门设施的进一步分类
③分类为19种循环再利用种类
④循环再生利用和最终处理等
⑤循环再生利用产品和制品等

同时，北九州市政府为了促进再生利用资源的回收量增加，所采取的比较有效的方法就是建立了与资源垃圾回收相关的补贴制度，来加速各类废弃制品的回收和处理。比如，北九州市建立了环保积分的"家电换购制度"，起到了很好的效果。这个家电换购制度就是日本政府现在推行的家电产品环保积分制度。北九州市的家电换购制度在扩大内需、提高能源效率的同时，以普及推广节能产品来促进环保家电的换购为目的。而自从北九州市实行家电换购制度以后，收获了以下三个重要效果。

①促进了引进换购补贴制度，对再生利用企业的回收货源做出了贡献。
②促使日本全国也实行了家电产品以旧换新的补贴制度，这样就可以在全国范围内的对象地区回收上来大量的废旧家电。
③同样，日本政府依据《废弃电器电子产品回收处理管理条例》，已经发表了有关家电产品按品种回收和拆解的制度[1]。今后期待着该制度能够取得进一步的实效。

---

[1] 日本的这个制度的全称为"对指定的家电回收企业和拆解处理企业补贴的制度"。

6.1.5 北九州市的垃圾处理与节电对策

1. 垃圾焚烧和最终处理情况

北九州市共有3个垃圾处理设施。在各个垃圾处理设施中都可以焚烧处理市内排放出的可燃性的计划收集垃圾、自行搬入垃圾以及部分产业垃圾等。从焚烧设施排出的焚烧灰烬，将被运送至响滩西部地区的垃圾最终处理场地进行掩埋。北九州市预定在新门司南部地区建设下一个垃圾最终掩埋处理场。

3个垃圾焚烧处理设施的日平均处理能力分别为720吨、600吨和810吨。从2009年度处理效果来看，2009年北九州市共处理了367661吨垃圾，其中皇后崎设施处理了42%的垃圾，而其他两座各处理了29%的垃圾（表6-5）。

表6-5 垃圾焚烧处理设施的处理能力和处理效果

设施名称	处理能力（吨/日）	2009年度处理效果（吨）	效果比率（%）
新门司设施	720	108081	29
日明设施	600	104798	29
皇后崎设施	810	154782	42
总计	2130	367661	100

从2009年度北九州市的普通垃圾分类的组成分析来看，纸类占到了普通垃圾总量的41%，居第一位。然后是厨余垃圾类占11.4%、塑料类占10.6%等（表6-6）。

表6-6 2009年度普通垃圾的分类组成分析（%）

纸类	纤维	塑料	木和竹	厨余垃圾	金属	玻璃和陶瓷器	杂物
41.0	8.8	10.6	7.8	11.4	6.7	7.2	6.5

2. 焚烧处理设施的节能对策

北九州市的焚烧处理设施将焚烧垃圾时产生的热量以蒸汽能量进行回收，并在自行发电及设施的空调设备等上进行利用。剩余的热量和能量，被提供到了其他市内的公共设施中，同时剩余电力也被送到市内的其他公共设施上。如果还有进一步的剩余电力，将出售给北九州的电力公司以获得收益（表6-7）。

表6-7 焚烧处理设施的节能表

① 2009年自行发电金额效果

	新门司设施	日明设施	皇后崎设施
出售金额（万日元）	44900	200	36500
通过发电节省的金额（万日元）	34700	12200	29300
总计（万日元）		157800	

② 热量和能量利用情况

设施名称	蒸汽利用情况	
	厂内利用	向其他设施的供给
新门司设施	空调、热水	新门司环境中心（空调、热水）
日明设施	空调、热水	中央批发市场（空调）、日明净化中心（污泥干燥）
皇后崎设施	空调、热水	皇后崎环境中心（热水）、阵原站地区（蒸汽供给）

③ 2009年自行发电量

设施名称	自行发电利用情况		
	年度发电量（万kW/h）	向其他设施的供给	卖电
新门司设施	8600	新门司环境中心	剩余电量将出售给北九州电力（株）
日明设施	2300	日明净化中心、日明瓶罐资源化中心	
皇后崎设施	7700	皇后崎环境中心、皇后崎粪尿投入所、皇后崎净化中心	

6.2 产业废弃物、资源再生利用与环保城市建设

6.2.1 推进产业废弃物的妥善处理

北九州市为了推进产业垃圾和产业废弃物的妥善处理，以市政府为中心从多方面积极展开了各种各样的工作。特别是展开针对产业垃圾处理的从业者的现场调查工作、防止产业废弃物非法丢弃的巡逻工作、导入产业废弃物非法投

第六章 资源再生利用与建设环保城市的政策实践

弃等通报员制度、设置防止产业废弃物非法投弃监视探头以及加大许可申请时的审查指导力度等方面的工作。到2010年3月31日，北九州市获得从事产业废弃物妥善处理的注册和许可业务的产业垃圾处理业者共有2734人，获得特别管理产业垃圾处理业者有589人（表6-8）。

表6-8 北九州市产业垃圾处理业者和特别管理产业垃圾处理业者人数

许可区分	收集搬运业	中间处理业	最终处理业	合计
产业垃圾处理业者	2555	174	5	2734
特别管理产业垃圾处理业者	564	25	0	589

从图6-3的北九州市产业废弃物的处理流程图来看，每年作为再生利用资源回收的最终有效使用量约为60%。其余的产业废弃物的中间处理减量约为25%—30%，而最终的产业废弃物的掩埋处理量约为6%—9%。

产生量	有价物量		有效使用量合计
8702(100%)	2927(34.3%)		5248(60.3%)
7837(100%)	2727(34.8%)		4628(59.1%)

有效使用量: 2321(26.7%) / 1901(24.3%)

排出量	中间处理量	剩余量	掩埋处理量合计
5634(64.0%)	5248(60.3%)	2522(29.0%)	587(6.7%)
4620(58.9%)	4106(52.4%)	2052(26.2%)	665(8.5%)

掩埋处理量: 201(2.3%) / 151(1.9%)

保管量: 142(1.7%) / 491(6.3%)

中间处理减量: 2726(31.3%) / 2054(26.2%)

掩埋处理量: 386(4.4%) / 514(6.6%)

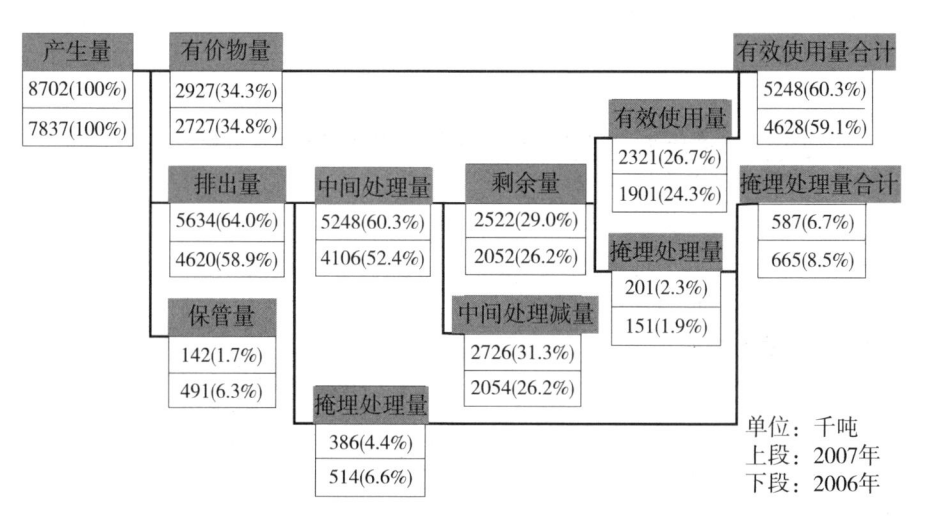

单位：千吨
上段：2007年
下段：2006年

图6-3 北九州市产业废弃物处理流程图

另外，北九州市还根据日本国家的与报废汽车再生利用资源化相关的法律条文[1]，进行针对相关从业者的注册以及许可业务，并随时进行现场调查和指导工作，积极推进报废汽车的再生利用化妥善处理工作。

---

[1] 这里是指《废旧汽车的再生利用法》。

6.2.2 确立可再生利用建材的认证制度与环保城市事业

北九州市政府在建筑工程中推行制定了《北九州市可再生利用建筑推进认证制度》，并在市政府的指导下开始实施《可再生利用建材认证制度》。2006年为了促进对可再生利用建材的使用，又进行了采用新评估制度等相应的制度改善工作。从 2007 年 10 月开始又将混凝土二次成品的一部分指定为优先使用建材。并经过了一年期间的过渡措施后，从 2008 年 10 月开始正式认证为可再生利用的优先使用建材。至 2009 年底，在北九州市已经有 79 种可再生利用建材取得了认证。

北九州市在 1997 年 7 月，先于日本的其他城市第一个取得了日本环保城市事业模范地区的国家公认。从 2002 年 8 月开始，北九州市政府又制定了环保城市事业的第二期计划。并从 2004 年 10 月开始，北九州市政府将环保城市的对象区域扩大至市区的全部范围内，积极开展北九州市环保城市事业相关的工作（表 6-9）。

表 6-9 北九州市环保城市事业相关的工作与成果

环保城市的事业数	26 个相关事业[①]
实证研究数	52 项研究（包含已经结束了的）
总投资额	约 605 亿日元（市 67 亿日元、国家 117 亿日元、民间 421 亿日元）
从业者人数	约 1300 名

①综合环境联合企业

（1）塑料瓶再生利用事业	（6）荧光灯管再生利用事业
（2）OA 机器再生利用事业	（7）医疗用具再生利用事业
（3）自动车再生利用事业	（8）建设用混凝土垃圾物再生利用事业
（4）家用电器再生利用事业	（9）非铁金属综合再生利用事业
（5）复合中核设施	

②响滩再生利用工业园

（10）食用油再生利用事业	（12）旧纸再生利用事业
（11）洗洁精、有机溶剂再生利用事业、塑料油化再生利用事业	（13）空罐再生利用事业
	（14）废旧汽车再生利用事业

① 这 26 个事业包括与各种可再生利用法对应的事业以及北九州市独自开展的部分事业的总和。在日本这是最多的环保城市相关事业的聚集地。

第六章 资源再生利用与建设环保城市的政策实践

③实证研究区域

（15）福冈大学资源循环环境驾驭系统研究所 （16）九州工业大学环保城市实证研究中心	（17）新日铁工程（株）北九州环境技术中心 （18）北九州市环保城市中心垃圾研究设施等

④其他地区

（19）塑料泡沫再生利用事业 （20）饮料容器再生利用事业、 　　自动贩卖机再生利用事业 （21）OA 机器的再使用事业	（22）扒金宫机器再生利用事业 （23）旧纸再生利用事业、制铁 　　用抑制形成剂制造事业	（24）废木材、废塑料再生利用 　　事业 （25）风力发电事业 （26）融化飞尘资源化事业

6.2.3 资源再生利用与环保城市的扩展

北九州市的环保城市的扩展是以"环保和复合构想"为中心，通过开展企事业单位之间的复合合作，进而开发北九州市整个地区水平的资源垃圾及副产物的资源循环，以及开拓未利用资源的有效活用等新的商业领域。

而北九州市"环保高级产业创造"事业的主要目的是为了推进北九州市内产业界全体的顾及环境的活动，从市内的产业和技术以及服务中进行了选拔认证。到 2009 年为止，共选拔认证了 127 项产品和技术以及 28 项服务类项目（表 6-10）。

表 6-10　主要选拔认证产品和服务的事例

环境顾及型坐便器清洗烘干一体型卫生器具［TOTO（株）］ 使用了从里山采伐的废竹材与从海水中提炼出的氧化镁的环保型自然保持水土和铺草技术［日本乾溜工业（株）］ 提供长年采用低消费建设优良住宅的 Pca 混合构造法的服务［（株）加藤建筑事务所］ 通过海底耕耘机进行海底环境改善的服务［（株）山九］

同时，北九州市的"环保行动 21 认证"注册支援事业的目的是为了促进市内企事业单位的顾及环境的企业经营。北九州市面向市内企事业单位，举办了对环保行动 21 认证注册的支援研讨会与实践讲座。到 2009 年为止，已经有 74 家企业取得了认证注册。

而北九州市"环境未来技术开发"辅助事业的目的就在于对富于创新性和独立性，且拥有很高的环境技术的实证研究及社会系统研究以及可行性研究[1]事业提供研究费。北九州市政府到2009年为止，已经对62项研究进行了赞助。

1. 食品垃圾乙醇化再生利用系统实验事业

株式会社新日铁工程受到了日本经济产业省下属机构NEDO[2]的委托，从2005年开始实施了从食品垃圾制造乙醇的实验事业，并从2007年6月开始正式展开验证工作。将食品垃圾中含有的碳水化合物进行酸化后，通过酵母进行发酵并生产乙醇。从2008年开始已经将制造的乙醇作为自动车的燃料[3]使用在了市政府的12辆公务车、环保城市中心的4辆汽车以及新日铁工程公司的4辆用车上。

2. 小型电子机器回收的实证实验

该实验事业是北九州市与株式会社索尼进行合作的项目，通过回收收集数码照相机和摄像机等废弃的小型电器，将其中包含的各种金属作为资源进行有效利用。从2008年开始了这个项目的研究工作，在市内家居购物中心及超市等约80多个场所安置回收箱，并将回收来的小型电器，经过位于环保城内的日本磁力选矿株式会社进行分解和粉碎以后，在提炼程序中提取金、银、钯等贵重金属资源。从2008年9月至2010年3月的19个月间，共回收了约47000个（约6吨）的小型电器，在对其中的33000个小型电器进行提炼后，共提取了250g金、1100g银和40g钯。

特别需要指出的是笔者在北九州市的访谈中，调研了废旧复印机拆解以及办公用品回收再生利用的设施。这个处理设施在回收办公用品以后，平均每天拆解60—70台大型复印机，其零件回收再生利用率也达到99%以上。而在这个设施工作的全体从业人员基本上都是智障者。该设施为了

---

[1] 在日本可行性实证研究一般被称为FS研究，英文为Feasibility Study。
[2] 全称为"（独立行政法人）日本新能源以及产业技术综合开发机构"，隶属日本经济产业省。
[3] 这种燃料在日本统称为"E3汽油"。

第六章　资源再生利用与建设环保城市的政策实践

能使智障者有一个安全和安心的工作环境,从为了提醒智障者而装配高频音乐的行走叉车到拆解车间的透明塑料挡风墙壁,厂区内设施随处都体现了人性化的设计。

3. 家庭类废弃食用油的回收利用事业

北九州市政府与在位于环保城内的九州—山口油脂事业联合企业进行合作,将原本一直用于被焚烧处理的家庭类废弃食用油[1],展开BDF化生物柴油的再生利用事业。从2000年度开始推进这项工作,目前,已经在全市范围内的13处居民中心和31处大型超市等安置了家庭类废弃食用油回收箱,并请求居民连同塑料容器一同放进回收箱内,进行家庭类废弃食用油回收(如图6-4和图6-5)。重新被再生利用了的BDF化生物柴油,将作为17辆垃圾回收车,3辆市营公交车的燃料进行使用。

图6-4　居民参与的废弃食用油回收

---

[1] 日本的家庭类废弃食用油相当于中国所谓的地沟油。

城镇化过程中的环境政策实践

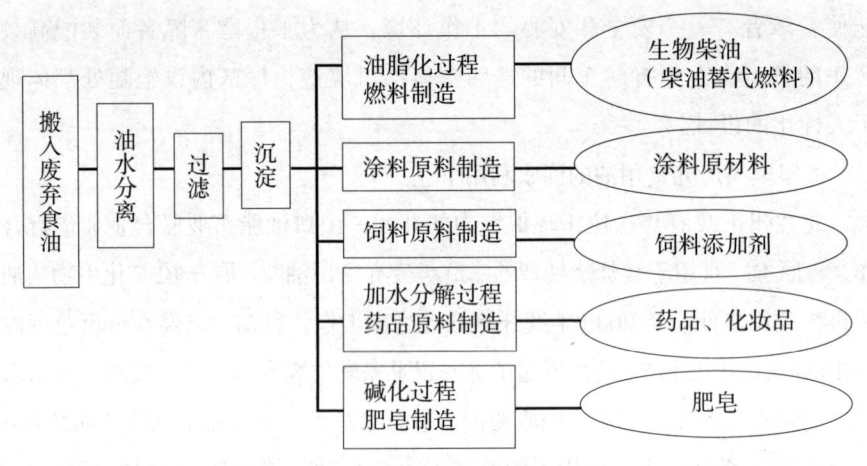

图 6-5 废弃食用油的处理过程

4. 展开环保城市的宣传活动

为了北九州市的环境经济的振兴与发展，市政府开办了西部日本最大规模的"北九州市环保技术"展览会。在北九州市的展位上展示了北九州市开展的各种环保事业与北九州市的高级环保产品以及环保服务等宣传活动。2009年12月，北九州市还在东京举办的日本国内最大的环境综合展示会"环保产品展"上，介绍并展览了北九州市的环保城市事业的进展情况。

随着3R技术的高度化，北九州市政府对于今后有希望成为事业化的技术领域开展研究会研究，并与本地的企事业单位和大学以及"北九州产业学术推进机构"开展密切合作，设立相应的研究部会，并积极开展以商业化为目的的研究和信息交流工作。

6.3 北九州市的建设循环型社会

6.3.1 日本的循环型社会相关的政策制度

1. 循环型社会的理念、方针和政策制度

日本的环境基本法的概要内容大致有以下4个方面。包括:环境保护的基本理念;方针对策的制定;环境基本计划的制定;国家层面的具体政策制度的设计。

①日本在环境保护的基本理念上强调以下三个方面。

A. 使现在的我们与将来我们的子孙享受环境的恩惠,并得以继承;

B. 在所有人公平分担责任下,建造环境负荷最小的能够可持续发展的社会;

C. 积极推动基于在国际合作下的全球环境保护。

②在制定对策时基本遵循以下三个方针。

A. 保持环境的自然构成因素良好;

B. 确保生物多样性等;

C. 确保人与自然进行丰富的接触。

③以这些环境保护的基本理念和方针对策来制定日本的环境基本计划。

④目前的日本国家层面的具体政策制度包括以下 11 个方面。

A. 有关大气污染和水污染等的政策规定。

B. 推动防治公害计划的制定与完成政策。

C. 制定相关环境友好的国家对策。

D. 推动环境影响评价制度的设计。

E. 引导提供环境补贴等经济上的支持政策。

F. 促进使用环境负荷相对较小的产品等的政策。

G. 提高环境保护相关的教育与学习措施。

H. 促进民间团体等自发的开展活动对策。

I. 完善为制定方针对策的调查和监视体制等。

J. 积极振兴科学技术和妥善处理公害纠纷等。

K. 加强全球环境保护等的国际合作。

这些基本理念、基本方针、环境基本计划和具体政策制度设计对日本构建循环型社会的政策制度制定起到了根本的作用。换言之,日本的循环型社会政策制度构建是一个以上述的日本环境基本法规为基础不断加以完善的过程。

2. 循环型社会推进基本计划概要

日本政府从 6 个方面提出了循环型社会的形成推进基本法的基本概要。(1)明确提出了应该形成的"循环型社会"的未来远景;(2)定义了形成推进基本法所描述的废弃物中的有用物质为"循环资源";(3)规定了处理这些循环资源的"优先顺序",它包括:A.抑制产生 B.再使用 C.再生利用 D.热回收 E.适当处理;(4)明确了中央政府、地方政府、企业以及国民的各自责任,企业和国民有"排放者责任",而生产者有"扩大生产者责任";(5)日本政府制定了"循环型社会形成推进基本计划";(6)明确指出了国家为建设循环型社会的举措,它包括:促进彻底贯彻控制废弃物产生、排放者责任、扩大生产者责任的措施、再生品的使用等。

2003年3月,日本政府制定了循环型社会推进基本计划的概要(图6-6),明确了循环型社会的现状与课题、循环型社会的远景、实现循环型社会的数值目标以及各实施主体的对策举措。特别是在各实施主体的对策举措中明确提出:(1)国家层面:加强与其他各主体之间的合作,率先实施建设循环型社会的政策;(2)国民层面:要求重新认知生活方式等;(3)企业:按照 EPR 法律[1]进行适当的3R处理等;(4)NPO 或 NGO 要积极推进建设循环型社会的活动等;(5)地方政府:各种法律法规的施行与协调。

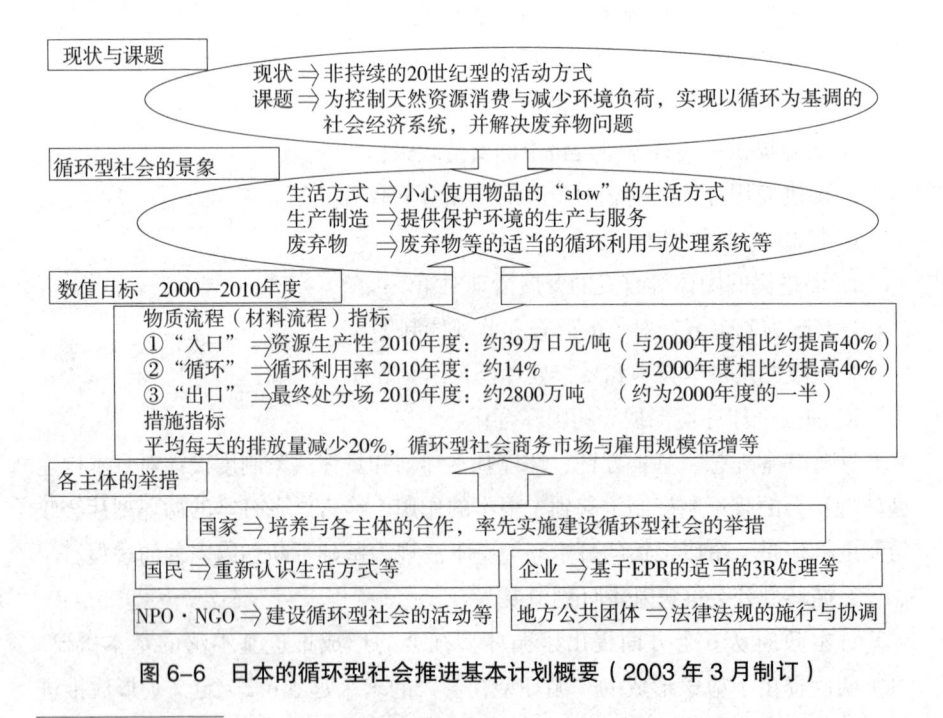

现状与课题
现状 ⇒ 非持续的20世纪型的活动方式
课题 ⇒ 为控制天然资源消费与减少环境负荷,实现以循环为基调的社会经济系统,并解决废弃物问题

循环型社会的景象
生活方式 ⇒ 小心使用物品的"slow"的生活方式
生产制造 ⇒ 提供保护环境的生产与服务
废弃物 ⇒ 废弃物等的适当的循环利用与处理系统等

数值目标 2000—2010年度
物质流程(材料流程)指标
① "入口" ⇒ 资源生产性 2010年度:约39万日元/吨 (与2000年度相比约提高40%)
② "循环" ⇒ 循环利用率 2010年度:约14% (与2000年度相比约提高40%)
③ "出口" ⇒ 最终处分场 2010年度:约2800万吨 (约为2000年度的一半)
措施指标
平均每天的排放量减少20%,循环型社会商务市场与雇用规模倍增等

各主体的举措
国家 ⇒ 培养与各主体的合作,率先实施建设循环型社会的举措
国民 ⇒ 重新认识生活方式等
企业 ⇒ 基于EPR的适当的3R处理等
NPO・NGO ⇒ 建设循环型社会的活动等
地方公共团体 ⇒ 法律法规的施行与协调

图6-6 日本的循环型社会推进基本计划概要(2003年3月制订)

---

[1] EPR 法律即企业的"扩大生产者责任"相关法律,英文为:Extended Producer Responsibility。

第六章 资源再生利用与建设环保城市的政策实践

同时，在 2002 年日本环境省通过物质资源流程模式，确立了日本构建循环型社会的数值目标。所谓物质资源流程模式就是:(1)"入口"提高资源生产性:即用"GDP/天然资源投入量"来测算;(2)"循环"指循环利用率:即用"循环利用量/(天然资源投入量+循环利用量)"来测算;(3)"出口"减少最终处分量:即用"废弃物最终处理量"来测算。以此测算的日本构建循环型社会的具体数值目标如表 6-11。

表 6-11　日本构建循环型社会的数值目标

	年度	资源生产性（万日元/吨）	循环利用（%）	最终处分量（百万吨）
目标	2010 年	约 39	约 14%	约 28
业绩	2000 年	约 28	约 10%	约 56
	1990 年	约 21	约 8%	约 110

从构建循环型社会的具体数值目标来看，2010 年的目标值相比 1990 年，在资源生产性方面提高了约 2 倍，同期还使得循环利用率提高了 6 个百分点，而且削减了近 75% 的最终处分量。同时，日本政府为了构建循环型社会还制定了有关合理使用能源的法律条令（表 6-12）。目的是为了更有效地利用燃料资源，推动设施、建筑物、机械设备等合理使用能源，有助于日本的国民经济健全发展。

表 6-12　有关合理使用能源的法律条文以及相关单位采取的政策

设施	建筑物	机械设备
<所有设施> (1) 防止热能、电力损失 (2) 废热回收等 (3) 平均每年能源使用原单位降低 1% 以上 <第 1 种指定设施> (1) 选拔能源管理人员 (2) 提出中长期计划 (3) 定期报告 <第 2 种指定设施> (1) 选拔能源管理人员 (2) 举办定期讲座 (3) 定期报告	<所有建筑物> (1) 开发商致力于能源的合理使用 (2) 外墙、窗户等的绝热 (3) 空调设备等能源的有效利用 <特定建筑物> 提出相关节能措施	<特定机器制造企业> 目前被商品化的产品中，将具有最佳能源消费效率的产品的性能设定为节能标准（采用领跑者 Top Runner 方式的法律条文） <特定机器:18 种> 轿车、空调、荧光灯照明器具、电视、复印机、计算机、磁盘存储器、货车、录放机、电冰箱、冰柜、暖炉、燃气烹饪灶具、燃气热水器、石油热水器、电热坐便、自动销售机、变压器

3. 日本导入扩大生产者责任（EPR）的法律

在日本推进循环型社会建设的以上这些法律条文中，特别重要的是对于生产者导入了扩大生产者责任（EPR）的法律制度。所谓扩大生产者责任（EPR）是指"将生产企业对产品的物理以及金钱的责任扩大到该产品废弃后"的环境政策。包括：（1）将产品的全部责任或一部分责任从地方政府转移到产品生命周期的上游；（2）给予生产企业设计环境友好型产品的动机。这是参考产品责任法[1]，由于产品质量问题使消费者蒙受损失时，使生产企业担负赔偿责任的法律，日本是从1995年7月开始施行[2]。

在日本，目前已经导入了扩大生产者责任相关的法令包括：（1）容器包装再生利用法；（2）家电再生利用法；（3）资源有效利用促进法；（4）汽车再生利用法。这些法令均明确了扩大生产者责任的对象物、责任内容以及政府目前需要解决的课题（表6-13）。这个扩大生产者责任法令从根本上有效地促进了日本的循环型社会构建。

表6-13 日本导入了扩大生产者责任的法令

法律等	对象物	责任内容	课题
容器包装再生利用法	容器包装	规定生产商或销售商有义务接受市町村分类回收的垃圾，使其再商品化（支付委托金）	（1）市町村的负担比生产企业更重 （2）促进使用可退还容器的措施 （3）搭便车对策
家电再生利用法	4种家电（电视、空调、电冰箱、洗衣机）	规定生产企业、进口企业有义务回收这4种家电并将其商品化	（1）与产品的大小无关，处理费一样 （2）各生产企业设定的处理费是统一的
资源有效利用促进法	指定再资源化产品	电脑、二次电池	生产企业主动采取措施回收以及再资源化	（1）生产企业主动采取措施

---

[1] 又称为PL法，英文为：Products Liability。

[2] OECD针对各国政府的EPR指导手册/2001.3。对象为家庭（普通）垃圾；制度设计具有弹性（可以根据各国情况表现为多种多样）。包括：支付费用的时期、对象商品的选定、现有销售产品的有无、各利益相关方的作用、再生利用目标的设定。为什么由生产企业负责？因为生产企业可以通过设计该产品的生命周期延长其使用寿命，并对提高再生利用性具有最大的影响力（或者可以称为：企业的控制可能性）。

续表

	指定节约资源产品	汽车、家用电器等	生产企业主动采取措施实施节约资源并延长使用寿命的设计（对应再使用）	（2）对象仅限于指定的品种、行业
资源有效利用促进法	指定促进再生利用产品	汽车、家用电器等	生产企业主动采取措施针对再生利用、再使用的设计	
汽车再生利用法		汽车	规定生产企业有义务回收不容易处理的物品（氟利昂、压碎机残渣、气囊）	处理费的对象仅限于3种

6.3.2 北九州市的循环型社会构建

1. 北九州市的循环型社会形成

北九州市政府为推进循环型社会形成的体系，在2004年10月提出了北九州市"环境之都"的整体构想，并于2007年10月制定了《北九州市环境基本条例》（见图6-7）。

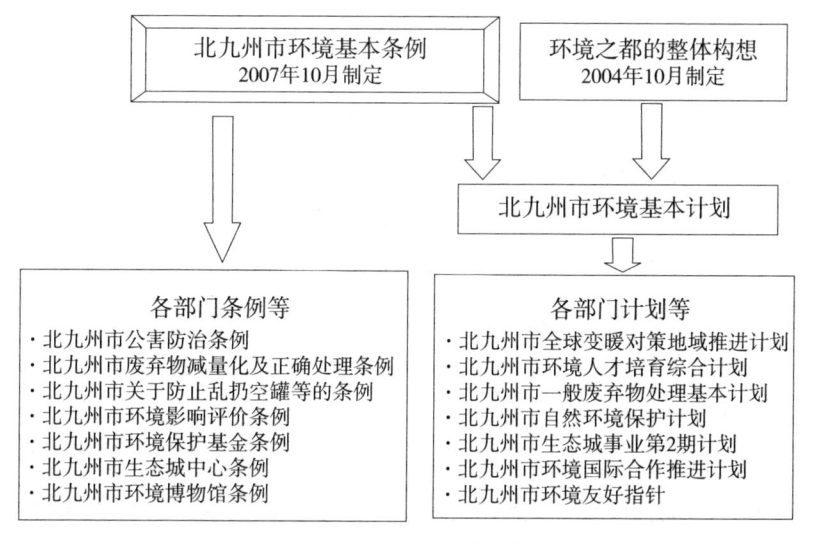

图 6-7 北九州市推动循环型社会体系图

北九州市推进循环型社会形成的《环境基本条例》主要包括：环境保全的基本理念、环境基本方针、环境基本计划的制定和北九州市的具体方针政策。

北九州市的推进循环型社会形成的基本理念主要强调5个方面：(1)建设环境负荷小的可持续发展城市，使将来的居民继承良好的环境；(2)确保所有居民安全舒适的生活环境；(3)继续保持丰富的自然环境与生物多样化，促进居民与自然的接触；(4)市政府、企业以及居民将地球环境保护作为自身的问题来对待，在各自活动以及日常生活中积极采取环境保护对策；(5)通过积极开展以亚洲地区为主的海外地区与有关环境保护相关的国际合作，不仅有利于北九州市的可持续发展城市的建设，还有助于推动地球环境保护以及其他的环境保护。

北九州市的推进循环型社会形成的基本方针为：首先，推动循环型社会形成的政策制定及环境影响评价的实施；其次，开展推进循环型社会形成的调查研究；最后，签署推进循环型社会形成的环境保护协议，从而制定了北九州市的《环境基本计划》。北九州市的具体政策主要分为两个部分。第一部分，降低环境负荷的方针对策包括：(1)促进控制废弃物排放等；(2)促进资源、能源的高效利用；(3)促进使用低环境负荷的产品等；(4)振兴环境产业；(5)推动汽车公害对策；(6)化学物质对策。第二部分，地球环境保全对策包括：(1)推动地球环境保全对策；(2)推动环境相关的国际合作。

2. 北九州市推进循环型社会各主体的作用

为了明确市政府、企业以及居民等各主体的作用，北九州市在1993年10月制定了《关于北九州市废弃物的减量及适当处理条例》中明确了各主体应当起到的相应作用。市政府的作用包括：(1)制定适当处理垃圾所必要的措施；(2)在实施垃圾处理项目时，致力于提高职员的资质，建设处理设施以及改善作业方法等有效地运营设施；(3)在某个地区内促进居民自发地采取减少垃圾的活动。企业的责任包括：(1)对于业务活动中产生的垃圾，企业负责进行适当处理；(2)配合市政府实施垃圾减量和适当处理的政策。居民的作用包括：(1)控制普通垃圾的产生；(2)普通垃圾的分类排放；(3)促进使用再生利用产品,以达到普通垃圾的再生利用;(4)配合市政府实施垃圾减量和适当处理的政策。

2000年12月,北九州市政府又制定了《北九州市环境基本条例》,重新明确地规定了各主体的作用。市政府的作用包括:(1)市政府应该根据管辖区的自然与社会条件,制定并实施有关环境保护的基本综合对策;(2)市政府在制定并实施对策时,必须率先努力减少环境负荷。企业的作用包括:(1)企业有责任和义务采取必要的措施来尽量减少其生产活动中产生的环境负荷;(2)企业应该使用其产品等在使用或废弃时对环境负荷小的原材料等;(3)企业有责任和义务配合市政府实施相关的环境保护政策。居民的作用包括:(1)居民应该努力减少日常生活中的环境负荷;(2)居民在积极自发地进行环境保护的同时,有责任和义务配合市政府实施相关的环境保护政策。

6.3.3 北九州市推进绿色采购与环境普及活动

1. 北九州市的绿色采购

历来北九州市已经开展的绿色采购工作中主要根据包括:(1)1996年3月制定的"北九州21世纪议程";(2)1998年3月开始推进复印使用再生纸的购买活动;(3)2000年3月取得ISO14001绿色认证等,开展了许多推进绿色采购的工作。

但是,随着2001年4月,日本正式实施了《绿色采购法》,以国家为单位的推进绿色采购活动全面展开。作为地方政府的北九州市也为实现绿色采购更加积极地努力。2001年10月,《北九州市关于推进采购环境物品的基本方针》确立了北九州市的推进绿色采购活动,制定了包括选择物品具体标准等内容的基本方针,具体地、有组织地推进市政府的绿色采购活动,优先购买对环境负荷尽可能小的产品和服务。北九州市政府每年设定各个品种的采购目标、公布每年采购实际成果,截至2002年4月确定采购对象品种中,包括三个领域118个品种的绿色采购对象。

城镇化过程中的环境政策实践

同时，市政府还展开北九州市环保商品产业创造项目，从市内的产业技术领域所取得的成果中选定一些"环保商品"[1]，目的在于扩大和渗透"环保商品"评选活动，以促进市内整个产业界积极开展环保活动。

从目前的工作开展状况来看，2005年度开始实施"环保生产推进项目"，2006年度又加上环保服务以后，改为"环保商品产业创造项目"。截至2007年度，累计评选北九州市环保商品数量总计为137件，其中，环保生产115件、环保服务22件。目标为到2010年度评选出140件环保生产和环保服务。北九州市还在2007年度评选出的环保商品中，根据创新性、独特性以及市场前景标准，又特别从中选出相对比较出色的5件商品作为全国性的环境品牌产品以及服务，加大力度向全国进行宣传和推广。同时实施研讨会，促进当选企业间相互利用这些环保产品和环保服务。

2. 北九州市的环境普及活动

为进一步促进北九州市的循环型社会形成，北九州市政府还积极培养环保消费者的意识，建立了"再使用之角"和"环保商品信息角"等基地。目的是为考虑环保并付诸行动的环保消费者提供交流信息和交流基地。其功能主要为介绍和销售环保商品，促进环保童装等的再生利用，加强经营者、消费者、NPO之间的交换信息等。该基地于2002年11月开始，主要是委托给北九州市内环保NPO组织运营。

此外，北九州市还作为居民学习以及交流环境问题的综合基地，于2002年4月正式成立了环境博物馆，其功能从公害防治的历史到地球环境问题等八个领域，为居民提供各种各样的环境相关信息。环境博物馆运用了搭载最新环境技术的环境友好型设备[2]，目前约70名北九州市居民作为志愿者参与活动。

北九州市推进循环型社会构建的最大特征就是展开以居民为主角的环境活动，设立居民生态环境生活舞台，在城市美化方面挑战吉尼斯纪录，为居民积

---

[1] 环保商品是指"环境负荷相对低"的有附加值的商品、技术以及产业活动。

[2] 这些设备包括：再生利用的原材料、太阳光能利用、冰蓄热空调、群落生态环境、氮氧化物吸收区等。

极参与环境活动设置舞台。截至 2005 年的主要活动如表 6-14。

表 6-14 近年活动的主题和参加人数

年度	期间	主题	活动	全体参加者	参与挑战城市美化吉尼斯的人数
2002	10 月 23 日—11 月 4 日	在绿色中生活	30	约 10 万人	29917 人
2003	10 月 5 日—10 月 28 日	努力成为环境之都	57	约 23 万人	46284 人
2004	10 月 3 日—11 月 14 日	环境之都·北九州	73	约 25 万人	74206 人（认证为吉尼斯纪录）
2005	10 月 1 日—11 月 30 日	来，开始创建环境之都吧	54	约 30 万人	87670 人

从 2006 年开始，北九州市政府为了充实环境表彰制度，每年从北九州市的预算中支出 500 万日元，设立了全国规模的表彰制度"北九州环境奖"。

此外，北九州市政府还对环境活动中做出突出贡献的居民进行表彰和奖励。具体预算为：城市美化的预算为 89.7 万日元，主要用于环境卫生方面的环境卫生优良地区和环境卫生地区组织培育功劳者，北九州市城市美化合作功劳者，校区城市美化报告表彰和北九州市地域环境功劳者。防治全球变暖的预算为 249.9 万日元，用于环境记账簿竞赛和环保司机竞赛奖励[1]。垃圾资源化和减量化的预算为 276.1 万日元，用于环境活动的居民集体表彰，垃圾资源化和减量化优良办事处的表彰和产业废弃物处理企业的优良评估制度等。

6.4 环保相关的财税制度和环保人才的教育培养

6.4.1 财政制度支援与研究开发支援

1. 日本政府的财政制度方面支援

应对全球变暖的政策与产业废弃物处理和资源再循环有着直接的关联性，

---

[1] 英文名称为：Eco Drive Contest。

而全球变暖是目前影响人类生存最重要的环境问题之一。虽然，解决环境问题已经进入了《京都议定书》的第一约束期[1]，但是全球变暖问题却变得日趋严重。

从产业废弃物处理来看，北九州市政府携手各个企业共商全球变暖对策。首先，促使产业废弃物处理业者转变能源消耗模式，尽可能使用低消耗和低环境负荷的能源；其次，还在进行资源的循环利用，科学地使用燃烧处理后的余热，下水污泥燃烧时的高温等；第三，市政府还放弃对有机废弃物的直接填埋，运用回收利用技术进一步推进3R取得的效果；第四，同时也要注重与废弃物排放企业的合作。

日本环境省为了加强废弃物能源利用处理设施的整备，对于那些贡献于抑制全球变暖的民间企业以及其设备设施进行适当的经济援助补贴。作为应对全球变暖的政策资金，日本政府利用"能源对策特别财政支出"建立了许多废弃物能源利用处理设施。

日本政府的财政制度方面的援助对象主要是以废弃物处理业为主要事业的高效率废弃物能源利用处理设施使用企业，以及新设置、扩展设置或是进行改造的高效率生物能利用设施整备企业（表6-15）。

表6-15 废弃物处理设施全球变暖对策事业的种类以及补助

种类	补助
（1）废弃物发电（2）生物发电（3）废弃物热供给（4）生物热供给（5）生物热点并给（6）废弃物燃料制造（7）生物燃料制造	实施设备设施的高效率化所产生的费用（补助对象为设施整备费用的1/3为上限）
（8）垃圾发电网络（9）热运输系统	补助对象为设施整备费用的1/2

2. 北九州市"环境未来税"

北九州市为了进一步保证资金，在税收财政制度方面设立了北九州市特有的"环境未来税"（图6-8）。

---

[1]《京都议定书》的第一约束期是从2008年到2012年。

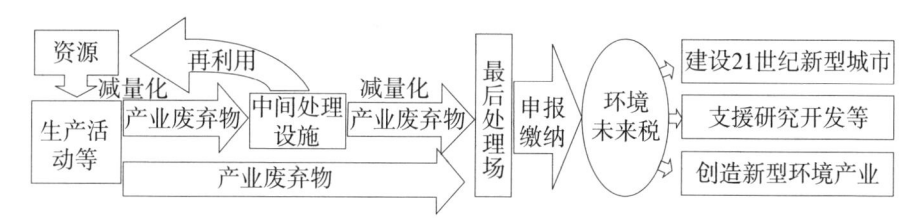

第六章 资源再生利用与建设环保城市的政策实践

图 6-8 "环境未来税"机制图

该税收的特征在于:为了推进循环型社会,构建环境未来城市,需要有一个非法定的"目的税收"制度,从而保证有一个可持续性的稳定的财政来源来落实推进必要的循环型社会的环境政策。北九州市的负有纳税义务者,包括产业废弃物的最终处理企业以及市内的产业废弃物自行处理企业,设定税率预期为 1000 日元 / 吨,目前暂定税率为 500 日元 / 吨。根据北九州市 1997 年的实际税收成果和条文中规定的税率来估计年平均税收,其结果预计为每年有 20 亿日元的"环境未来税"。

"环境未来税"的目的是为了推进循环型社会,创造环境未来城市。其基本目的用途为以下三个方面:(1)把处理废弃物和为居民提供舒适的环境相结合,创造北九州市的 21 世纪的新型城市;(2)对北九州市的再生利用和资源化技术等研究开发等提供资金支持;(3)以北九州市的资源环境型产业为核心,创造新型环境产业等。

3.研究开发的具体资金支持

北九州市为了支持环境相关的研究开发,还建立了环境未来技术开发补助制度。其目的在于以"环境未来税"作为财政税收来源,对技术先进且很有可能由企业进行商业化的验证研究和技术开发给予一定的补贴,使北九州市在力图振兴环保产业的同时,在解决环保领域的课题方面也起到先导性作用。北九州市设置的补助金对象为 FS 可行性研究、验证研究以及社会系统研究。补助内容包括对象领域、对象单位、补助比率以及补助的上限金额(表 6-16)。

表 6-16　北九州市的环境未来技术开发补助制度的补助金内容

	对象领域	对象单位	补助比率	上限
FS研究	从事验证研究之前对于相关技术内容、市场前景、经济效益等开展的调查研究	①市内企业 ②在市内企业开展共同研究的单位（只限在市内布局的单位）	·市内中小企业为主体 ·市内教育研究机构和市内中小企业共同研究→2/3 以内 ·上述以外 →1/3 以内 【如果是重点领域】 ·市内大企业主体 ·市内教育研究机关和市内大企业开展共同研究→1/2 以内	年间 200 万日元（原则上只有 1 年）
验证研究	废弃物处理、再利用技术、环保技术、环境友好型产品的开发技术、新能源/节能技术等项目的研究开发	【原则】 ·在验证研究区进行研究的单位 【特例】 ·利用市内现有的设备进行研究的单位 ·在市内利用市内的未利用能源等进行研究的单位		一年 2000 万日元（最长 3 年）
社会系统研究	对环境产业的发展至关重要的如何保证原料数量和物品流通等问题，为实现资源循环社会而进行的社会经济系统研究	①市内企业 ②与市内企业开展共同研究的单位，主要研究地点应在市内		一年 200 万日元（原则上只有 1 年）

　　此外，北九州市还建立了市政府单独的设备设施建设补助制度。北九州市资源再生利用产业设施建设费补助金交付制度用于对建设再生利用的产业设施给予补助，建设费补助金交付制度的对象为：（1）总部或总公司在市内的中小企业为 10% 以内；（2）上述以外的单位 2.5% 以内。但补助金的上限不超过 1 亿日元。

　　而国际物流特区企业集群特别补助金用于对再生利用产业设施（包括土地）的设备投资给予补助，特别补助金的对象为：（1）包括土地在内的设备总投资的 3%，而在市内购买产业用地的特别补助金则为 6%；（2）一年租用费用的 1/2，补助对象为头一年。但是上述（1）和（2）的总和不超过 10 亿日元。

6.4.2 可持续发展的机制确立与培育环境产业

1.确立可持续发展的北九州市机制

北九州市确立可持续发展的机制用以培育环境产业以及环保教育。从培育环境产业角度来看，北九州市为了培育环境产业，在生态工业园区开始规划阶段就已经明确了项目产业的目标。即不仅仅单纯地建设一个静脉产业园，而是要作为一个可持续发展的机制。这个可持续发展的机制就是从基础研究到技术开发、产业化为止，包括"教育及基础研究"、"技术及实证研究"、"产业化"3个阶段给予各方面的扶持，综合发展各个环境技术项目的产业（图6-9）。

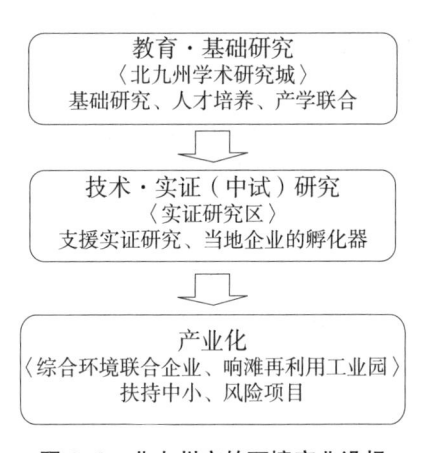

教育·基础研究
〈北九州学术研究城〉
基础研究、人才培养、产学联合

↓

技术·实证（中试）研究
〈实证研究区〉
支援实证研究、当地企业的孵化器

↓

产业化
〈综合环境联合企业、响滩再利用工业园〉
扶持中小、风险项目

图 6-9 北九州市的环境产业设想

就"教育及基础研究"而言，北九州市还建设了北九州学术研究城，引进大学和研究机构，在进行基础研究的同时，又对于"技术及实证研究"，建立了实证研究区，开展中间试验研究以利于技术的产业化。另外，为了方便已经实用化的环境技术进行产业化，北九州市又建设了综合环境联合企业和响滩再生利用工业园区，从而在北九州市形成了环境产业集群的生态工业园区[1]。

---

[1] 参见本书第七章内容。

2. 以北九州生态工业园区为中心培育环境产业

另外，北九州市在中间试验研究阶段，创立了"环境未来技术开发补贴"制度。以对产业废弃物填埋处理等征收"环境未来税"为该制度的财政来源，扶持北九州市内的中小企业进行环境相关领域的技术开发。

在北九州市振兴环境产业战略构想的指导下，市政府为了消除居住在附近居民等对环境项目产业的不安全感和不信任感，同时开展了多种多样的环境教育学习。

以北九州生态工业园区周围为例，为了消除附近居民等对环境项目产业的不安全感、不愉快感和不信任感，同时为了取得居民的理解、信任和支持，市政府负责在项目产业规划的阶段就明确确认各个环境项目的安全性，并在项目产业投产之后进行彻底的管理。另外，这些企业也积极向社会大众开放，接待居民参观，提高了项目实施的透明度。由于北九州市积极采取了这些措施，在北九州生态工业园区周围布局的再生利用项得到了居民们的理解，并且获得了较好的评价。

在这里顺便提一下，我国的青岛静脉产业园区就是参考了北九州生态工业园区的经验，在各个再生利用设施内设计了参观通道。如果在建设生态工业园区的同时，建设这样的环保教育设施，不仅能够监控再生利用设施的安全性，增加透明度，还可以提高本地居民的环保意识。

6.4.3 环保教育学习与环保人才培养

1. 北九州市的环保人才培养综合计划

2006年10月，北九州市决定将环保人才能够被切实且见效地进行培养一事，列为北九州市今后发展环境产业的重大目标之一，这就是"北九州市环保人才培养综合计划"的推进。

在"北九州市环保人才培养综合计划"中，把北九州市建立世界"环境首都"作为视野，开展世界"环境首都"的设计计划。因此，将理想的环保人才培养作为政策的重点化进行了最优先选择，并实施了在提高培养的效率化与实效化的同时，进行与人才培养相关的所有人员的合作与调整的基本战略（图6-10）。具体地实施推进的重点则包括了两方面：(1)环保教育学习；(2)环保人才培养。

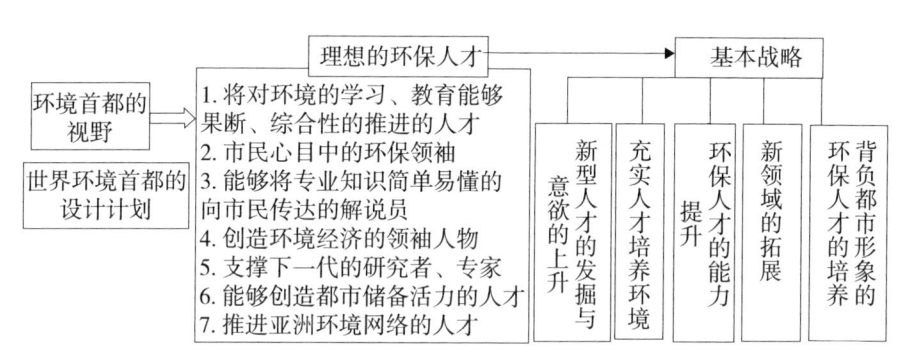

图 6-10　北九州市环保人才培养综合计划图

2. 北九州市的环保教育学习

①以北九州市环境博物馆作为根据地推进环保教育学习

为了居民能够进行真正意义上的环境知识的教育学习，北九州市于2002年4月在八幡西区的东田地区开设了"北九州环境博物馆"，以作为环境知识的教育学习以及环保活动交流的综合据点。在"北九州环境博物馆"内展示了北九州市克服公害的历史及地球环境问题以及防止环境问题恶化的先进环境治理改善技术等。并将这些内容通过解说机对参观者进行讲解。从2010年4月开始，在"北九州环境博物馆"内又增设了"北九州环保小屋"（表6-17）。

表 6-17　"北九州环境博物馆"的参观利用者统计（人）

2006 年	2007 年	2008 年	2009 年
129545	132831	126330	116098

②推进北九州市儿童环保俱乐部的活动

"北九州市儿童环保俱乐部"是居住在北九州市的儿童们自主成立来进行与环境相关的知识学习以及活动的俱乐部。到了2009年"北九州儿童环保俱乐部"已经有48个俱乐部,3276名参与人员,开展了一系列环境相关的知识学习以及活动。自"北九州市儿童环保俱乐部"创立以来,其会员数一直保持在日本全国的前几名,而且,由于努力致力于不同俱乐部之间的交流与合作,得到了日本全国的一致好评。"北九州市儿童环保俱乐部"于2005年3月被授予了日本的环境大臣感谢状。同时于2008年3月,在北九州市举行了"儿童环保俱乐部"的全国环境节。

③通过环境教育的课外阅读物来推进北九州市的环境学习

北九州市正在制定适合从幼儿园到中学生的不同发育阶段的环境教育课外阅读物。从2009年开始,北九州市还制定了本市儿童能够将自己的想法写下来,并且能够广泛运用的环境教育练习册《绿色的笔记》[1],并已经在2010年的春季学期向市内的全体小学生下发了《绿色的笔记》的环境教育练习册(表6-18)。

表6-18 环境教育的课外阅读物和环境教育练习册

环境教育课外阅读物	幼儿用		从薰衣草星星来的裴露露(环境绘画本)(包括普及版、大型版、盲文版及音像CD组合版)	
	小学生用	低年级	地球是大家的好朋友	教师用指导教科书
		中年级	想知道更多!我们大家的地球	
		高年级	大家一起来保护这么美丽的地球 副刊克服公害篇【仰望青空】	
	中学生用		联想未来,资源丰富的地球	
环境教育练习册	小学低年级用		1年级和2年级用《绿色的笔记》	教师用指导教科书
	小学中年级用		3年级和4年级用《绿色的笔记》	
	小学高年级用		5年级和6年级用《绿色的笔记》	

---

[1] 北九州市的《绿色的笔记》有小学低年级、中年级和高年级用的三种练习册,以及教师用的指导书。

3.北九州市的环保人才培养

①开办北九州市环境技术开发道场

北九州市在本道场内培养的人才，是拥有垃圾处理领域专门知识的技术人员。讲师队伍，是由向国内多所大学和民间企业聘请的技术人员构成，就从国内外收集来的垃圾最终处理设施的最先进技术信息进行全面讲解。自2004年以来每年都将举办一次。至2009年为止累计已有137名人员结束了在北九州市环境技术开发道场的学习。而且，在此期间道场的学习还采用了与教师队伍同吃同住的集训方式。

②培养北九州市环境学习支援者

北九州市环境学习支援者是一个以北九州市环境博物馆为根据地，向全市范围内的环境学习及环境保护活动提供支援的居民志愿者组织。该组织就各种各样的环境问题，采用了实验、知识问答、环保制作等体验型的活动，来增加居民对环保的积极性。另外，通过进行"出访式环境博物馆"教育，将环境学习计划内容在小学和居民中心等具体展开实施，取得了众多显著成效。在2009年度的环境学习支援者的人数为80名，当年的活动日数为306日，参加活动的人数共计达到了3763人。

③培养北九州市自然环境支援者

培养北九州市自然环境支援者是指完成了从2005年开启的培养讲座学习，并且拥有对自然知识正确的理解以及善于与自然友好接触，在自然领域内开展环保活动的北九州市居民自然环境保护啦啦队。作为"北九州市自然环境保护基本计划"的读解项目，选定了"培养精通北九州市的自然环境保护人才"的活动。到2007年为止已经有159名北九州市居民被认证为北九州市自然环境支援者，并在各自的与自然环境保护的相关领域内开展活动。

第4期的培养北九州市自然环境支援者的讲座，从2009年8月至2010年2月，共进行了11场讲座，并且又有36名人员被新认证为北九州市自然环境支援者（表6-19）。

表6-19 被认证的北九州市自然环境支援者（人）

2005年度（第1期）	结业（认证）:56名
2006年度（第2期）	结业（认证）:37名
2007年度（第3期）	结业（认证）:66名
2009年度（第4期）	结业（认证）:36名

④推进可持续发展教育（ESD）与联合国大学的地区据点（RCE）的认证

可持续发展教育（ESD）[1]是指为了实现可持续发展社会的教育，内容包含:环境教育、人权教育等诸多方面的综合性教育的进行。另外，可持续发展教育（ESD）不仅在学校内实施，而且在家庭、地区和工作职场等各个领域，从儿童到成人都将成为该教育的实施对象。北九州市于2006年9月设立了由居民、非营利组织（NPO）、学校、企事业单位、行政部门所构成的"北九州ESD联合委员会[2]"。2006年12月，北九州市也被认证为联合国大学在全世界范围内推进ESD而指定的"地区据点（RCE）[3]"的当时世界22个地区[4]之一。北九州市在2009年又开展了ESD认知度调查与ESD国际学术研讨会等活动。

⑤实施北九州市环境首都鉴定的考试机制。

在北九州市为了强化居民的对环境的认知力度，于2008年度创设了"北九州市环境首都鉴定"的考试机制。同时，北九州市将考试内容制作成正式文本，并于2009年9月开始在市内销售。居民通过实施北九州市独自设立的环境领域的鉴定考试，增加学习环境知识的机会，进一步扩展对环境比较关心的居民视野。2009年12月20日在西日本综合展示场举办的第二届"北九州市环境首都鉴定"的考试（表6-20）。

---

[1] 可持续发展教育（ESD）英文为:Education for Sustainable Development。
[2] 北九州ESD联合委员会到2010年3月共有64个加盟团体数。
[3] 地区据点（RCE）英文为:Regional Centre of Expertise。
[4] 联合国大学的地区据点（RCE）的认证到2010年7月，世界共有75个地区，而日本有6个地区。

表 6-20　第二届"北九州市环境首都鉴定"的考试结果

	入门级	普通级	合计
接受考试人数	73 人	757 人	830 人
合格人数（70 分以上）	50 人	617 人	667 人
合格率	68.5%	81.5%	80.4%

在 2009 年的考试分类中，又新设立了"入门级"和"普通级"两个等级，并向获得高分数（70 分以上 /100 分满分）的参加者颁发了合格证。

第七章
北九州生态工业园区政策实践

7.1 北九州生态工业园区的建设背景

7.1.1 以生态工业园区构想为中心构建环境城市

日本的环境城市项目，又称为生态工业园区[1]构想，是日本政府于1997年创立的一项为形成地区环境友好型经济社会的制度。该制度主要指的是以"零排放构想"[2]作为形成地区环境友好型经济社会的基本理念，并以振兴地区经济为基本方针来推进环境友好型社会的形成宗旨的一项产业与环境相融合发展的制度。

日本的环境城市项目是以利用该地区的当地产业积累，通过发展环保产业来振兴地区经济，并结合本地区的特色构建控制废弃物产生，推进再生利用的资源循环经济社会为目的。这是一个日本中央政府支持地方政府与当地居民以及当地产业联合开展先进的环保协调型城市建设的项目。

日本的环境城市项目其特征为，在地方政府指导下开展资源再生利用，并进行生态工业园区事业认证。生态工业园区事业由各都道府县以及各政令城市的地方政府根据地区特点制定相应的规划，并要通过环境省和经济产业省的联合认定。在两省以及地方政府、民间团体的支持下，综合与全面地开展生态工业园区事业。具体来说，就是有效地利用各自的地区特色，由地方政府制定出《生态工业园区建设规划》[3]，如果其规划的基本理念、具体项目的独创性和先行性

---

[1] 日本的生态产业园区英文简称为：ECO-TOWN。

[2] 某个产业排放的所有废弃物正好可以用作另一个产业的原料，以此来实现废弃物的零排放构想。

[3] 《生态工业园区建设规划》又称为：《与环境协调发展的城市建设规划》。

在相当程度上被环境省和经济产业省认可，并有望成为其他城市的示范的话，经济产业省以及环境省将共同批准该生态工业园区规划。不仅如此，日本中央政府还对地方政府以及民间团体将进行的有利于建设循环型社会的具有先行性的再生利用设施建设项目提供相应的财政补贴。

日本政府从1997年就开始了以生态工业园区构想为中心构建环境城市项目，截至2009年4月，日本全国已经有26个地区获准实施环境城市项目。而这些被批准实施的环境城市项目以及生态工业园已经成为国家的先行试点地区，为日本的循环型社会建设起到了良好的带动作用（表7-1）。

表7-1 日本环境城市项目一览

地区	承认时间	设施名称及内容
札幌市	1998年9月	塑料瓶（稀薄化）设施（经） 废塑料制泊设施（经）
北海道	2000年6月	家电制品回收再利用设施（经） 纸制容器包装回收再利用设施（经）
青森县	2002年12月	焚烧灰、扇贝贝壳回收再利用设施（经） 熔融飞灰回收再利用设施（经）
秋田县	1999年11月	家电制品回收再利用设施（经） 非铁金属回收设施（经） 利用废塑料制造新建材设施（经） 石灰灰、废塑料回收再利用设施（经）
岩手县釜石市	2004年8月	水产加工废弃物回收再利用设施（经）
宫城县栗原市	1999年11月	家电制品回收再利用设施（经）
富山县富山市	2002年5月	混合型废塑料回收再利用设施（经） 木质废弃物回收再利用设施（环） 废合成橡胶高附加值回收再利用设施（经） 难处理纤维以及混合废塑料回收再利用设施（经）
东京都	2003年10月	建设混合废弃物的精细选别回收再利用设施（环）
千叶县、千叶市	1999年1月	环保水泥制造设施（经） 直接熔融设施甲烷发酵气化设施（环—废） 废木材、废塑料回收再利用设施（经） 高纯度金属、塑料回收再利用设施（经） 氧化聚氧乙烯树脂回收再利用设施（环） 建设用废装修材料的回收再利用设施（环）

续表

川崎市	1997 年 7 月	废塑料高炉还原设施（经） 废塑料混凝土棚用嵌板制造设施（经） 烩在龙旧纸回收再利用设施（经） 用氨水将废塑料制成原料的设施（经） PETtoPET 回收再利用设施（经）
长野县饭田市	1997 年 7 月	塑料瓶回收再利用设施（经） 旧纸张回收再利用设施（经）
岐阜县	1997 年 7 月	废轮胎、橡胶回收再利用设施（经） 塑料瓶回收再利用设施（经） 废塑料回收再利用设施（经）
爱知县	2004 年 9 月	镍回收再使用设施（经） 低环境污染高附加值垫（电？）子制造设施（经） 原料废橡胶（未加硫橡胶）材料回收再利用设施（经）
三重县四日市	2005 年 9 月	废塑料高度利用回收设施（经）
三重县铃鹿市	2004 年 10 月	涂装污泥制造堆肥设施（经）
大阪府	2005 年 7 月	使用亚临界水反应的废弃物再制成资源设施（经）
兵库县	2003 年 4 月	废旧轮胎企划回收再利用设施（环）
冈山县	2004 年 3 月	木质废弃物碳化回收再利用设施（经）
香川县直岛町	2002 年 3 月	熔融飞灰再资源化设施（经） 有价金属回收再利用设施（经—新能）
广岛县	2000 年 2 月	RDF 发电、灰尘熔融设施（经—新能、环—废） 聚酯混纺衣料品回收再利用设施（经）
爱媛县	2006 年 1 月	
高知县高知市	2000 年 12 月	发泡材回收再利用设施（经）
山口县	2001 年 5 月	垃圾焚烧灰做成水泥原料的设施（经）
北九州市	1997 年 7 月	塑料瓶回收再利用设施（经） 家电产品回收再利用设施（经） OA 机器回收再利用设施（经） 汽车回收再利用设施（经） 荧光管回收再利用设施（经） 废木材、废塑料制建筑材料制造设施（经） 制铁用成型抑制剂制造设施（经）
福冈县大牟田市	1998 年 7 月	RDF 发电设施（经—新能，环—废） 使用过的纸张尿布等回收再利用设施（经）
熊本县水俣市	2001 年 2 月	瓶子的再使用、回收再利用设施（经） 废塑料复合再生树脂回收再利用设施（经）

注：（经）为日本经济产业省认可项目，（环）为日本环境省认可项目，（经—新能）为经济产业省新能源补贴项目，（环—废）为环境省废弃物处理设施费用补助项目。

7.1.2 以"三件套方式"展开的北九州环境产业战略

1. 北九州环境产业战略的构想背景

由于北九州市克服公害和寻求城市环境改善的努力受到了日本政府和世界各国的高度评价,1990年被联合国地域开发署(UNDP)授予了"环保全球500强"城市的称号,1992年又在巴西里约热内卢召开的"环境与开发国际会议[1]"上获得了联合国的地方政府表彰奖。此后,在2002年的南非约翰内斯堡召开的全球首脑会议上,以北九州市克服公害等的经验和做法为基础来寻求城市环境改善的"为了清洁环境的北九州倡议"的城市会议组织倡议,作为城市环保战略之一被明确记载入联合国的《世界实施文件》中。北九州市还充分利用多年以在"制造业城市"发展起来的产业基础和克服公害的过程中培养积累起来的人才、技术以及先进经验知识等,为了建设北九州市资源循环型社会,制定了"环境保护政策"与"工业振兴政策"并举的独自的区域城市发展的"北九州环境产业战略"。

20世纪90年代初开始,有效地利用北九州市的"产品制造城市"的产业基础和在克服公害过程中培养的人才、技术以及经验做法,成为北九州生态工业园区工程构想的背景。同时,北九州市政府又将"保护环境政策"和"产业振兴政策"两者有机地融合起来,制定了北九州生态工业园区发展规划这一新型的区域发展政策。这就是以环境产业为基础构建"北九州生态工业园区工程"。

"北九州生态工业园区工程"在1997年作为日本第一批环境城市项目被日本政府认定为生态工业园区[2]。因而,北九州市政府从1997年7月就开始着手以北九州市若松区的响滩地区为中心积极开始推进"北九州生态工业园区工程",工程从开始建设到2012年[3]已经超过了15年。北九州市为构建资源循

---

[1] 即1992年在巴西里约热内卢召开的"地球环境峰会"。

[2] 1997年第一批被日本政府认定为环境城市项目的地方共有4处,它们是北九州市、川崎市、长野县饭田市以及岐阜县全县区域。

[3] 北九州生态工业园区的调研为2012年5月实施。

环型经济社会，灵活运用克服公害的经验，制定北九州生态工业园区事业计划，大力发展环境、垃圾资源回收的再生利用产业，并推进实现"零排放的构想"，目前已在北九州市若松区的响滩地区开展了多项资源回收的再生利用事业。2002年8月，北九州市又制定生态工业园区事业第二期计划，不仅展开资源回收的再生利用，还大力发展新型战略，有力地推进了构建资源循环型经济社会的事业进展。从2004年10月开始，又将生态工业园区事业对象扩大到北九州市全市，有效利用现有的北九州市的产业基础设施，面向未来环境友好型社会积极地采取了多项政策措施，有条不紊地开展了北九州市振兴环境产业战略。

2. 环境产业战略实施的三件套方式的特征

"北九州生态工业园区工程"的环境产业振兴战略采用的三件套方式就是市政府分三个阶段进行扶持环境产业的思路，它包括以下三个阶段：(1) 从基础研究开始到技术开发的支持；(2) 实证验证研究的支持；(3) 产业化等综合开展的支持。这就是被称为北九州市"三件套"方式的环境产业战略实施（图7-1）。

北九州市在建设生态工业园区工程的同时，就已经配套开发了"教育及基础研究"、"技术开发及实用化研究"、"产业化"这三部分的功能，这一特征是北九州生态工业园区工程与日本其他地区的同类工业园区的最大不同。

就"教育及基础研究"的第一阶段而言，北九州市建设了北九州学术研究城，引进大学和研究机构。在进行基础研究的同时，在"技术开发及实用化研究"的第二阶段，又建立了实证研究区，开展中试研究以利于技术在第三阶段的"产业化"。另外，为了方便已经实用化的环境技术进行产业化，北九州市又建设了综合环境联合企业和响滩再生利用工业园区，从而形成了环境产业集群的生态工业园区。北九州市政府正在全面地推进以三件套方式为中心展开的环境产业战略方针，目前，已经取得了相应的成效。笔者认为，北九州市的这个生态工业园区工程的环境产业战略的三件套方式构想非常值得我国地方政府在制定自身的城镇化政策中，为了解决产业和环境的双赢问题，去积极进行借鉴和应用推广。

从基础研究到技术开发、产业化为止的综合进行

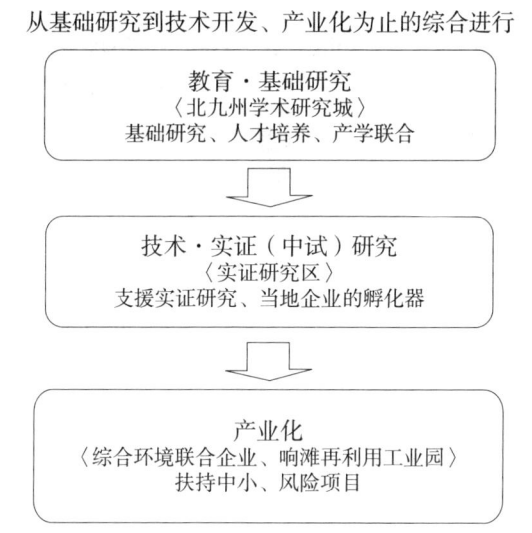

```
┌─────────────────────────────┐
│      教育·基础研究          │
│     〈北九州学术研究城〉     │
│  基础研究、人才培养、产学联合 │
└─────────────────────────────┘
              ↓
┌─────────────────────────────┐
│    技术·实证（中试）研究    │
│        〈实证研究区〉       │
│  支援实证研究、当地企业的孵化器 │
└─────────────────────────────┘
              ↓
┌─────────────────────────────────────┐
│              产业化                │
│〈综合环境联合企业、响滩再利用工业园〉│
│         扶持中小、风险项目         │
└─────────────────────────────────────┘
```

分3个阶段扶持

图7-1　北九州市三件套方式战略图

3. 三件套方式战略的具体实施内容

如图7-2所示，北九州生态工业园区工程的三件套方式的环境产业战略的具体实施主要包括以下三个方面的支柱内容。

第一个支柱内容就是"教育和基础研究"，这是为了确立北九州市环境政策理念，并通过基础研究作为产学合作的据点来培养人才。

"教育和基础研究"是通过与位于周围的北九州学术研究区紧密合作，全面开展环境领域中从"教育和基础研究"到"技术和验证研究"全过程，以及"产业化"等综合性项目的工作。主要承担"教育及基础研究"功能的是2001年开始建设的北九州学术研究城，其重点研究领域是环境和信息。这个北九州学术研究城将北九州市立大学国际环境工学系及研究生院、九州工业大学研究生院生命体工学研究科、福冈大学研究生院工学研究科、早稻田大学研究生院信息生产系统研究科等日本的国立、公立以及私立各所大学以及研究机构集中在一个研究校园内，来综合推进产学联合，同时又开展教学研究。这项第一个支柱内容就是用来支撑生态工业园区的智力和智慧基础。

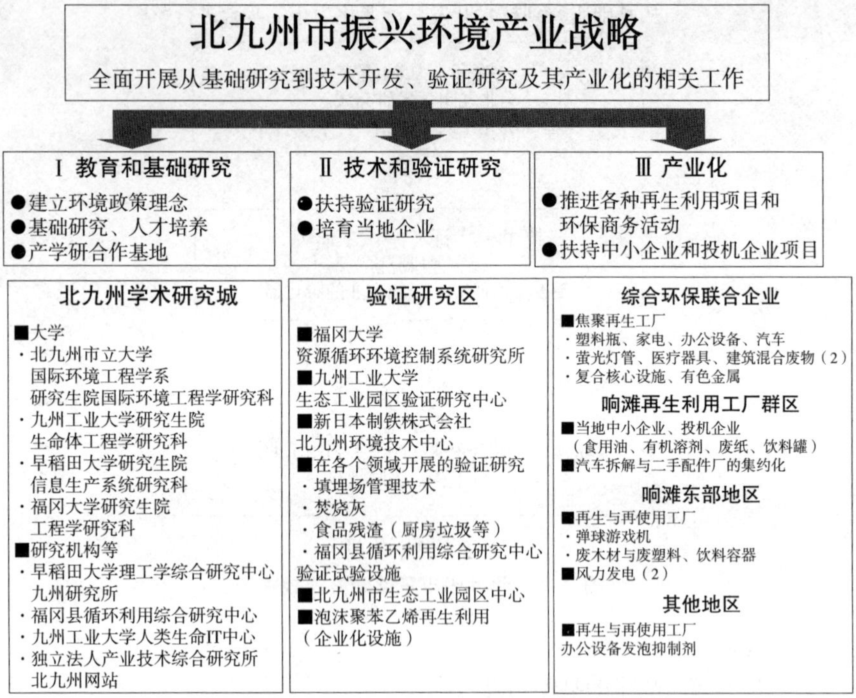

城镇化过程中的环境政策实践

北九州市振兴环境产业战略
全面开展从基础研究到技术开发、验证研究及其产业化的相关工作

Ⅰ 教育和基础研究
- 建立环境政策理念
- 基础研究、人才培养
- 产学研合作基地

北九州学术研究城
■大学
- 北九州市立大学
  国际环境工程学系
  研究生院国际环境工程学研究科
- 九州工业大学研究生院
  生命体工学研究科
- 早稻田大学研究生院
  信息生产系统研究科
- 福冈大学研究生院
  工程学研究科

■研究机构等
- 早稻田大学理工综合研究中心
  九州研究所
- 福冈县循环利用综合研究中心
- 九州工业大学人类生命IT中心
- 独立法人产业技术综合研究所
  北九州网站

Ⅱ 技术和验证研究
- 扶持验证研究
- 培育当地企业

验证研究区
■福冈大学
　资源循环环境控制系统研究所
■九州工业大学
　生态工业园区验证研究中心
■新日本制铁株式会社
　北九州环境技术中心
■在各个领域开展的验证研究
- 填埋场管理技术
- 焚烧灰
- 食品残渣（厨房垃圾等）
- 福冈县循环利用综合研究中心
  验证试验设施
■北九州市生态工业园区中心
■泡沫聚苯乙烯再生利用
（企业化设施）

Ⅲ 产业化
- 推进各种再生利用项目和环保商务活动
- 扶持中小企业和投机企业项目

综合环保联合企业
■焦聚再生工厂
- 塑料瓶、家电、办公设备、汽车
- 萤光灯管、医疗器具、建筑混合废物（2）
- 复合核心设施、有色金属

响滩再生利用工厂群区
■当地中小企业、投机企业
（食用油、有机溶剂、废纸、饮料罐）
- 汽车拆解与二手配件厂的集约化

响滩东部地区
■再生与再使用工厂
- 弹球游戏机
- 废木材与废塑料、饮料容器
- 风力发电（2）

其他地区
■再生与再使用工厂
　办公设备发泡抑制剂

图 7-2 三件套方式战略的具体实施内容

　　第二个支柱内容就是通过"技术和验证研究"来支持环境技术的实证研究，用以发展当地企业。

　　"技术和验证研究"就是设立"实证（中间试验）研究区"。这个实证研究区是将基础研究的技术成果进行向产业化转化的场所。在这里，企业、大学和市政府互相合作，共同开展环保再生利用等各项研究。在实证研究区区内还设有"北九州生态工业园区中心"，该中心是生态工业园接待参观考察的设施，中心内部设有一个展厅展示介绍北九州生态工业园区项目和市内企业的环境项目。第二个支柱的内容就是起到了同时发挥支持环境技术教育和环境技术研究以及环境技术产业化运用的作用。

　　第三个支柱就是将各类回收利用产业进行企业化，大力扶持开展环境经济的中小企业，同时通过支持中心支持风险企业。

在"产业化"过程中,发挥根本作用的核心就是建立了北九州市的"综合环境联合企业"机制。北九州市通过这个"综合环境联合企业"机制,将建设在这里的综合环境联合企业集中性地开展各种再生利用项目,同时促进各再生利用项目之间的互相联合,进而努力实现北九州生态工业园区内废弃物零排放。第三个支柱的内容就是确实地朝着建设零排放"产业化"目标的生态工业园区迈进。

7.1.3 北九州市的生态工业园区概要

1. 北九州生态工业园区工程的特征

北九州市的环境产业发展,最初设想是由于市政府通过疏浚砂土等填海造地工程开辟了2000多公顷的广大土地,因而亟须考虑将如何利用这些土地的问题。北九州市政府在综合考虑了本地配套的各种产业所积累的人才、技术和经验方法,以及拥有充实的产业基础设施,并在应对公害政策制定的过程中所形成的政府与企业联手等北九州市的经济产业特色的基础上,得出了北九州市可以发展环境产业的论证结果。

北九州生态工业园区工程位于北九州市西北部响滩地区填海造地所形成的2000公顷政府土地的部分土地上。生态工业园区内有进行环境和再生利用技术实用化研究的实证研究区以及将再生利用项目工业化的综合环境联合企业区。迄今为止,政府和民间企业的总投资额约660亿日元,其中民间企业的投资约占7成,并为北九州市创造了1300多人的新工作岗位和就业机会等,到目前为止,北九州生态工业园区项目取得了非常明显的成果。

北九州生态工业园区工程主要有以下几个重要特征:

①北九州生态工业园区工程在北九州市的企业、大学以及政府的相关部门强有力的协调下开展工作。

②园区临近北九州市原有工业企业聚集地和学术研究区。

③园区内可提供利用广阔而又廉价的土地。

④园区内可处理较大区域内的产业废弃物和普通垃圾,并进行资源回收。

⑤通过与园区内的各个企业、复合核心设施、市内的再生企业以及区域内

城镇化过程中的环境政策实践

管理型处置场[1]的合作,可以安全可靠地为废弃物的处理提供保障。

⑥市政府努力公开园区内的相关信息,加强与居民之间有关风险方面的信息交流。

⑦园区内推进市政府相关部门的一条龙服务,让行政手续简便而且迅速。

⑧在日本政府给予生态工业园区相关补贴之外,北九州市政府也为进入园区内的场地费用拨出了专项补贴。

⑨北九州市在确保作为原料的废弃物回收量和再生制品的利用方面提供帮助和支持。

⑩北九州市还制定了环境未来技术开发开放补助金制度,扶持环境领域的验证研究、社会系统研究以及各种可行性研究。

2. 北九州生态工业园区的工程内容和取得成果

正是因为北九州市是日本传统的制造业产业基地城市,所以需要发展环境产业正面地解决回收废弃物再转换为原料的问题,而这些制造业在产业发展中积累了丰富的经验和技术力量,又使得北九州市有能力去发展基于环境产业的未来城市。

北九州生态工业园区工程的园区内包括验证研究区和综合环境联合企业。目前,北九州生态工业园区工程在园区内展开的工作主要由以下三部分内容组成。

①在验证研究区内将企业、行政部门、大学联合起来,集中最尖端的废弃物处理技术和循环利用技术等研究机构来进行验证研究,努力使园区内成为开发环境技术的基地。

②综合环境联合企业是进入园区内的环保企业开展产业活动的区域。通过环保企业之间的相互合作,努力实现园区内的零排放,打造开发成北九州市的资源循环型产业基地。

③同时,在综合环境联合企业的工业园区附近,还建设了称之为"响滩再生利用工业园区"租赁给在北九州市内的中小型企业。北九州市政府的政策就是将已经"七平一通"后的土地长期租借给这些企业,支持中小企业在环境领域的发展,而市内中小企业等在这里推进环境相关的各种各样的再生利用项目

---

[1] 该管理型处置场是北九州市为了卫生处理废弃物的最终填埋场之一。

第七章 北九州生态工业园区政策实践

和技术的产业化。

在推进北九州生态工业园区各项事业发展的同时,北九州环境城市项目也取得了很大进展。首先,北九州环境联合企业推进项目,在"北九州环境联合企业"的构思下,实现了在本地区内的节能目标,有效地促进了废弃物及其副产物的资源循环再生利用。同时,在开展新型经济的同时,北九州环境城市项目也引进了一系列新兴产业。其次,北九州市设立了环境附加价值奖励项目,即"ECO-PREMIUM 产业"创造事业,从环境负荷低,附加值高的市内商品以及技术产业中选取北九州 ECO-PREMIUM 产业,提升市内产业界的环保意识。并每年都评选出北九州市环境奖金获得者,促进北九州市企业行动起来保护环境。第三,开展"环境行动 21"[1]的活动。通过活动以市内的中小企业为主要对象,来认证登记支持的环境项目。实施 ECO-ACTION21 认证登记支持的目的是为了提升企业的环保意识。最后,北九州市还积极开展中日循环型城市合作事业[2],通过中日 ECO-TOWN 合作事业,中国可以学习到北九州生态工业园区项目事业的各种经验和技术。该事业作为北九州市的跨国合作项目,正在帮助我国的青岛市和天津市进行循环型城市的构建工作。

与此同时,北九州市还加强了生态工业园区内的中心办公楼建设,用以加强环境普及和环境教育。2001 年 6 月建成了中心的主楼,2003 年 7 月又建成了中心的配楼,其功能在于作为生态工业园区整体的核心设施,接待来考察参观生态工业园区的访问者。同时,还作为环境教育的场所,起到支持验证研究区的研究活动的功能。主楼用以展示介绍在生态工业园区内的企业和研究机构的情况以及相关的环境技术和再生利用技术以及产品,配楼用以展示介绍市内环境企业的技术和产品。

截至 2010 年,北九州生态工业园区内已经有 16 家实证验证研究设施及 28 家企业正式开展企业活动。从 1998 年开始到 2010 年,北九州生态工业园区内参观考察的人数已经累计超过 100 万人次,每年实现 38 万吨的二氧化碳减排量。这里已经成为日本最引人注目的生态工业园区。

---

[1] 北九州市的"环境行动 21",英文为:ECO-ACTION21。

[2] 中日循环型城市合作事业名称为:中日 ECO-TOWN 合作事业。

7.2 环境联合企业与振兴北九州市循环型社会的产业

7.2.1 北九州市的"环境联合企业构想"

1. 环境联合企业构想的特征

北九州市为了方便已经取得实用化的环境技术进行产业化推广，在北九州生态工业园区内建设了综合环境联合企业群和响滩再生利用工业园区，从而形成了一个环境产业集群的生态工业园区。同时，北九州市还提出了环境联合企业构想的理念（表7-2）。

表7-2 环境联合企业构想的理念概要

环境联合企业构想的理念		
资源、能源利用从工厂内最优化到地区最优化，从而实现整个城市的资源、能源消费量最小化		
△工业间相互利用能源、副产品（废弃物） △和生活圈的协作		
预期效果		城市整体实现资源、能源循环，为改善全球变暖做出贡献
^		降低能源成本，增强工业的国际竞争力，有助于改善工业的空洞化
^		创造新能源产业等新的产业
^		给临海部的既有工业地带来活力
开展项目（例）		利用已有工业基础设施实施副产物（废弃物）的适当处理，再生再利用
^		石膏板、煤炭灰用于炼铁工艺事项再生利用
^		活用工厂未利用余热向生活圈供热
^		活用已有产业附带产生的氢供给潜力
^		进行氢/燃料电池实证项目
成功项目		将新日铁八幡炼铁所产生的未利用能源（电力、蒸汽、再生水、建筑物）提供给九州造纸，造纸厂回收利用旧纸张时产生的造纸污泥作为炼铁工艺的辅助材料加以活用
^		从三井矿山CDQ（焦炭干式灭火设备）1号机向保田松下电工提供蒸汽

该环境联合企业构想的最大特征就是从环境理念出发，在资源和能源的利用方面解决从"工厂内最优化"的模式转变为"地区最优化"的模式。并通过各工业企业之间的相互利用资源和能源的副产品和废弃物以及与居民生活圈相密切的合作，实现北九州市的整个城市资源能源的消费量最小化。"地区最优化"的模式正在北九州市的四个地区展开实证试验，目前，参加的企业已经有17家。

2. 形成在生态工业园区内互相联合的合作机制

北九州市在展开环境产业事业化的同时，还开展通过各项事业之间的相互合作来达到实现零排放型为目的的环境产业联合企业群，以此来促进北九州生态工业园区成为资源环境产业的基地。

具体实证研究所形成的合作机制就是在一个区域内集中各种再生利用产业，这非常有利于企业之间的合作。北九州生态工业园区内有许多这方面合作的运用事例，譬如办公设备再生利用工厂在复印机解体时拆下来的荧光灯管由荧光灯管处理工厂进行处理，建设废材料再生利用工厂排出的废木屑在废木材再生利用工厂（甲板木材制造）进行有效利用等。即使是从企业自身的角度出发，如果在园区内的废弃物和资源化物能够相互利用，其运输成本也会大幅减少，同时各企业之间可以面对面进行交易，这样还会带来相互之间的安心感。

特别是 2005 年，以热能回收项目为中心的废弃物发电复合核心设施建成，此后，即便是不能再生利用的灰烬残渣也可以得到妥善处理，最终在园区内实现了环境联合企业内的零排放。而这个复合核心设施发出的电力可以再卖给周围的再生利用企业，双方向解决了再生利用的残渣处理和电力供给的问题（图 7-3）。

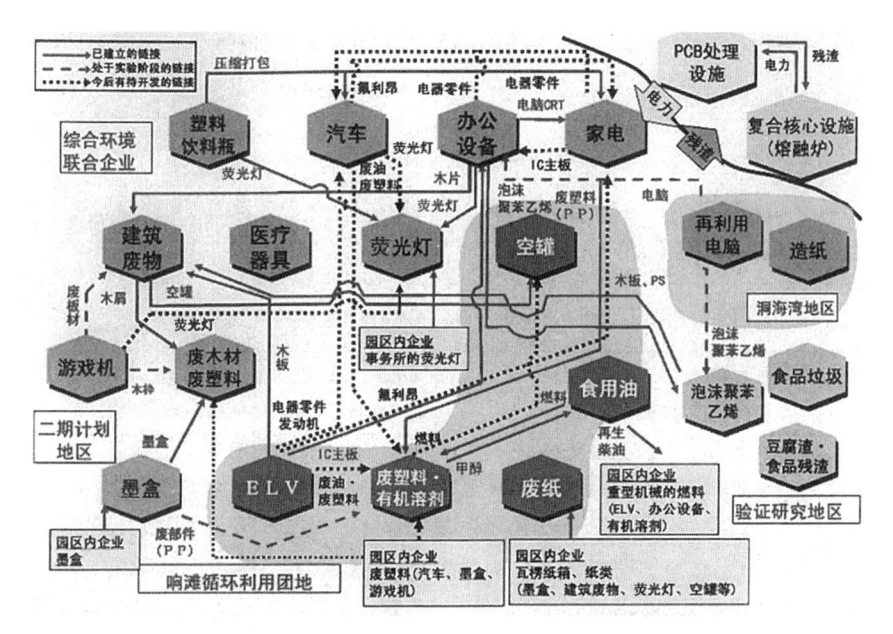

图 7-3 各种再生利用产业之间的合作机制

在这一合作机制下已经尝试形成的各种再生利用产业之间的具体合作事例如表7-3，目前，北九州生态工业园区内的互相联合的合作机制还在不断地完善过程中。

表7-3 各种再生利用产业之间的具体合作事例

序号	产品	排放企业	接受企业	合作形式		备注
1	冰箱的架子板（PP）	家电处理厂	废塑料和有机溶剂	有价	A	打碎以后再作为产品出厂
2	木屑	建筑废弃物	废木和废塑料	有价	B	打碎以后再作为产品出厂
3	生物柴油再生燃料	适用油	各公司	有价	B	柴油替代燃料作为产品出厂
4	再生荧光灯管	荧光灯管等	各公司	有价	B	作为产品出厂
5	再生甲醇	废塑料和有机溶剂	食用油	有价	B	作为柴油燃料的原料
6	汽车内的IC线路板	汽车	办公设备	有价	B	分类后出厂，到一定量以后有价
7	塑料袋	塑料瓶	家电和汽车等	有价	A	梯级利用
8	游戏机台的木框	游戏机	废木和废塑料	有价	A	*试验性实施
9	木制托盘	汽车	建筑废弃物	无偿	A	产品保管仓库内的木架
10	缓冲用泡沫聚苯乙烯	办公设备	发泡	无偿	A	
11	空易拉罐	建筑废弃物	空罐	无偿	A	混入拆卸碎物中的东西
12	包装用瓦楞纸和废纸	各公司	废纸	无偿	A	
13	复印机内的荧光管	办公设备	荧光灯管	处理	A	作为光源的荧光灯管
14	木制扩音器	办公设备	建筑废弃物	处理	A	
15	工厂内的荧光灯管	塑料瓶等	荧光灯管	处理	A	
16	木制托盘	泡沫	建筑废弃物	处理	A	
17	游戏机的规板	游戏机	建筑废弃物	处理	A	*试验性实施
18	PS块	泡沫	建筑废弃物	处理	C	处理工艺中发生的
19	个人电脑的CRT监视器	办公设备	家电	处理	C	在电视拆卸线上处理

3.综合核心设施的作用

以生态工业园区内企业的再生利用,利用所产生的残渣和汽车的轧碎铁屑为中心,进行产业废弃物的正确处理。同时,再利用处理过程中产生的热能发电,将电力提供给生态工业园内的其他企业。以此为中心形成了开展有关环境保护产业化项目的区域。各个企业之间的这种相互协作的机制,确实地推进了北九州生态工业园区内的零排放型环保产业联合的产业化过程,并成为资源循环的基地。其起到核心作用的就是建造了综合核心设施(图7-4)。

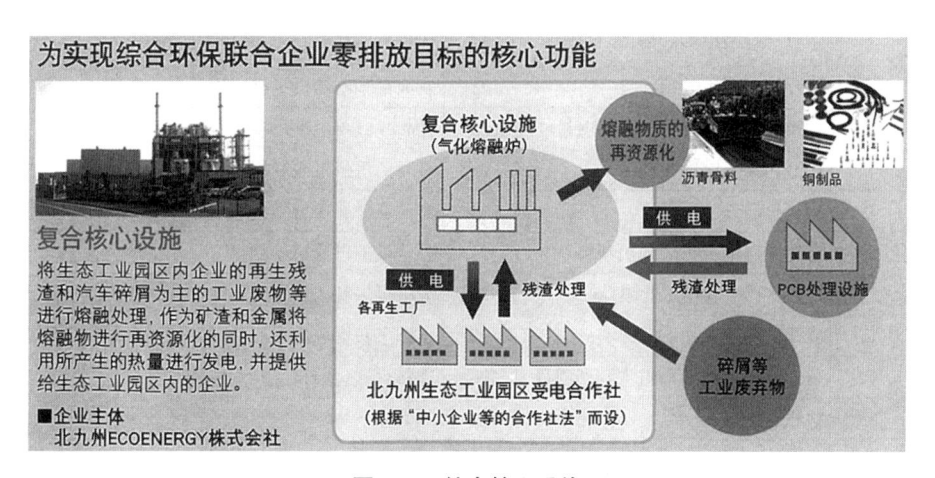

图7-4 综合核心设施

该综合核心设施于2005年开工,其每天的处理能力为利用废弃物320吨,同时综合核心设施能够提供的电力发电量为14000千瓦[1],实施单位和经营母体是北九州环保能源株式会社。

7.2.2 资源循环基地的产业化设施的具体事例

1.资源循环基地的产业化设施

目前,北九州市已经有28家产业化设施分别设置在综合环境联合企业

---

[1] 包括综合核心设施自身的耗电3300千瓦。

区、响滩再生利用工业园和响滩东部地区以及其他地区的资源循环基地（表7-4）。

表7-4 资源循环基地的产业化设施

综合环境联合企业区		响滩东部地区—其他地区	
1	废饮料瓶再生利用项目	16	"扒金宫"机器再生利用项目
2	办公设备再生利用项目	17	风力发电项目（1）
3	汽车再生利用项目	18	风力发电项目（2）
4	家电再生利用项目	19	废木材、废塑料再生利用项目
5	荧光灯管再生利用项目	20	饮料容器再生利用项目
6	医疗用具再生利用项目	21	发泡聚苯乙烯再生利用项目
7	建设混合废弃物再生利用项目	22	食品残渣再生利用项目
8	PCB污染土壤净化项目	23	自动销售机再生利用项目
9	复合核心设施	24	污泥及金属等再生利用项目
10	有色金属综合再生利用项目	25	办公设备再使用项目
响滩再生利用工业园		26	废纸再生利用及炼铁用加工抑制剂制造项目
11	食用油再生利用项目	27	熔融飞灰资源化项目
12	洗净液、有机溶剂再生利用项目	28	塑料容器包装再生利用处理项目
13	废纸再生利用项目		
14	废易拉罐再生利用项目		
15	汽车再生利用项目		

2.综合环境联合企业区的具体事例

①塑料瓶再生利用项目：按照"容器包装回收再生利用法"的规定，对市町村分类收集的塑料瓶进行再生利用加工，生产出用于聚酯纤维、鸡蛋包装容器等原材料的再生利用塑料瓶颗粒/薄片。企业主体：西日本塑料瓶循环利用株式会社。

②办公设备再生利用项目：将报废的复印机、传真机、打印机以及电脑等办公设备进行拆卸，回收新设备用的零部件和塑料、铝、铁等并进行再生利用。企业主体：株式会社 RecycleTech。

③汽车再生利用项目：系根据"汽车回收再生利用法"所开展的汽车拆

解项目。受汽车厂家的委托，进行细致的拆解工作，将拆解后的废汽车作为钢铁原料投放到转炉等，进行高级循环利用。已取得"全部再资源化认定"（汽车回收再生利用法第 31 条认定工厂）。企业主体：西日本汽车循环利用株式会社。

④家电再生利用项目：按照"家电回收再生利用法"的规定，通过对空调、电视机、冰箱、洗衣机等废旧家用电器进行细致的拆卸与分选，回收铁、铝、铜、塑料等，并进行再生利用的资源使用。

⑤荧光灯管再生利用项目：从企事业单位和一般家庭淘汰下来的废荧光灯管中分选出水银、玻璃、金属、荧光体等，进行循环利用。另外，还用 OEM 的生产委托方式，生产再生利用荧光灯管。企业主体：株式会社 J-RELIGHTS。

⑥医疗器具再生利用项目：将医疗器具进行粉碎、高频处理并分选后，生产出收集容器。另外，还成为固体燃料或水泥原料得以再生利用。企业主体：麻生矿山株式会社、北九州事业所、北九州 ECONOVATE 响滩事业所。

⑦建筑混合废物再生利用项目：对建筑拆卸现场产生的混合废物，通过人工和机械分选出"砖瓦"、"木材"和"金属"等，再进行再生利用性使用。另外，还进行废石膏板和废木材的再生利用处理。企业主体：株式会社 NRS。

⑧有色金属综合再生利用项目：将废家电和废汽车等散热器、电子基板、被覆铜线等通过独特的分选处理生产线，将各种金属分选回收，并作为优质的有色金属原料提供给原材料加工企业等。企业主体：日本磁力选矿株式会社。

⑨PCB 污染土壤净化项目：对由于 PCB 多氯联苯等受到污染的土壤进行加热，蒸发污染物质，将污染物质从土壤中去除，然后利用水蒸气对从土壤中蒸发出的污染物质进行分解，通过以上程序对污染土壤进行净化。目前，在日本 PCB 多氯联苯相应的处理设施只有在北海道室兰、东京都江东区、爱知县丰田市、大阪市以及北九州市这 5 个设施进行处理（图 7-5）。企业主体：株式会社 Geo steam。

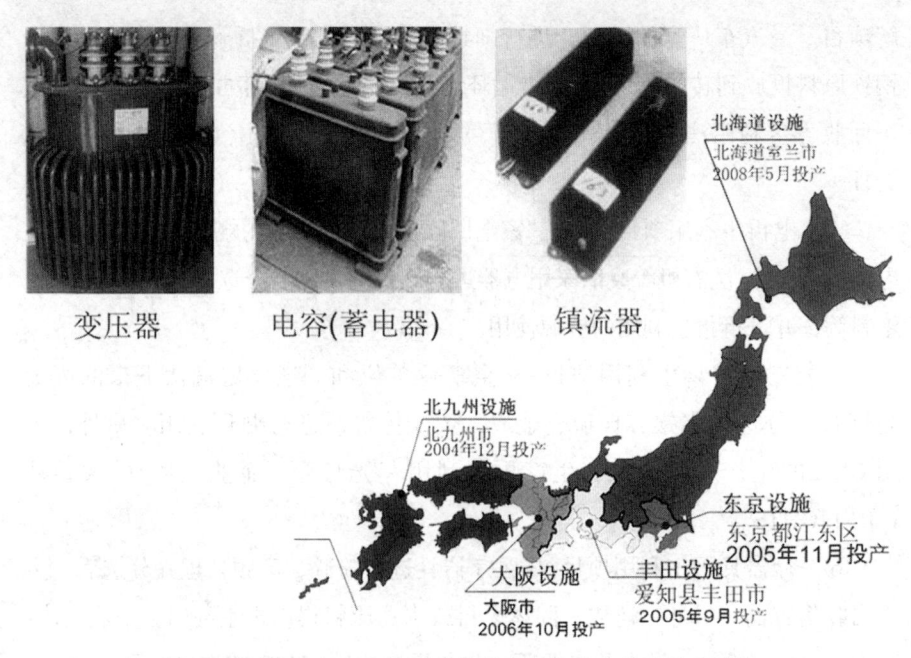

图 7-5 使用 PCB 多氯联苯的代表性机电产品和处理设施

3. 响滩再生利用工业园区

在响滩再生利用工业园区内，北九州市政府将平整后的土地长期租给中小企业，以利于扶持中小企业在环境领域的发展。

①汽车再生利用区域：由分散在城区内的 7 家汽车拆解厂集体搬迁而组成的厂区。这是日本全国首个共同合作推进项目。这样可以实施更加合理、有效的汽车循环再生利用。目前，已取得"全部再资源化认定"（汽车回收再生利用法第 31 条认定工厂）。系北九州市的中小企业基础建设机构的高级化项目。企业主体：北九州 ELV 合作社。

②新技术开发区域：北九州市的中小企业和风险企业充分利用自己独创的先进技术开展各种再生利用的使用项目。

③食用油再生利用项目：将食品工厂等排放出来的废食用油作为原料，加工成为建筑用涂料的原料、饲料以及柴油替代燃料等。企业主体：九州·山口油脂事业合作社。

④清洗剂和有机溶剂再生利用项目以及塑料油化再生利用项目:将用于半导体零部件的清洗剂和精制化学以及医药品时所产生的有机溶剂蒸馏制造出高纯度的再生利用品。另外,还设有将废塑料进行油化,从而提取重油的装置。企业主体:高野兴业株式会社。

⑤废纸的铺草替代品再生利用事业:将家庭和企事业单位排放出来的废纸粉碎,再生利用为家畜用的铺草替代品等。企业主体:株式会社西日本纸张循环利用。

⑥饮料罐再生利用项目:用铁饮料罐和铝饮料罐生产出可直接再制罐的高纯度和高质量的铁颗粒和铝颗粒。企业主体:株式会社北九州饮料罐循环利用站。

4. 响滩东部地区

北九州市政府在响滩东部地区将平整后的土地长期租给各个企业,用以扶持企业在环境领域的发展。

①风力发电项目Ⅰ:这是在日本首创的在港湾地区设立的风力发电项目。目前,其发电能力为 10 台装机容量 1500 千瓦的风力发电机,是西日本地区规模最大的。现在,其发送电力已经出售给九州电力公司。企业主体:株式会社 NS WINDPOWER 响滩(Hibiki)。

②风力发电项目Ⅱ:这是一个平均每台的发电功率为 1990 千瓦的风力发电项目,其电力出售给九州电力公司。企业主体:株式会社 Tetra Energy Hibiki。

③弹球游戏机再生利用项目:对已经被游戏厅淘汰出来的弹球游戏机和弹球式自动赌博机进行细致分选,回收再使用的零部件、金属和木屑等。企业主体:株式会社 YUKORIPRO。

④废木材和废塑料再生利用项目:将废木材与废塑料混合在一起,制造出耐水性与抗气候性强的建筑材料。企业主体:株式会社 ECOWOOD。

⑤饮料容器再生利用项目和自动售货机再生利用项目:将可口可乐公司的空饮料罐和报废的自动售货机按照铁、铝等材料进行分选,作为再生利用原料提供给厂家。企业主体:Coca-ColaWest 株式会社。

⑥污泥、金属等的再生利用项目:利用自主研发的"调合"技术,从各种各样的工业废弃物的产生物中,提取制造出质量稳定的水泥原料和金属原料。企业主体:Amita 株式会社北九州循环资源制造所。

5.其他地区

①办公设备再利用项目:收购在租赁公司、企业及政府机关里已经不再使用的办公设备。主要为电脑,经过检查、消除数据、去污等工序后,卖给二手电脑店等地。企业主体:株式会社 ANCHOR 网络服务,所在地:八幡西区阵原。

②废纸再生利用项目和炼铁用发泡抑制剂制造项目:将废纸作为原材料生产出卫生纸。利用其生产过程中产生的造纸污泥,加工成炼铁用的发泡抑制剂。企业主体:九州制纸株式会社。所在地:八幡东区前田洞冈。

③塑料容器及包装的再生利用处理项目:对普通家庭中产生的容器及包装塑料进行筛选、粉碎、清洗、颗粒化等,制造出用于托盘及衣架等原料的塑料粒。企业主体:今永株式会社。所在地:门司区新门司。

④焚烧飞灰资源化项目:这是从以前多用来填埋处理的废物熔炉的焚烧飞灰中分离并回收锌、铅、铜等金属资源的再生利用项目。企业主体:光和精矿株式会社。所在地:户畑区大字中原。

7.2.3 北九州新一代能源园区的设想

北九州市正在实施将太阳能发电、风力发电、生物乙醇和废弃物发电[1]等整合作为下一代能源园区的构想。

北九州市的新生能源产业,由市政府进行城市的土地整备,并通过给企事业单位长期贷款,用以支持中小企业在新生能源产业的环境领域中发展。在2007年,北九州市经中央政府的经济产业省批准,获得了日本"下一代能源园区"第一号认证。同时,北九州市作为环境模范城市也正在加速建设下一代能源园区,并积极地推进新型产业发展的引领型项目[2]的"产业示范"。而北九州下一代能源园区设想的最大特征就在于使北九州市实现"能源阶梯式利用"和"材料循环式利用"。

---

[1] 即前述的北九州生态工业园区内的综合核心设施。

[2] 产业发展的引领型项目,英文为:Leading Project。

1. 什么是北九州市的能源阶梯式利用？

北九州市的"能源阶梯式利用"就是在北九州市的工厂所产生的余热必须要实现利用的可能性，这样就可以在以下四个地区削减约 13 万吨二氧化碳。（1）小仓地区：回收炼铁滚轧工厂的蒸汽余热，并将其提供给现有的各项供热项目；（2）东田地区：回收炼铁加热炉排放的蒸汽热，并将产生的蒸汽提供给东田地区用于供热和制冷；（3）若松地区：在焦炭炉上安装 CDQ 热回收装置，并将产生的电力和蒸汽提供给周边企业；（4）黑崎地区：与市清扫工厂合作共享蒸汽，这样就可以连接现有的供热项目。

北九州市为实现上述能源阶梯式利用，目前所面临的还有以下五个课题亟待进一步解决。（1）如何降低配置管道的费用；（2）如何研究最佳排热利用的方法；（3）如何保障各种信息的安全；（4）如何确保能源阶梯式利用的经济激励方式；（5）如何调整与各相关利害方的关系。

北九州市为了确保能源阶梯式利用，针对以上亟待解决的问题点，在目前提出的解决方案中所采取的政策和措施包括了五个方面：（1）优化北九州市的城市基础设施；（2）确保能源阶梯式利用的最低供热需求；（3）制定相关的信息保密政策；（4）给予相关参与各方必要的经济激励；（5）缓和能源阶梯式利用的规章制度。

关于未来北九州地区联合企业的能源系统整合，目前的技术研究重点侧重于实现以下三个方面：（1）研究为实现排热回收型能源配管的干线化所采取的措施与技术；（2）研究为实现供热需求的高密度集聚化所采取的措施与技术；（3）关于代替热输送配管的能源输送方法的研究。

2. 什么是北九州市的材料循环式利用？

北九州市的"材料循环式利用"就是如何提高北九州市的各种废弃物为中心的具体副产物的利用可能性，包括以下六个方面。

①水泥的"材料循环式利用"：（1）来自接收方的可能性：废塑料和废燃料油的利用；作为原料的污染土壤等；（2）来自排放方的可能性：传送带的橡胶皮带等。

②钢铁和焦炭的"材料循环式利用"：（1）来自接收方的可能性：石膏板的原料；废塑料、生物质原燃料等；（2）来自排放方的可能性：残渣、作为路基材

料的石炭灰等。

③玻璃、耐火制品和陶瓷器的"材料循环式利用":(1)来自接收方的可能性:废玻璃原料;耐火物品原料的聚氨酯泡沫等;(2)来自排放方的可能性:耐火砖、原料陶器碎片等。

④化学的"材料循环式利用":(1)来自接收方的可能性:可燃物、油、溶剂等燃料;作为中和剂的硫酸等;(2)来自排放方的可能性:作为有价物质回收的废酸和废碱。

⑤电子和电气机器的"材料循环式利用":来自排放方的可能性:废氯乙烯原料;玻璃碎片原料;废油燃料等。

⑥现有再生利用行业:来自接收方的可能性:燃烧后的残渣、作为路基材料的污泥;废涂料、聚氯乙烯等废塑料的原料;研磨剂、研削剂的再生利用使用;废溶剂的再生利用使用等。

北九州市为实现上述材料循环式利用,目前所面临的课题有以下六个方面:(1)如何在确保材料品质的基础上提供循环资源;(2)如何保障信息的安全;(3)如何确保整体调配资源循环的人才;(4)如何扩大更广泛的合作;(5)如何给予适当支持援助,使其成为资源循环型生产基地;(6)如何适当处理再生利用使用后的残渣。

北九州市实现"材料循环式利用"的今后研究方向主要侧重于以下两个方面。(1)完善资源循环信息交流中心:A.提供交流有关资源材料循环信息的场所;B.提供资源材料循环中介,配置资源材料的鉴定人才。(2)为促进资源循环所采取的对策包括以下三点:A.进一步采取从废弃物处理开始一直到循环利用为止的对策;B.建设生态和联合企业特区的可能性研究;C.最重要的是必须确立在动脉产业中,再资源化事业的这种静脉产业的地位。

7.2.4 北九州市实证研究领域的展开

北九州市通过企业、政府、大学的合作,聚集了利用最先进的废弃物处理技术和回收再生利用技术进行实证研究的单位,这个目标是为了使北九州市成为日本的环境关联技术开发的基地。

1. 北九州学术研究城的设立

在北九州学术研究城里,日本的国立、公立以及私立的大学、研究生院与研究机构集聚在一个校园,通过相互密切协作,以"环境"与"信息"为两大课题,开展各种研发活动和培养未来人才方面的工作。目前,已经展开的相关环保的课题研究事例有:(1)开发环境友好型的用以节水式的灭火剂;(2)设立了九州二甲醚(DME)研究会;(3)汽车用轻质高级零部件加工技术研究会;(4)北九州薄膜太阳电池研究会;(5)北九州市3R技术提高研究会等。

2. 北九州市的验证研究区

北九州市通过企业、行政部门及大学的密切协作,把验证研究最尖端的废弃物处理技术、再生利用使用技术的机构集中在一起,努力把北九州市打造成为环境相关的技术开发基地。目前正在验证研究区展开的有以下10个研究。

①福冈大学资源循环和环境控制系统研究所:本研究以建设资源循环型社会为目标,由企业、大学及行政部门共同研究有关废弃物处理和再生利用使用以及环境污染物质的合理控制的技术应用。

②新日铁工程技术株式会社北九州环境技术中心:本研究与国内的大学、研究机构及企业联合,广泛开展对难以处理的物质的合理处理技术以及地球变暖对策技术等有关环境方面的课题研究。

③九州工业大学生态工业园区验证研究中心:展开以食品废弃物为原料创造生物塑料的验证研究,以及将使用后生物塑料进行化学循环利用的验证研究。

④北九州生态工业园区中心废弃物研究设施:该设施系为有关废弃物最终处理等各种研究工作提供方便的租赁式研究设施。这里也是日本第一个有关废弃物处理场的环境学习设施,它可以作为环境学习的场所利用。

⑤生物物质等热分解验证研究

⑥渗出液的无溢出型填埋系统开发研究

⑦石棉瓦无害化验证研究

⑧复合金属再生利用使用验证研究

⑨生物塑料制造验证研究

⑩废弃物清洗系统验证研究

其他验证设施:污染土壤分析相关验证研究和食品残渣再生利用使用相关研究等。

3. 其他实证研究区域

①泡沫聚苯乙烯再生利用项目研究:将鱼箱、缓冲材、食品托盘等用过的泡沫聚苯乙烯粉碎后,进行远红外线的处理等。生产出用于土木和建筑等轻量骨料材料的颗粒以及塑料成型品的原料颗粒等再生利用原材料。企业主体:西日本泡沫聚苯乙烯循环利用株式会社。

②食品废弃物再生利用项目研究:对食品工厂、医院、餐馆、地方政府等食堂产生的食物残渣以及含有水分的垃圾进行现场的一次发酵后,将一次发酵物运往北九州生态工业园区,并在园区内经过二次和三次发酵以后,制成成熟堆肥进行再生利用。企业主体为乐株式会社。

7.2.5 面向环境产业的政策性支持与政府作用

世界任何国家培育像再生利用这样的环境产业和新兴产业,进一步让产业融入现代经济社会,如果完全按照市场机制进行是完全不可能的。再生利用这样的环境产业需要各国政府部门在提供政策支持的同时,还需建立一个社会系统来扶持这个市场的发展。

1. 北九州市的政策性支持

首先,就日本的财政支持而言,日本政府对于先导性的再生利用项目提供补贴制度,对再生利用这样的环境产业工厂的建设费用最多可以给予二分之一的补贴。同时,北九州市政府又制定了最大10%的补贴制度,来推进再生利用这样的环境产业工程的建设。此外,北九州市还有对引进再生利用设备给予政策性融资以及税收优惠措施等。

北九州市在硬件基础设施建设方面,市政府建设了道路、上下水管道、港湾设施,确保了企业的租用土地。北九州市在软件方面,市政府还帮助企业申请国家补贴，帮助企业和融资机构协调，开展宣传活动。对周边市町村进行宣传，要求居民实行垃圾分类排放，同时，还与产业化研究会协调，为研究开发提供必要的废弃物。市政府还向本地居民进行说明，寻求居民支持的同时，又建立了一站式服务窗口简化手续等等，提供各种各样的政策性支持。

特别是家电再生利用工厂，从投产开始到《家电回收法》颁布施行为止的一年当中，市政府将市内回收的大型垃圾中的废旧家电四个品种搬运到家电再生利用工厂，为试验性实施再生利用项目等提供支持。在这个试验性实施过程中，不仅学习到了再生利用技术，建立了费用体系和物流系统，还为正式投产做好了充分的准备。

被称为静脉产业的再生利用产业与动脉产业相比在原材料的采购和再生利用产品的销售等方面具有很高的不确定性，为了再生利用产业能正常进行商务活动，按照市场原理以民营企业为主导开展商务。同时还需要市政府建立一个社会系统，提供政策扶持来解决遇到的各种各样的课题。因此在发展再生利用产业方面，民营企业的主导作用和政府部门的扶持作用是密不可分的。

2.对北九州生态工业园区的政策性支持事例

对北九州生态工业园区的政策性支持主要表现在以下五个方面（表7-5）。

①保证收集企业单位（入口）和再生利用产品的销售单位（出口）：首先，按照国家的法律条文相结合，积极支持企业开展大范围的业务；其次，由本地的钢铁、水泥、化学等动脉企业等积极支撑来展开再资源化。

②积极引进民间技术：首先，加强产官学的强有力的合作；其次，通过环境未来技术开发补助制度推进开发研究。

③对北九州生态工业园区的投资额为600亿日元。其中，国家为117亿日元，北九州市为61亿日元，民间企业为426亿日元。

④向居民公开所有信息，积极推进与居民之间的双向风险沟通。

⑤建设北九州市物流系统体系，以建设响滩集装箱码头和建设再生利用港为中心，积极建设物流系统体系。

表 7-5 入驻北九州生态工业园区的支持制度

企业选址相关的补助金		研究开发相关的补助金	
名称	国际物流特区企业集成特别补助 ※2011年4月以后的补助项将有所变化	名称	环境未来技术开发补助金
选址条件	2008年4月1日—2011年3月31日期间在特区活性化重点区域内开始新建和扩建，或者签订了租赁合同并于2012年3月31日之前开业	对象人员	①实证研究：在北九州生态工业园区的实证研究区域内开展研发活动，或者有充分的理由不在实证研究区域内实施研究活动，在市内开展实证研究的情况 ②社会系统研究：在市内设有办公地点（含研究机构）的企业，或者与市内企业一起主要在市内进行研究开发的人员 ③FS研究：在市内没有办公地点（含研究机构）的企业，或者与市内企业一起进行研究开发的本市人员
行业条件	制造业等（含再生工业设施）		
投资条件	大企业 5亿日元以上 中小企业 2.5亿日元以上	对象领域	验证研究	有关废物处理、循环利用技术、环保技术、环境友好型产品开发技术、新能源及节能技术等环境技术的研究开发
新雇用条件	制造业 10人以上 非制造业 5人以上		社会系统研究	以实现循环型经济社会以及低碳社会为目标，对环境产业发展过程中至关重要的原材料确保及物流等社会经济体系进行研究开发
补助率	①自购： 【新建】含用地费的设备投资额的5% （购买市属产业用地时为10%） 【扩建】含用地费的设备投资额的3% （购买市属产业用地时为6%） ②租赁： 年租金的1/2（只限第一年）	补助率	FS研究	作为验证研究的先行阶段，对技术内容、市场性以及经济性等进行的调查和研究
			①以市内的中小企业为中心进行研究时，或者位于市内的教育研究机构以及市内的中小企业共同进行研究时，不超过对象经费的2/3 ②上述以外的情况，不超过对象经费的1/3（重点领域不超过1/2）
上限额	上述①②的总额为10亿日元	上限额	①验证研究：2000万日元/年（最长3年） ②社会系统及FS研究：200万日元/年

7.3 北九州生态工业园区今后的发展方向

7.3.1 低碳、资源再循环、自然共生的城市公共政策实践

北九州生态工业园区工程是以促进再生利用工厂的布局为中心开展的环境产业项目。但是,自从2000年日本政府制定了《循环型社会形成推进基本法》以后,不仅要求资源进行再生利用,还要求资源进行再循环以及减量化,即要求实施推进3R活动的环境政策。

北九州市结合了日本政府以上的发展政策和形势,市政府对生态工业园区工程政策做了一些重大的调整,并且也扩大了生态工业园区项目的工程内容,进一步形成了资源再循环的新政策机制。北九州市在响滩地区,不仅开展了实现低碳社会的能源措施,同时还致力于生态产业园区项目和自然再生领域的工程。北九州市顺应环保时代的潮流,正在积极推进"低碳"、"资源循环"、"自然共生"这三大要素均衡的公共政策实践。(1)"低碳"是指北九州下一代能源产业园区;(2)"资源循环"是指北九州生态工业园区;(3)"自然共生"是指在北九州实现绿色走廊。关于实现北九州市"自然共生"的绿色走廊的意义就是北九州市将位于响滩填埋地区中心的垃圾填埋场建设成为"绿色基地",在这里大片的土地将变为绿洲,努力营造野生鸟类、植物和昆虫等各种动植物繁衍生息的环境,构建与自然共生的北九州的绿色走廊社会。

1. 将北九州生态和联合企业扩展到区域空间

首先,北九州市将环保政策和产业政策相结合的生态工业园区工程的精神扩展到了整个市区范围,同时研究如何使"生态联合企业设想"在大范围内构建北九州市的"资源能源循环型城市"。

这个设想的宗旨是在过去被称为日本四大工业地带之一的北九州市,在现有的钢铁、化学等大规模多样化的原材料型产业联合企业中,将具有世界最高水平的能源利用及物质转换的相关技术利用到这些产业基础设施中,来开展新的产业化和商业化活动。

目前,北九州市内已有17家民营企业加强联合,打破了企业间的门槛框架,最大限度地发挥联合企业的潜力。在节省资源和能源的同时,积极推进

产业圈和生活圈之间的联合。努力把北九州市建设成为世界先进的资源能源循环型城市。

具体来说，就是将产业发生的废热等未利用的能源利用于其他产业或邻接的生活圈，或者是将工厂、地区所产生的副产品及废弃物在企业间融通来促进资源化利用。现在，已经有将焦炭炉干式冷却设备产生的蒸气来提供给邻近企业的实证事例。

2. 扩大产业技术领域、培养新的环境产业

在今天的日本，生态工业园区工程等环境产业是以往没有尝试过的新兴的举措和政策。各种各样的技术都可以考虑在其中，其发展速度也非常快。但是，如何整合和推进这些技术开发是今天北九州市所面临的重大课题。

因此，北九州市建立了"创设环境未来技术开发补助制度"等，正致力于这样的技术开发的整合和推进。今后，北九州市将要研究如何提炼稀有金属的再生利用等各种再生技术，重点培养生物乙醇、生物柴油、生物塑料等生物化学领域等新的环境产业。还要发展石棉和污染土壤等有害物质的无害化处理等新技术产业。

由于北九州市的环境商务到目前为止主要是以再生利用项目为中心进行推进展开。为了构建北九州市的循环型社会，还有必要在传统制造业的动脉产业中支持环境产业创新，鼓励环境负荷低的产品和技术创新。为此，北九州市还公开征集市内企业正在努力创新的环保产品和环保服务，评选"北九州环保大奖"，通过派发小册子等方法，进行普及教育。同时，北九州市还举行"环保技术展"，并参加东京的"环保产品展"等活动，为环保企业的产品扩大销路提供帮助。

7.3.2 生态工业园区成功机制的形成

1. 生态工业园区的成功机制

北九州市的生态工业园区的需求机制最主要是依靠北九州市的"入口"和"出口"这一社会系统，以及在其中间的环境企业开展再生利用项目的顺利运作得以成立。

也就是说，生态工业园区的建设一方面是再生利用资源的入口问题。入口问题是指生态工业园区需要建立一个机制来尽可能地收集和回收各种再生利用资源。如果没有这部分的话，无法实现资源的再循环。因此，依据建设再生利用法等法律法规，使居民彻底进行分类收集的实施以及环保企业项目上马时给予补贴或融资制度等等，在这些方面北九州市政府所起到的作用非常大也非常重要。另一方面是环保企业的再生利用产品的出口问题。出口问题是指，社会需要建立一个健全的再生利用产品市场。因此，北九州市政府在推进绿色采购等政策时，需要呼吁企业和居民积极予以配合。

而在入口和出口之间，需要环保企业利用环保技术进行再生利用处理，因此需要考虑应用哪些技术才能够实现有效合理的再生利用，并且在商业方面还能够盈利。笔者总结了北九州生态工业园区有效合理再生利用和商业盈利的成功机制的七个主要方法特征。

①为了让环保企业的再生利用项目成功运作来构建北九州市的社会系统，政府必须积极构建与确保再生利用资源的入口和再生资源商品销售对象的出口有关的社会系统。

②政府必须综合推进从基础研究到技术开发和产业化等，以"基础研究"等于"人才培养"、"实证研究"、"产业化"为三大支柱，政府必须分三个阶段来提供综合性的支持。

③政府必须提供一站式服务，作为北九州生态工业园区的窗口成立了环境产业政策室、简化手续、支持技术开发、创办补贴融资制度等等，提供一站式服务。

④政府必须确保项目经济效益，企业通过提升再生利用技术寻求再生资源的高附加值，建立广域性的回收渠道，以确保环保项目的规模。另外，政府原则上应该针对一种对象废弃物批准一家企业布局，以回避恶性竞争。

⑤政府必须努力实现零排放理念为前提的园区。园区内的各个工厂排放出的残渣在其他工厂得以利用，实现相互联合与合作，同时还建设了对于最终残渣进行熔融处理并使得包括炉渣等在内的其熔融物质也能再生利用的综合核心设施，努力实现零排放。

⑥政府必须公开信息和建设环保教育基地，政府为了取得居民的理解和信

任，必须让生态工业园区内所有企业都可以接待参观。政府还建设了生态工业园接待中心，用以作为环保学习的基地，同时展示介绍入园企业的项目内容以及市内环保相关企业的技术和产品。

⑦政府还必须为中小企业建设再生利用工业园区。为中小企业建设再生利用工业园区，长期租赁给这些企业，支持北九州市的中小企业积极参与再生利用项目。同时还允许市内零散的同类企业集中搬迁到园区内，共同合作运营项目，取得多赢的局面。

2. 环境相关信息的分享

北九州市的环境产业发展和环境首都建设相关的工作与取得的成果，已经通过政府宣传、媒体报道等，获得了世界广泛的关注。

①北九州市走向世界环境首都建设的信息分享

北九州市通过对网络的环境信息门户网站"环保生活网"进行更加有效的汇总，治理与构建能够积极收发信息的交流平台，使得北九州市的环境首都建设相关的工作与取得的成果获得信息分享。此外，北九州市还利用大众媒体、互联网、相关机关的新闻通讯等各种媒体，不仅向市内，同样也向国内外积极发送相关信息。

②推进多样主体参与的北九州市环境政策实践

北九州市积极完善了使所有居民都能够轻松获取有关环境问题的现状、课题、工作等环境信息的体制。北九州市积极推进居民、NPO、企事业单位和行政部门对环境事业和环境项目进行合作，并通过多样主体共同进行环境思考、采取环境行动、审查环境成果等的同时，也参加北九州市的各种各样环境政策的拟定[1]。为了对"北九州市环境模范都市地区推进会议"上已经登记的团体所实施的环境活动给予支持，北九州市在2009年还创设了"绿色国境补助"的机制。北九州市正在为实现低碳社会而努力进取。

③收集、完善和提供必要的环境信息

北九州市为了能够提供具有可信赖性的环境信息，正在加快汇总与整备工作。首先，北九州市正在制订公开与环境相关的年度报告书；其次，由环保局

---

[1] 北九州市的一些环境相关组织的代表参加，包括：北九州市环境模范都市地区推进会议、北九州环保生活舞台实行委员会、北九州市自然环境保全网络之会。

主页进行信息提供，迅速发布环境测算数据等的信息，并提供与自然和生物相关信息的整备以及能源信息相关的服务台。

目前，北九州市正在有效地利用以上这些做法，结合当地的具体实际情况，积极展开循环型社会的建设。同时努力实现向国外转让这些环境技术和政策知识，推进国际合作。而向国外转让生态工业园区经验，首先要转让的就是以上的北九州市政府所拥有的社会系统和方式方法。

以上的生态工业园区的成功机制的形成就是试图把城市环境基础设施之一的北九州市生态工业园区，应该如何实现向国外转让，从怎样的角度展开工作进行的内容整理。

7.3.3 推进环境技术转让和国际合作

1. 亚洲低碳中心的成立

北九州市在建设循环型社会方面在日本起到了领先带头作用。2008年7月，北九州市被日本政府批准为6个环境模范城市之一，目前，正在加紧低碳社会的构建。北九州市为了达到低碳社会构建的远景，制定了自身非常具有挑战性的目标，即以2005年北九州市内二氧化碳的排放量1560万吨为基准，实现到2050年市内的二氧化碳减排50%的目标。并且，要同时实现在亚洲地区减排150%的目标。

同时，为了促进环境企业之间进行商务交流，必须以政府与民间联合的方式来进行推进才行。在2011年12月，北九州市又被日本政府批准为国家实现新增长战略的"环境未来城市"以及实现日本"国际战略综合特区"。北九州市为了推进这些工作，在2010年6月成立了亚洲低碳中心。该中心的核心作用是从日本的环保商务的角度出发，依靠日本政府与民间企业联合的产学研合作体制，开展城市环境基础设施的打包出口，并从北九州市的政策实践的角度支持开展国际环境合作。

2. 北九州市成为亚洲环境人才的培养基地

北九州市开展国际环境合作的工作，首先从人才培养入手，已经从世界各国接收了大量的进修人员。由于北九州市在克服公害的过程中培养和积累了很好的技术和经验,从 20 世纪 80 年代开始,北九州市通过接收发展中国家的进修人员及向国外派遣相关专家,将克服公害过程中总结出来的经验与改进的治理环境的技术,提供给了发展中国家的环境治理工作。北九州市接纳来自发展中国家的进修生、派遣专家,召开国际会议等,积极地开展环境方面的国际合作。

①北九州市作为亚洲环境人才的培养基地,截至 2009 年 3 月底,培养亚洲人才和接收国外的进修人员达到 5366 人次,涉及 133 个国家。同时,还有一部分的北九州市的工作人员直接作为专家前往亚洲及中南美洲的一些国家,进行当地的环境技术指导。北九州市已经向 25 个国家派遣了 144 人次的环境专家。此外,北九州市还举办了 41 次国际城市环境会议,大约有来自各国的 11000 人次参加。

②政府与民间形成一体化,企业、大学和研究机构、行政机关、居民、NGO 等超过 200 多家单位共同合作,在 1980 年成立了培养人才和技术转让的机构"(财团法人)北九州国际技术协力协会(KITA)"。截至 2007 年 3 月,"北九州国际技术合作协会(KITA)"作为北九州市开展环境方面的国际合作的核心机构,总共接纳了来自 121 个国家的 4438 名进修生,另外还向 25 个国家派遣了 118 名专家。该组织目前已经形成了具有北九州市特色,由北九州市当地 200 家企业以及研究机构等参加全市范围接纳现场进修的进修合作体制。

此外,北九州市还展开环保商务,参加环保展览会,派遣环保访问团以及建立城市合作网络。目前,以北九州市为中心设立的"东亚经济交流推进机构"包括了日本三城市、中国四城市和韩国三城市。

3.北九州市与其他国家开展的具体环境合作项目

首先,北九州市从策划阶段到实施阶段,与其他国家的城市建立一体化的合作伙伴关系。比如:"大连市环境示范区建设规划"是日本 ODA 采纳的第一个中国地方政府之间的合作项目。北九州市和大连市在五个合作项目上,共获得了 85 亿日元的日元贷款支持。

其次,北九州市的环境合作项目采取的是现场主义的实践政策,而不是纸上谈兵的空口号。比如:北九州市与中国昆明市、呼和浩特市实施的下水道处理技术,与中国大连市确立的环保示范区建设规划,与中国青岛市、天津市、大连市建立中日循环经济领域的合作,并与中国大连市在节能领域的合作,以及与印度尼西亚泗水市、泰国曼谷市展开的厨房垃圾堆肥化项目等。北九州市与其他国家开展的具体环境合作事例包括以下八项成果。

①大连市（中国）：北九州市向大连市建议利用日本政府的政府援助开发ODA项目，进行了"大连环境模范地区整备事业"提案，并于1996年开始被采用。大连市作为北九州市的友好城市，长期以来一直实施着人才和技术方面的合作。北九州市和大连市，分别于1990年和2001年被联合国授予了"全球500佳"城市称号。

②青岛市（中国）：2007年9月开始根据中日两国政府协商，中国国家发展改革委员会和日本经济产业省共同签订协议，为有效地利用日本地方政府建设和运营生态工业园区的经验做法，支持中国建造循环型城市，开始运行中日循环型都市合作项目，即为青岛市环保城市提供支持。并于2007年至2008年期间，北九州市与青岛市共同就家用电器产品的再生利用问题进行了探讨。北九州市的支持内容包括：(1) 可行性调查，帮助青岛市制定循环城市规划，探讨家用电器产品等再生利用领域等技术支持的可行性；(2) 培养人才，青岛市的行政部门和相关企业人员赴日本进行环境产业方面的进修。同时，也举办了研讨会等。

③天津市（中国）：2008年5月，在当时中国国家主席胡锦涛和日本首相福田康夫共同主持下，天津市长和北九州市长在日本首相官邸达成了协议，交换备忘录，开始进行天津子牙工业园区环保城市的合作项目。从2009年开始，就除汽车的再生利用问题之外的所有环境产业进行了探讨，两市还进行了以企业间交流为目的的环保商务方面的相互派遣。北九州市的支持内容包括：(1) 可行性调查，支持天津子牙工业园区制定基本设计以及实施方案，支持在循环经济、再生利用领域的企业间交流；(2) 培养人才，天津市的行政部门和相关企业人员赴日进行环境产业方面的进修，并举办了成果研讨会。

④大连市（中国）：2008年11月开始，北九州市与大连市展开中日循环型城市合作项目。项目名称为大连市生态工业庄河示范园区，主要合作内容包括：(1) 帮助制定大连市静脉产业园区规划；(2) 对相关法律制度、管理体制、标准等提供建议；(3) 为企业创造环保商务的机会；(4) 培养人才。

⑤昆明市（中国）：北九州市为了帮助昆明市改善世界三大污染湖之一的

滇池的水质,从 2006 年开始,与昆明进行了下水道国际技术合作。要帮助解决的问题有:(1)河川以及滇池的水质污浊严重;(2)下水道淤泥不断增多,缺乏处理场地;(3)下水道的公共事业运营效率不高。北九州市与 JICA 日本海外协力团共同合作提供软件方面的支援措施为:(1)提供符合当地情况的下水道公共事业运营相关建议,改进合流式下水道、有效利用淤泥、推进居民参与的办法等;(2)在昆明召开"技术研讨会"和"市民听证会",用陈列橱窗介绍北九州市的知识、经验和技术;(3)为昆明市培养人才,编制进修计划,实施培训,内容广泛涉及,下水道规划、设计、维护管理、运营等。合作取得的成果为:(1)根据建议,明确了昆明市今后的下水道的政策方向;(2)召开研讨会进行技术转让,开展对市民的环保教育;(3)开展国际交流。北九州市还接收了昆明市下水道方面的进修人员,并就下水道的运营方法及下水污泥的有效利用等策略,进行举办讲座、实施现场视察等合作。

⑥望加锡市(印尼):在望加锡市及其他五个印尼城市范围内,普及在泗水市取得的居民参加型垃圾管理的成功经验的同时,准备在印尼就日本普及的相关工作进行探讨。同时也实施了技术指导及研讨会。

⑦曼谷市(泰国):针对生活垃圾的生物化肥化、资源化物的分类回收进行建议与合作。

⑧春武里县(泰国):在垃圾管理领域,举行了行政人员的人才培养事业的成果研讨会。

第八章
紧凑型城市与成熟社会的政策实践

20世纪90年代初期开始，日本的泡沫经济全面崩溃。二十多年来，日本社会经济正在经历着长期的通货紧缩，经济增长已经远远不及20世纪60至70年代的黄金时期。特别是进入21世纪，日本少子化以及老龄化趋势等结构性现象日益加深，并导致劳动人口减少，这成为日本经济增长率低下的最主要原因，日本的潜在增长率将进一步下降。

在日本今后的经济发展中，一个区域的中心城市的发展动向将成为该地区经济发展的关键因素。虽然目前在日本各地正方兴未艾地实施着各种城市规划，但是日本依然面临着因逆城市化所导致的生活方式的转变、城市功能的分散以及街道的空洞化等一系列课题。同时，居民的老龄化问题不仅存在于日本地方中小城市，也存在于一些大城市郊外的新兴卫星城市，保障成熟社会的居民生活便利以及行政服务充足都是当前日本城市所面临的难题。为应对这样的日本城市结构变化，以"城市的存在方式"或者"城市的居住方式"为主题，日本已经开始讨论向新型城市的构想转变，而紧凑型城市[1]构想就是在这样的背景下应运而生。同时，日本政府也在2006年修改了"城市建设三法"[2]，目前行政政策的实施转换才刚刚开始。

本章的研究[3]，将进一步在日本城市化历史的基础上，就日本的紧凑型城市构想以及城市规划设计，特别是从日本的中小城市向紧凑型城市的转变，促进地方核心城市再生的可行性角度出发，为目前中国的城镇化过程提供一些启发性的探讨。

---

[1] 英文原文为Compact City，笔者直接译为紧凑型城市。

[2] 本文的日本"城市建设三法"是指中心城市街道活性化法、大规模零售店布局法以及城市计划法。

[3] 本章第一节至第三节的主要内容根据本课题项目的日方合作研究者柳内久俊的研究成果，由笔者改写。

8.1 城市生活机能与紧凑型城市

8.1.1 城市化政策和紧凑型城市的概念

1. 日本社会、经济的变化与城市化政策

日本在江户时代的人口总数在 3000 万人左右。明治维新之后,随着产业的振兴以及城市经济的发展,城市人口数量也在慢慢增加。特别是由于城市经济的发展,出现了农村人口不断地大量涌向城市,大城市的人口急剧增加的现象,使得对住宅等生活基础设施的需求成为各个城市的一大课题。日本政府通过积极引进铁路这种新型的城市基础设施使得城市的交通体系越来越完备。同时在核心城市的东京以及大阪等大城市里,随着民间资本经营的铁路大规模发展[1],带动了铁路沿线的商品住宅房的开发以及大型车站前的百货商店的投资建设,大城市的范围得以进一步的扩大。

日本的城市开发的大型转换时期就是在 1955 年至 1975 年[2] 的经济高速增长期。为应对大城市日益增长的住宅需求,大城市提供的住宅区由中心街道向郊外开发。其中最典型的有东京的多摩新城、大阪的千里新城、名古屋的高藏寺新城等大规模新兴卫星城。与此同时,日本政府考虑到大城市从一个中心逐渐向周边分散,也陆续出台了以打造地方核心城市等为中心的新的城市化发展政策。

但是,20 世纪 90 年代以后,随着经济全球化的进展,许多工场和产业被转移到了海外。而工场的转移也迅速导致了地方经济的衰退,从而迫使人口又开始向大城市集中。在这样的大背景下,日本地方中心城市的振兴刻不容缓。时代的变化正在要求日本政府进行新型开发或是老城的功能更新以及功能转换。作为一种新型的城市化建设理念,日本的紧凑型城市在参考欧美的城市再生的基础上,针对日本的需求在城市环境结构进行改变的背景下应运而生。

---

[1] 在日本以大城市为中心的铁路交通网的基础建设投资,除国家建设干线铁路(原国铁为现 JR 铁路)之外,基本依赖民间资本投资的民营铁路为主。比如在东京就有包括,京急(向东京以南地区)、东急(向东京西南偏南)、小田急(向东京西南偏西)、京王(向东京以西)、西武(向东京西北)、东武(向东京以北)、京成(向东京以东)等大型私营铁路公司分割经营东京周边的各个区域。以此带动了东京大都市圈 3000 万人的居住出行商业活动以及快速准时地移动。

[2] 日本的昭和 30—40 年代。

2. 紧凑型城市政策是通过重新审视日本"城市建设三法"后的制度化

紧凑型城市政策是在应对由平成大合并[1]而来的广域行政的背景下出台的政策。2006年出台的这个"城市建设三法"修正法案其实就把创建日本的紧凑型城市作为一项制度确立下来（表8-1）。日本内阁府设定了一个模范城市，并以此为基准确立了一系列的紧凑型城市认定制度。在这项认定制度中，国家根据各城市以及地方政府拟定的开发方案确定开发的优先顺序，并进行不同程度的援助支持。也就是说在"城市建设三法"中引进了竞争体制，因此紧凑型城市认定制度也可以说是日本政府能够灵活利用地区特点和地区资源的一项划时代的制度改革。

表8-1　日本的"城市建设三法"与城市街道活性化对策关联法规变迁

昭和48年（1973）	大规模零售店铺法规	大规模零售店的开店规定 郊外布局加速
平成10年（1998）	中心城市街道活性化法规	制定活性化基本计划
	大规模零售店布局法规	大规模零售店与地区的协调 开店规定放松
	修订城市计划法规	允许市町村设立特别用途区域
平成18年（2006） 修订"城市建设三法"	修订中心城市街道活性化法规	活性化基本计划的认定制度。国家重点支援
	修订城市计划法规	大规模人群聚集设施的布局规定

但是，由于在日本的法律体系中尚未对"紧凑型城市"这个词语做出相应解释，因而目前在日本对于这个概念的理解与定义因人而异。从一般的理解来说，这个概念可以理解为有关城市功能的"城市的存在方式"或者"城市的居住方式"（城市规划、生活方式）应该"从扩散向集中"（由郊外到市中心）转变。而在地方政府的城市规划中，关于紧凑型城市的再认识也有各种各样的见解。

3. 紧凑型城市的概念

从现在的理解中，我们可以看到城市规划的历史中包含着三个基本要素：该城市的经济发展、人口增减、生活方式的变化等信息。紧凑型城市是指重新

---

[1] 日本在进入21世纪以后，由于结构性的少子化和高龄化，日本政府为了提高地方政府的行政效率，从2000年开始对市町村一级的地方政府进行了重组合并，称之为平成大合并。上一次重组合并是在明治时期，被称之为明治大合并。

城镇化过程中的环境政策实践

审视不规则延伸的城市郊区环境的这种理念。我们在调研中发现，日本各地方政府的新城市规划制定中采取紧凑型城市理念的呼声非常高[1]。

紧凑型城市是从20世纪70年代开始，欧美各国以街道再生为目标探究出来的一种城市化理念（图8-1）。紧凑型城市的出发点，其实是和1972年联合国在罗马俱乐部的建议下提出的地区发展论，以及欧洲各国的城市化政策的转换相一致，都是基于地球的环境问题。而这种理念，特别是在为应对90年代以后城市中的贫民窟扩大，犯罪率的上升以及社区的瓦解等突显的城市问题而设计的城市规划以及生活方式再评估过程中经常被提及。不论是在以中世纪的城堡城市为基础发展起来的欧洲，还是在以铁路沿路和高速公路的交叉点为中心建立并发展城市的美国，城市化发展的核心政策都走向由城市功能的扩散向集中发展的倾向，城市空间的整体结构向紧凑型方向发展，并朝着创建具有魅力与朝气兼备的城市区域这一目标前进。

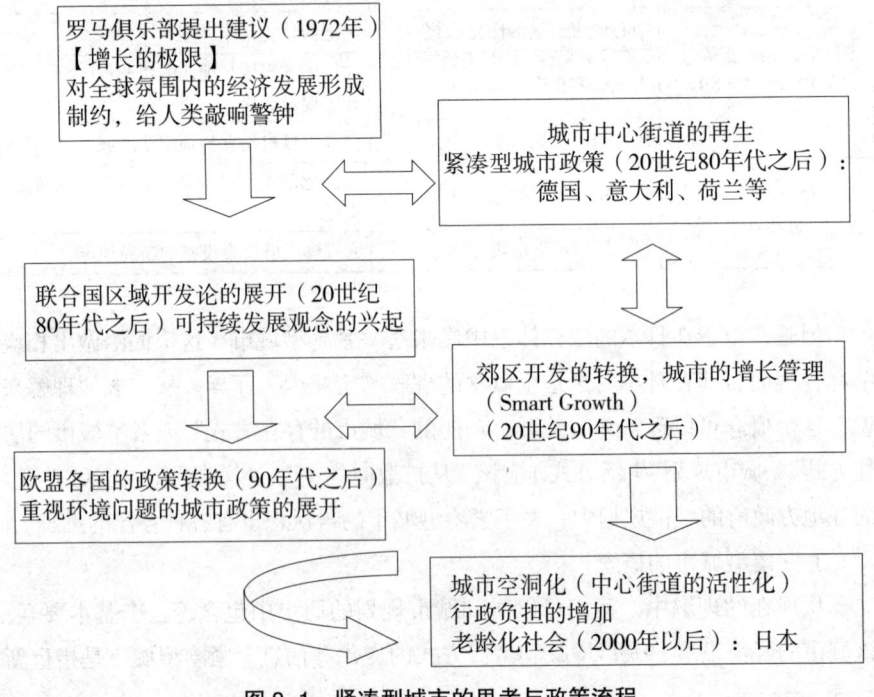

图8-1 紧凑型城市的思考与政策流程

---

[1] 在日本，地方政府一方面为了提高行政效率进行平成大合并，另一方面要求日本中央政府进一步的分权，引进"道州制"。紧凑型城市具有将这两种方向融合的功能。

· 244 ·

第八章 紧凑型城市与成熟社会的政策实践

日本政府从20世纪80年代开始就针对因日本各地的街道空洞化导致的城市范围的无序扩大以及大型商店向郊外转移等问题进行讨论研究。因而日本的紧凑型城市构建具有以下三个特色:(1)它不仅要求解决街道空洞化问题;(2)还必须重新审视包含居民老龄化对策;(3)建立地方"小政府指向型"的行政等政策课题在内的城市化政策实践（图8-2）。

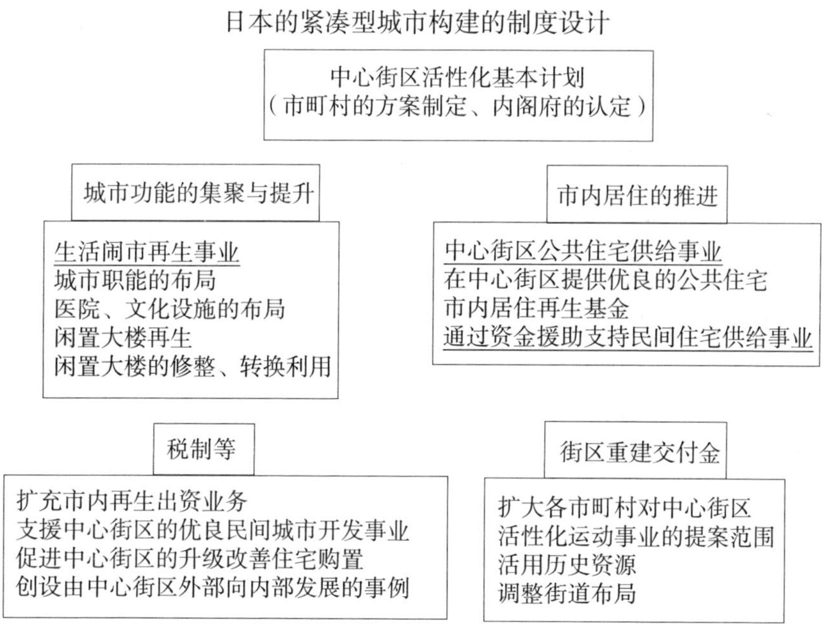

日本的紧凑型城市构建的制度设计

中心街区活性化基本计划
（市町村的方案制定、内阁府的认定）

城市功能的集聚与提升
- 生活闹市再生事业
- 城市职能的布局
- 医院、文化设施的布局
- 闲置大楼再生
- 闲置大楼的修整、转换利用

市内居住的推进
- 中心街区公共住宅供给事业
- 在中心街区提供优良的公共住宅
- 市内居住再生基金
- 通过资金援助支持民间住宅供给事业

税制等
- 扩充市内再生出资业务
- 支援中心街区的优良民间城市开发事业
- 促进中心街区的升级改善住宅购置
- 创设由中心街区外部向内部发展的事例

街区重建交付金
- 扩大各市町村对中心街区活性化运动事业的提案范围
- 活用历史资源
- 调整街道布局

图8-2 日本中心街区为中心的城市再生构想图

8.1.2 日本紧凑型城市的城市形象

1. 日本紧凑型城市的内容与开发效果

从增长以及扩张型的城市化发展走向紧凑型城市发展的这种政策转换，是一项促使传统城市形象思维改革的动力。在日本的城市规划中缺乏对城市空间形象的想象力,此外,与实现城市形象密切相关的工程计划、空间设计也不是很明确。但是一个理想的紧凑型城市形象的实现需要相应的规划以及灵活的技术。然而人们却误以为这个理想的紧凑型城市形象就是郊区范围的缩小以及市中心的高层化。

如果可以用代表性紧凑型城市[1]为参考的话,一般来说,紧凑型城市中适合徒步生活的范围大概就是以市中心为原点,大致半径为4公里左右的辐射区域。差不多也就是明治初期的金泽市的城市街区范围[2]。

2. 紧凑型城市的设计框架以及开发效果如图8-3,包括三个重要方面:生活方式、城市创建的目标、城市形成的效果。

①在生活方式中主要涉及6个要素:

A. 高密度的城市以及交流的空间

B. 中心街道以及地区据点的设置

C. 城市与郊区的区分(城市圈的范围)

D. 能够徒步生活的范围(上班、上学、购物等)

E. 城市周边环境(农业用地、绿地、河流)的和谐

F. 城市公共交通网络

②在城市创建的目标上强调5个方面:

A. 减轻对私家车的依赖(私家车使用的规则化)

B. 有效利用街道空间

C. 维持城市生活与自然环境

D. 形成有魅力并且方便居民的中心街道(街道的样子:能够给予居民充足感的场所)

E. 加强城市基础设计建设,促进行政服务的效率化,从而减轻行政负担。

③城市形成的效果主要显现在以下5个方面:

A. 确保公共交通事业

---

[1] 本章第8.2节将着重分析代表性紧凑型城市金泽市和富山市的事例。

[2] 明治初期的金泽市大约面积为15平方公里,当时的总人口为12万人左右。

B. 创造城市（引导观光、投资、城市型产业的养成、城市多样性、国际化）
C. 维持地区社区（地区自治、地区主权）
D. 维持并灵活运动地区的个性、历史文化
E. 维持城市人口的稳定

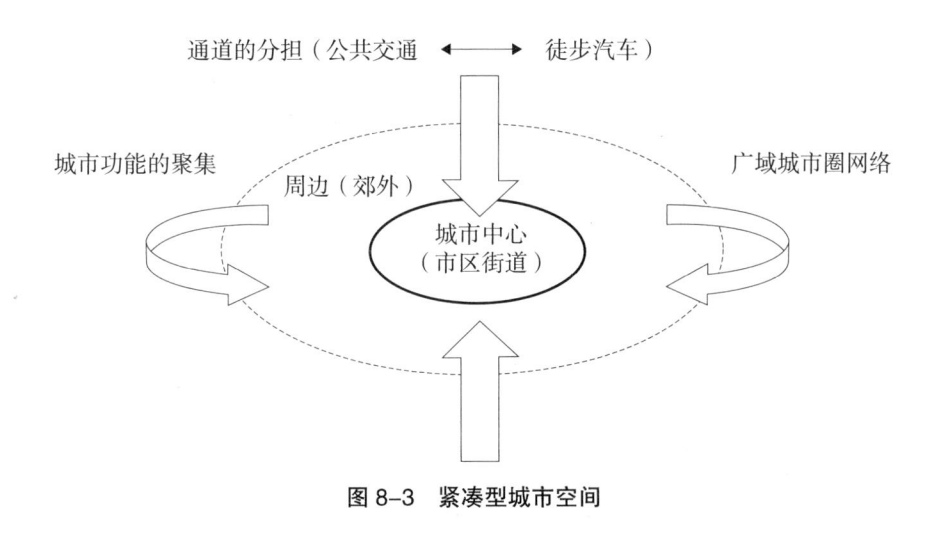

图 8-3　紧凑型城市空间

8.1.3 紧凑型城市与欧洲和美国的城市规划思维转换

1. 城市问题的日益严重以及城市的再评估

欧洲的一些主要城市基本上都是在中世纪的城堡城市的基础上发展起来的。在这些历史悠久的城市中，现在依然以传统的公共广场为中心，在市政府以及宗教场所的教堂以及城堡出入口附近配备商业中心。19世纪之后，随着产业革命发展以及人口增加，固有的城市范围也不断向郊区扩展。而第二次世界大战之后人口急剧增长，私家车大范围普及，并由此带动了郊外住宅区的开发。这种新的开发业造成的原有旧街区的空洞化，同时由于移民潮致使城乡接合部的贫民窟增加等问题，造成了现今城市街区社区的崩溃（图8-4）。

城镇化过程中的环境政策实践

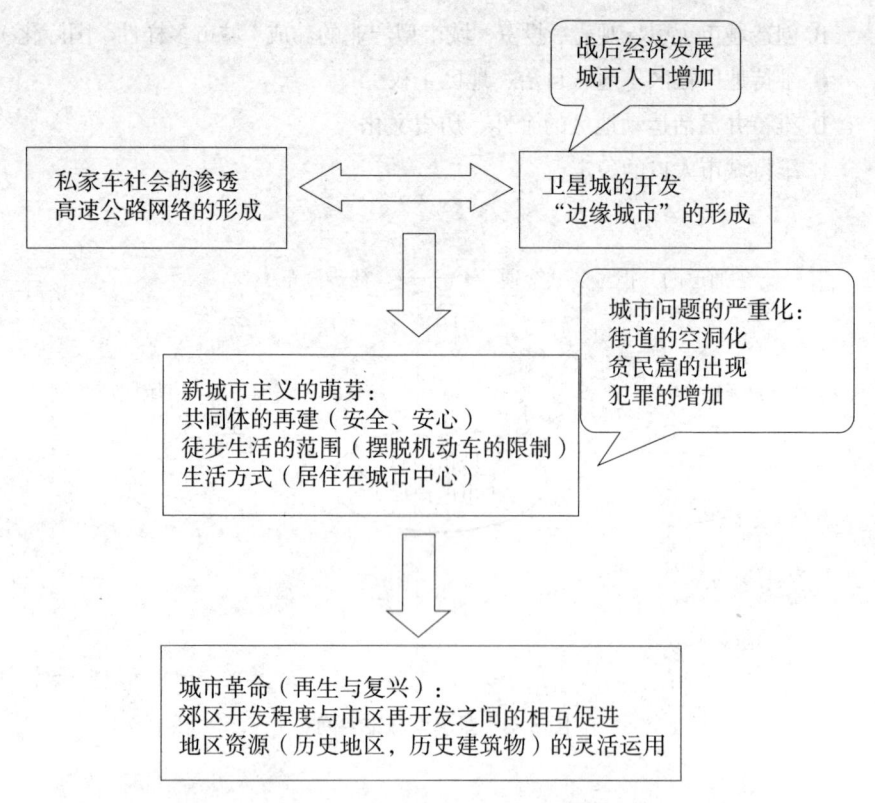

```
                                    ┌──────────────┐
                                    │ 战后经济发展  │
                                    │ 城市人口增加  │
                                    └──────┬───────┘
┌─────────────────────┐         ┌──────────▼─────────┐
│ 私家车社会的渗透    │◄───────►│ 卫星城的开发       │
│ 高速公路网络的形成  │         │ "边缘城市"的形成   │
└──────────┬──────────┘         └────────────────────┘
           │                     ┌────────────────────┐
           │                     │ 城市问题的严重化： │
           │                     │ 街道的空洞化       │
           ▼                     │ 贫民窟的出现       │
┌─────────────────────────┐      │ 犯罪的增加         │
│ 新城市主义的萌芽：      │◄─────└────────────────────┘
│ 共同体的再建（安全、安心）│
│ 徒步生活的范围（摆脱机动车的限制）│
│ 生活方式（居住在城市中心）│
└──────────┬──────────────┘
           ▼
┌─────────────────────────────────────────┐
│ 城市革命（再生与复兴）：                │
│ 郊区开发程度与市区再开发之间的相互促进  │
│ 地区资源（历史地区，历史建筑物）的灵活运用 │
└─────────────────────────────────────────┘
```

图 8-4 欧美城市的潮流与紧凑型城市的规划

　　而在美国也同样存在着这些问题。除了像旧金山这样早先由西班牙人开发的欧式城市之外，美国的很多城市都是在 19 世纪的铁路建设的浪潮中，作为铁路枢纽发展起来的。此后，随着高速公路建设的发展，各大城市的郊区得到不断开发，从而导致了所谓的城市街区的空洞化现象。不论是郊外开发、人口流出还是移民增加，都无一例外地给城市环境的维持（防盗、防灾）造成压力，并带来一些严重的城市问题。现在，那些市中心空洞化、城市功能扩散到郊区的城市被称为"边缘城市"[1]。到郊外居住这种生活方式不仅仅是一般美国居民心中的"梦想"，它也是由市区环境恶化的结果所直接导致的一种必然趋势。

---

[1] 边缘城市英文原文为：edge city。

2. 20世纪90年代以来的"新城市主义"萌芽

欧洲有着街区社区社会的悠久传统。面对日益恶化的城市问题，欧洲各国正在研讨街区社区再构建等城市再生问题。其中交通堵塞、环境公害对策、移民对策以及居民的生活方式等多个领域的问题已经得到积极的探讨，同时对于中世纪以来的城市环境与功能的标准也进行了再评估。作为新的城市再生的地区性资源，特别是历史街区、历史建筑物等将在街道布局以及社区形成的过程中发挥着重要的力量和作用。

与欧洲相比，美国缺乏城堡城市以及社区社会的历史，许多大城市也面临着更为严峻的城市再生问题。但是，在美国西海岸的北部城市波特兰还有东南部城市查塔努加，通过以城区为中心的公共交通网络的改善、历史遗产的灵活运用，实现了城市的高度再生。目前，美国通过相应的移民政策稳定了人口增长的局势，在防范对策以及环境问题方面都在朝着紧凑型城市方向发展。对于美国而言，在今后的日子里还得把紧凑型城市的工作重心放在人口老龄化以及公共福利等方面。

20世纪90年代，以美国西部的建筑家为首，以城市规划专家为中心发起了新城市主义运动。他们以欧洲的各种先行事例为参考，就"城市的存在方式、城市的居住方式"展开广泛的讨论。美国是一个新兴的国家，虽然不像欧洲那样拥有大量历史悠久的建筑物，但是美国保存了具有象征性的并且有一定历史价值的古老桥梁、铁路车站以及教堂。这些保存下来的地区历史建筑物将在新的城市规划中扮演重要的角色。此外，在郊区的住宅区以及庭院改造中也将加入欧亚的传统生活元素，这些设计理念引起了世界各国的关注。

8.2 紧凑型城市的创造实践——金泽市和富山市的挑战

8.2.1 紧凑型城市的政策效果和地方政府的运营

1. 人口老龄化以及生活方式的转变

今天的日本社会，随着私家车的普及导致了公共交通的人气下降，同时又伴随着人口老龄化的问题，郊区生活的魅力正在慢慢地消失。而在中心大城市里为了寻求生活的便利，一些设有商业区的私有铁路沿线地区的住宅需求成倍增加。1990年的日本泡沫经济之后，被公认为具有较高收益的大城市中心住宅区，还有在地方城市的一些离医院较近的住宅区都聚拢了很高的人气。

同时随着日本核家族[1]化的发展，日本新一代年轻人都抛弃了大家族化而各自建立自己的家庭，因而传统的大型住宅的需求量急剧减少。不仅如此，由于城区居住又被公认为较为方便的生活方式，因此在日本以郊区开发为前提的城市规划显得越来越不可行。而像"紧凑型城市"、"慢城运动"、"LOHAS"[2]等代表着便利的城市生活。减轻环境负荷和生活压力的生活方式等各种各样的概念已成为当前日本城市化发展的方向。这些都标志着日本社会已经趋于成熟，城市的公共政策具体实践都需要体现以上这些元素。

2. 可持续发展的城市形象具体化

对比德国等许多欧洲国家，这些国家的城市和郊区的界限非常明确。这种界限也就是所谓的城市缓冲地带，那里保存了传统的农田、森林等多种绿地，同时这种缓冲地带的存在也抑制了城市的不良变形。虽然在欧洲人们出行对于私家车的依赖要远远大于日本，但是欧洲各国政府又规定了私家车基本只能在高速公路和主干道上行驶，市中心的道路以优先公共交通和徒步为原则进行设计。此外，在临近郊区的地方又设有停车场和路灯。而在日本，私家车则能够自由出入市中心，城市交通设计似乎还不及欧洲完善。

毫无疑问，在日本建设一座可持续发展的紧凑型城市需要有健全的城市功能，这包括：商业活动、行政、教育、医疗、居住等。不仅需要繁华的街道，还要保存一些融合城市历史、传统、文化的古老街区。紧凑型城市正是这种集约式地发展城市空间的一种规划理念。同时，作为可持续发展的紧凑型城市它还需要具备以下条件。它要求政府、企业、居民自发地维护城市环境，完善城市功能，更需要丰富市中心的人文环境，创造拥有魅力的城市空间，还应该创建城市功能完善的徒步生活圈，让居民充分地享受城市功能所带来的便利生活。

---

[1] 日本设定的标准核家族形态为夫妇加一双子女的4口之家。

[2] LOHAS英文原文为Lifestyles of Health and Sustainability 的缩写，中文可翻译为"乐活族"。

3. 城市圈与广域行政政策效果的协调以及确保二者间的互补

在日本由于中央政府对返还地方税金的削减以及工厂海外转移等多种因素影响，地方财政恶化日益明显，同时平成大合并没有带来所期望的广域行政效率化得到完全实现。特别是在郊区人口分散，而老龄人口的介护和福利方面等又需要大量人手，目前在日本这种行政服务效率低下，而负担却在不断地增加。而在上下水道、能源等公共性事业中也存在同样的问题。因此，考虑到经济上的规模效益，日本政府也在积极引导居民由郊区向城市聚拢。

在日本三大城市圈[1]的人口以及经济的发展过程中，要实现地区经济的活性化，就要使城市圈形成不是单个地方政府而是由多个具有特色的地方政府集合而成，此外也需要构建广域经济同盟联合体。在这样的过程中，不仅要求各个地方政府在行政政策上打破横向独立观念的束缚，避免区域基础设施建设的重复投资，合理地实现广域行政区域内的经济效果，还要通过相互行政政策上实践的借鉴，促使某种程度上形成具有多元性的广域城市圈。

为确保区域的产业布局，体现行政服务效率化的优势，广域城市圈内的各个城市应该就维持地区的社会经济可持续发展展开合作。而广域城市圈内各城市能否完成圆满合作也关系到日本未来是否能导入道州制[2]模式的关键因素。

4. 地方城市的人才确保与产业振兴

随着经济全球化浪潮的袭来，很多日本企业都把生产基地转向海外，由此导致了日本地区城市的制造业严重衰退。而日本地方城市则重视发展高附加值的新兴产业，因此确保人才成为了关键。从区位优势上来说，应该把高新技术、生物工程等企业布局在人才以及信息相对集中的大城市。原材料产业、加工型产业虽然受到物流成本的影响，但原则上也应该布局在能够留住人才的地方。最近，日本一些地区正在积极地招揽大学入驻，但是从确保师资力量、招募学生，以及在保证讲座的上座率等方面来看，大学还是应该布局在公共交通发达的城市地区。

振兴日本的地区产业可以从地区资源的灵活应用方面入手。上面说到，商

---

[1] 日本三大城市圈是指以东京横滨为中心的关东地区城市群，以京都大阪神户为中心的关西地区城市群，以及以名古屋为中心的中部地区城市群。

[2] 日本的道州制由相当一部分学者提出，体现未来日本地方分权的一种国家体制的架构模式。其最主要目的是为了搞活日本的地方经济。

业的发展需求以确保人才为前提，所以那些有着丰富人力资源的城市将是商业发展的不二选择。在紧凑型城市的规划中，通过地区人才的聚集以及地区交流的进展，从而促进新的商业发展，此外还要特别实施能够有效招揽高附加值产业的政策方针。

目前，在日本各地方城市都以"期待良好环境的增长"为主题有序地开展着各项产业振兴事业。在这个过程中，如果从再生利用、减少使用以及循环利用等方面开展振兴事业的话，特别是从资源再生角度下手，是可以像大城市一样实现低成本高效率的废弃物回收体制。像生物能发电和废弃油再生利用等这样的工厂建立，在产业布局的时候首先应该考虑当地城市的经济规模。在生活垃圾转换成再生肥料等循环利用方面，城市与农村的相互协作能够为广域行政区域内的循环体系的形成做出贡献。

8.2.2 紧凑型城市的构建——金泽市的挑战

1. 金泽市城市规划的现状与展望

金泽市位于日本的北陆地区，西临日本海。它是一个商业人文发达的古城，在日本有小京都之称。从 2009 年开始金泽市转换了城市规划的基本方针，面向紧凑型城市的创造，重新定位城市的未来。

金泽市于 2009 年 10 月发布了新一轮的城市规划。在这一城市规划蓝图中，融合了金泽市的历史、文化、传统等诸多元素，同时也提出了建设北陆新干线[1]，打造"世界的金泽"等口号。此外，金泽市城市规划的最主要特征就是把城市人口控制在 43.7 万人至 50 万人之间，并在现有城区范围内的基础上实施"可持续发展的城市建设"。

但是，在过去二十几年里，随着大学、医院、县市政府机构[2]、老年人福利设施逐渐向郊区转移，不可否认金泽市中心的人口减少，街道空洞化等问题依然持续。因此，此次城市规划对金泽市的人口规模进行了重新审视，转变传统的城市规划模式，制定了抑制市中心规模扩大，强化城市中心再生振兴事业

---

[1] 从东京都到金泽市的铁路新干线将于 2014 年建成通车。

[2] 金泽市作为日本北陆地方最主要的城市，也是石川县的县政府所在地。

等一系列新的城市规划方针政策。

2. 城市结构与再生政策

由于在第二次世界大战中，金泽市没有受到美国空袭的影响，所以至今市中心依然保留着大片包括传统产业在内的中小企业、办公楼、住宅区、商业街相互混杂的准工商业地区[1]。在2006年日本修订"城市建设三法"之前，为保证地区规划、街道调整以及城市规划外土地利用的合理性，金泽市早在2000年就出台《金泽市城市建设条例》，整顿金泽市的乱开发现象，并在此基础上严格执行日本的《景观法》以保全现存的金泽市的城市环境。

比如，金泽市政府与居民之间通过讨论设定城市景观区域范围，并在该区域建设规划中规定建筑物形状、颜色、高度等要求，发挥景观区域的作用，促进中心城市的再生。金泽市政府还与一部分地区的居民签订"城市建设协议"，由该地区的居民自行进行区域环境的维持与更新。这些地区还通过改善道路状况，建设"徒步专用街道"，方便居民的日常生活（图8-5）。此外，政府帮助地区募集常住人口，调整地区人口结构，促进地区的经济发展。

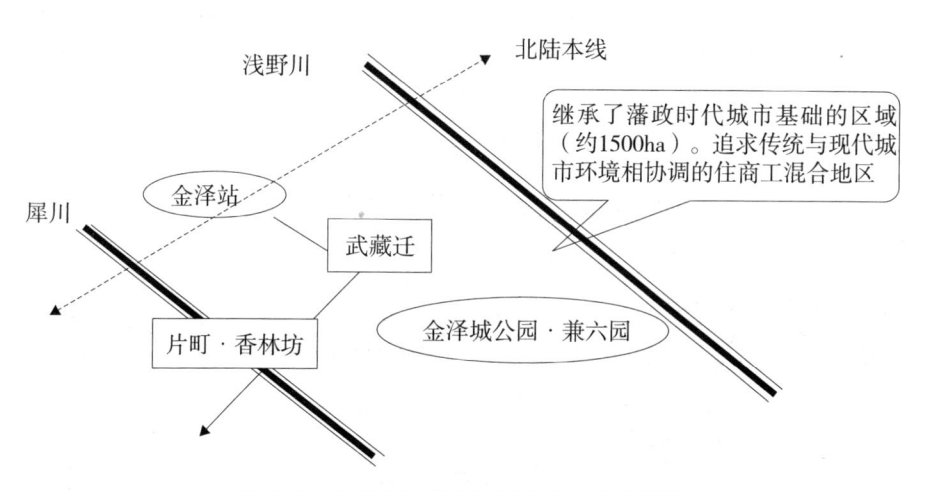

图8-5 金泽市的城市建设重点地区示意图

资料来源：基于金泽市"城市建设协议"街区整备——金泽市旧城下町区域，日本经济研究所制作。

---

[1] 根据日本的法律把土地区划的使用属性可以分为，第一种住宅专用地区、第二种住宅专用地区、混合用地区、准工商业地区、工业专用地区等等。

3.金泽市紧凑型城市交通政策

城市交通主要依赖公交车以及一般的私家车。金泽市的城市规划中计划建设"内、中、外"三个环线,减少通往市中心的私家车流量。主干道道路建设以及社区公共交通事业依然还是按照原计划进行。

从1919年到1967年,金泽市也曾经尝试过运营有轨电车的交通模式,但是由于主干道街道狭小,加之汽车流量增大,最终还是全面撤掉了有轨电车。[1] 金泽市的郊区还存有一些私营铁路,但是目前的利用率并不是很高。在公共交通的利用状况方面,与金泽市不同的是,战后的福井市和富山市在重建的过程中,由于都遭到第二次世界大战期间的美军空袭,因而从城区到郊区都是以有轨电车为中心进行主干道交通建设的。

4.金泽市紧凑型城市的未来展望

由于金泽市放弃了轨道交通,目前居民的出行基本依赖公交汽车。所以改善金泽市内的交通切入点也是很有限的。虽然金泽市有拓宽交通路面的规划,但是目前金泽市的道路还是第二次世界大战以前的那种狭小的路面。不论是从改善交通角度来讲,还是从发挥地区资源魅力的角度来讲,对于这种狭小道路的灵活运用显得尤为重要。金泽市的市中心都是一些包含历史因素的建筑物、传统式布局的住宅商业以及工业用地,因此把这些地区转变为"徒步生活圈"是非常有利于金泽市可持续发展的紧凑型城市建设。这样既能维护保存当前的城市环境,又能方便居民的日常生活(表8-2)。

表8-2 金泽市的城市形象与城市的公共政策实践

城市形象	城市的公共政策实践
预计人口43.7万人(2025年) 现今人口44.3万人 1.原则上不对城市范围进行扩大 2.通过合理的土地开发方案以及公共交通的建设,尽量把城市功能都集中在市中心 3.发展地区生活据点的公共交通	○完善城市公共交通体系。形成城市据点。进行车站周围的再开发事业和市区历史遗迹的灵活运用。 ○正确引导土地的利用与开发。做好街道化区域的后续工作。 ○维持市中心街道的特点。保全准工业区。维护狭小路面,便利居民生活。创造融合历史的文化景观。 ○河流与绿化。定位好河流在用水网体系里的地位。 ○城市防灾。传统街道布局与现代防灾对策的融合。

资料来源:根据金泽市的城市规划整体计划(平成21年〈2009年〉制定)制作。

---

[1] 日本的电车和中国的电车不一样,相当于中国的轻轨。而电车的存在需要铺轨,设置道口,所以电车一来,很多道口就会产生拥堵造成交通不便,所以在城区内使用电车不是很方便。

金泽市的经验告诉我们，在今后的市区再开发过程中，不要局限于大规模的开发，而要转变思维模式，加入旧城区域的功能改造以及旧城再利用等具有高附加值的创新理念。建设合理的街道，丰富生活空间不仅仅是为了居民的生活的便利，地区旅游事业的发展，也是保留传统城市产业不可欠缺的一大公共政策措施。

8.2.3 紧凑型城市的构建——富山市的挑战

1. 富山市以公共交通事业的发展实现紧凑型城市

2008年富山市[1]制订了新的城市发展规划方案。新的城市规划发展方案决定了富山市转变扩大城市范围的发展模式，以"发展公共交通、构建紧凑型城市"为主题，脱离目前严重依赖私家车出行以及中心街道密度化相对较低的现状。此外富山市还积极实施提高公共交通的便利性，重点发展市中心繁华区域，促进城区居住条件改善等多项新的城市公共政策。

从道路条件以及私家车普及率等方面来看，富山市是日本汽车社会程度最高的地区。同时人口老龄化现象也出现的比较早。富山市的城市范围相对较大，抑制城市圈的膨胀，应对市中心空洞化现象是目前该市面临的亟待解决课题。富山市计划在维持现存电车系统的同时，在JR富山港线的基础上建设有轨电车线，强化广域内的交通体系，实现创建像美国的波特兰，德国的弗莱堡、卡尔斯鲁厄等欧美先进城市那样的公共交通指向型城市规划目标。

从2006年4月开始有轨电车线路投入运营，此后通过新车站的设置，运行密度的改善等措施，保证了一定程度的客流量。同年，富山县重新开启了连接富山港到富山站的有轨电车，并在2009年开通了环绕中心市区的有轨电车项目。2010年12月，富山市内环状有轨电车路线已经开通使用。随着公共交通的便利性提高，富山市还计划在北陆新干线开通后，将新干线、有轨电车线与市内电车线路南北连接起来，同时也将富山地方运营的上泷电车线相互连接起来，形成一个便利的电车系统。把分散的人口集聚地通过电车网络以及公交系统联系起来，实现城市人口集聚地的一体化目标。

---

[1] 富山市是日本北陆地方的主要城市之一，也是富山县的县政府所在地。

城镇化过程中的环境政策实践

富山市在实现紧凑型城市的一个特征就是在有轨电车线的建设方面花费了很多工夫。首先大力引进下一代有轨电车（LRT），有轨电车线和电车采用低底盘低噪音的车辆。同时从郊外乘坐公交来市中心的 65 岁以上的老年人群，可在平日白天上午 9 点至下午 4 点半的客流量低峰时间段里以半价（收费均为 100 日元）乘坐有轨电车。在有轨电车线的终点站岩濑浜站还可以直接在下车的那个站台换乘其他公交，由此也便于各个地区之间的交流。至于有轨电车线的最终效果，需要等到 2014 年北陆新干线开通，以及富山市南北铁道线贯通后进行需求效果的再评估（图 8-6）。

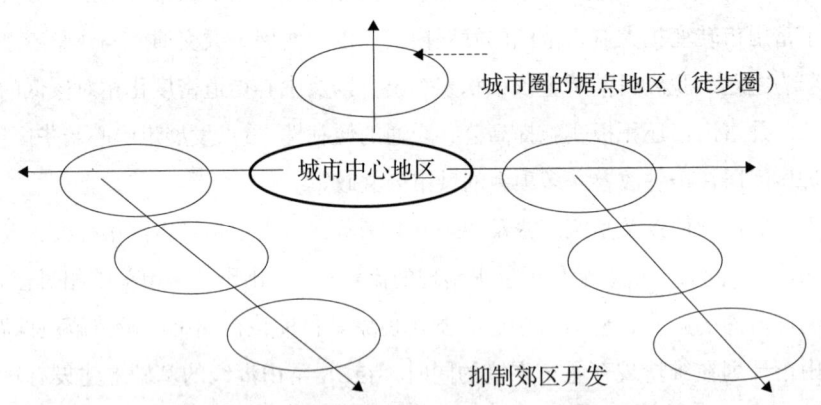

图 8-6　公共交通指向型城市的再生模型示意图
资料来源：日本经济研究所制作。

2. 富山市有轨电车的政策效果非常显著，目前有轨电车的政策效果主要表现在以下三个重要方面。

① 短期效果：客流量的大幅增加

A. 客流量增加，保证有轨电车线的稳定运营

B. 帮助摆脱私家车交通的现状，缓和路面拥堵状况

C. 鼓励使用公共交通，减少二氧化碳的排放

② 中长期效果：沿线人口的有序增加

A. 沿线商业街的繁荣以及发展旅游事业

B. 引导沿线居民养成利用公共交通的生活方式

C. 通过街道的紧凑化来削减行政支出，减轻能源负担

③ 富山市有轨电车运营效果以及利用具体情况：

A. 总客流量：约 677 万人次利用（2006.4.29—2010.5.31）

B. 以前（JR:2005 年 10 月状况） 运营后（有轨电车：截至 2010.5.31）

C. 工作日：2266 人 / 天→ 4832 人 / 天

D. 双休日：1045 人 / 天→ 3930 人 / 天

E. 沿线徒步人数也增加到 1.8 倍（工作日）→ 4.8 倍（双休日）

通过在有轨电车沿线布局住宅区以及老年人的介护设施，白天时段老年人的利用率也有所增加。有轨电车的开通后，使得私家车使用率降低了 12%。并有 80% 以上的居民赞成这项公共政策。富山市已经通过确保一定比率的公共交通，实现徒步生活圈的广域网络化。

3. 中心街道活性化现状

富山市是日本在 2006 年修订"城市建设三法"法案以后，于 2007 年 2 月第一个得到日本政府认可的"街道中心区域活性化基本规划"的城市。导入有轨电车也改善了富山市郊区和城区之间的交通的状况。富山市的这份基本规划中提到此次改造的目标就是增加市中心的通行量，改善居民的居住环境。

富山市计划在前五年达到预定的中期目标[1]，但是计划实施以来，在每年 8 月份的抽样调查中显示市中心的通行量并没有达到预期目标。虽然根据富山市政府的住宅政策措施在市中心有条不紊地进行着"热闹的广场"、"老年人住宅"、"城中居住"等具体建设，但是由于富山市私家车普及率非常高，平均每一个家庭都拥有两辆私家车，所以很多家庭还是考虑在土地价格相对便宜的郊外安家置业。此外，因市中心停车费昂贵等因素，郊区的廉价土地也依然对很多大型商场以及一些路边小店有着很强的吸引力。

4. 富山市紧凑型城市的未来展望

在日常生活方面，日本国内对于汽车的依赖度很高，早就迈入了私家车社会。在这样的大背景下，富山市政府为了更好地运营和管理庞大的城市圈，正在研讨城区交通需要经营方案，计划合理布局公共交通、徒步、私家车的利用

---

[1] 富山市的中期目标为从 2007 年到 2012 年，本调研内容是在 2011 年 2 月整理的。

城镇化过程中的环境政策实践

范围，稳定公共交通在居民出行方式上的地位。同时通过铁路、公交等公共交通事业的发展，提高城市圈内的交通便利性，早日实现公共交通指向性的城市。这也是处理人口老龄化、减轻城市环境负担与行政负担的极其有效的政策措施。同时，随着公共交通的发展，公共交通沿线的人口也将会趋于稳定，这样不仅能够有效招揽企业入驻，提高行政效率、增加城市人口，还能保证地方税源，促进公共部门的财政稳定（表8-3）。

表8-3　富山市的城市形象和城市的公共政策实践

城市形象	城市的公共政策实践
预计人口：39万人（2025年） 目前人口：41.7万人 1. 不会开车的人也能舒适安心居住的城市 2. 自由选择郊区或者是城区居住 3. 有多个据点的城市 4. 河流上下游的原生态的维护	○城市基础设施建设推进城区开发事业。强化富山站与周边的交通联系实现南北交通一体化 ○推进城市计划的各项方针制度。建设中心城区据点以及旧城区历史景观 ○引导城区居住和公共交通沿线居住 ○建设搬家支援体制。通过市内电车的发展引导世代居住的多样化 ○改善居住推进地区的居住环境 巧妙利用水资源与绿地资源，促进城市空间的再生。改善JR北陆本线，高山本线周边的居住环境。发展公交路线，充实沿线生活相关的城市功能

资料来源：根据城市规划整体计划（平成20年〈2008年〉制定）制作。

但是，富山市的政策实践告诉我们要实现城市的再生，首先必须规范城市土地使用，恢复市中心的各项城市功能以及改善居民的生活环境。作为这项工作的具体措施，不仅要促进市中心人口的定居率，保证市中心住宅供给，还需要增强城市中心区的魅力，使一些在郊外的公共设施、学校等回归城市中心区域。虽然从设施的更新投资预期以及财政负担等方面考虑有一些难度，但是从中长期的眼光来看，城市发展需要有计划地抑制郊区开发以及引导企业向城市中心区域投资。

另外，富山市探讨了向在铁路站500米以内，公交车站半径300米以内建设住宅社区提供赞助补助资金，虽然其他地区的居民也有些认为这样做不公平而持反对意见。但是富山市政府果断地实行着紧凑型城市的构想以及所实施的各项公共政策。

8.3 地方核心城市的可持续发展

8.3.1 紧凑型城市的创建与地方核心城市的再建

1. 日本城市环境变化的预兆

长期以来,由于日本经济停滞不前,地区人口减少,老龄化程度加深,城市生活受到了严重的影响。面对日益变化的城市环境,日本政府必须重新制定城市规划方案,保障城市功能的持续发展。而新的城市规划也就是目前所热烈讨论的话题就是"如何确保城市的可持续发展"。

日本大店法[1]在1997年之前曾经对华堂百货商店以及永旺购物中心等大型商店做出过一些法律限制。而自从大店法解禁以来,华堂百货商店和永旺购物中心的发展也并不是一帆风顺。这两家商场于2009年遭遇了创业以来的滑铁卢,由于市场环境的恶化,这两家大商场正苦于财政赤字。一些建在郊外的大型商店也努力呼吁一些医疗机构、邮局、行政分局进驻郊外以增加客流量,但是鉴于地区经济衰退、人口减少、老龄化程度的加深,商店的营业额,特别是耐久消费品、服装的营业额都不是很高。另一方面,作为零售行业的便利店似乎有从郊外转向市中心发展的战略意图,目前便利店还新增了生鲜食品货架。一些廉价的服装、日用品商店也逐渐从路边商店转向市中心。

2. 城市内部区域的复兴

城市规划的核心是以土地的有效利用为前提。要创造紧凑型城市就得恢复城市内部区域的区位优势,来建设住宅区以及各项基础设施。在机会允许的前提下,要积极促进政府相关的公共设施(学校、医院、政府大楼、文化设施等)从郊区向市中心的回归。这种投资诱导是必不可缺的。通过这种诱导能够聚拢城市功能,促进市中心地价上涨,从而也能增加税收。

此外,为了维持城市功能的可持续发展就必须保障城市功能区域的最小人口规模。商业、服务业设施的集聚不仅仅要确保人才的数量,还得考虑到该地区的人口密度以保证消费市场的稳定存在。从单个城市来看,借鉴欧洲地方核心城市的发展模式,日本的地方核心城市也至少需要有30万的人口规模。而

---

[1] 日本政府为了保护中心街区的商业街活力,曾一度限制在市区内建设大型综合商业设施。

如果是那些人口数量较少的城市，可以采取和周边小城市合作的方式，确保广域城市圈内的人口规模。

产业城市、大学城、文化艺术城市等具有特殊功能的城市也存在不少，但是，不管是哪种形式的特殊功能城市，都得依赖附近城市功能健全的地方核心城市。比如目前在建的兵库县人工岛计划建设成为一个集医学院、医疗研究开发设施，医疗、介护服务设施于一体的"医疗产业型城市"。而这个以特定的城市功能为主题建造的新城是以临近神户市这个基础设施建设齐全，城市功能完备的核心城市为前提的。

8.3.2 城市开发的多样性与地区资源的评估

1. 城市开发和居住的可持续发展

回顾日本明治维新以来的住宅开发历史，我们可以发现以下两个典型事例。一个是阪急电铁集团的创始者小林一三的"铁路沿线开发"方式，另一个则是明治到大正时期的实业家涉泽荣一的"田园调布开发"方式[1]。以上两个典型的开发案例都是大正昭和时期，以英国产业革命后的田园城市开发为蓝本进行开发的大城市近郊卫星城。

英国的城市开发基本是以就近原则布局住宅与工厂，而日本则是以"bed town[2]"的方式开发城市。日本以铁路公共交通为地区的中心轴，根据上班、上学、购物、休闲等需求在铁路沿线进行相应的开发，由此来丰富城市功能，扩大城市圈范围，吸纳流入人口，创造便利的城市生活。目前，由于居民的遗产继承、迁移等原因，土地所有权已经被划分得"细的不能再细"，但是日本的城市生活环境大体上还是和当初没什么两样。

1923年的关东大地震以后，在东京以铁路沿线为中心，很多居民从市中心转向郊区居住。"二战"后的1955年到1975年日本曾迎来人口高峰，那个时候JR中央线沿线地区相对没有被怎么开发。而由于关东大地震后的居住转

---

[1] 阪急电铁是以大阪为中心的私营铁路系统。田园调布则是位于东京西南的高级住宅区。
[2] bed town式是日本自创的英语，意思是白天去大城市的办公室上班，晚上回郊区的家睡觉。

第八章 紧凑型城市与成熟社会的政策实践

移,中央线上的荻洼站和阿佐谷站等地区出现了大型的住宅区开发。由于这些地区离车站较近,生活比较方便,即使在今天,住宅虽然老化而人气却依旧。目前这些地区正在慢慢地进行旧城改造。以1958年建造有350户居住的阿佐谷住宅区为例,该住宅区有出租用的四层住宅楼,也有出售用的两层阶梯式住宅[1],还有中央广场和公共设施等配套,并配有适当的绿地以及设计合理的道路。如此一来,一个住宅区的舒适程度显而易见。因此,即使当时土地供给与价格比较紧张,也是有可能在进行开发的接近城市中心区域,考虑到住宅区生活环境的可持续发展模式的。

而东京的多摩新城、大阪的千里新城等卫星城的开发始于昭和30年代,而在昭和40年代完工并开始有定居人口的入住,这里象征了日本经济高速增长期的大规模城市开发。经济高速增长期之后,虽然郊外住宅区在继续推进,但是居住人口却在达到一定规模之后停滞不前。因此,像新开发的东京东面的千叶卫星城就难以达到当初规划的人口规模,政府只能招揽商业设施,大学、企业的研究机构等住宅外的城市基础设施来维持新卫星城的发展。然后,随着人口减少,人口老龄化以及市中心住宅增加,出现了回归城市中心区域的现象,很多商业设施也都逐渐淡出卫星城,从而产生了卫星城空洞化的问题。大阪的千里新城交通优势明显,由于离大阪核心车站梅田站大概30分钟车程,离城市中心相对较近,城区再建,居民迁移正在比较顺利地进行着。而东京的多摩新城不仅规模庞大而且交通也不是那么便利,城市的更新非常缓慢。

2. 城市的公共政策实践与保持多元化

在日本,《城市规划方案》(master plan)作为城市规划的基本方针,是每个地方政府应尽的义务,每个地区的城市规划都要根据当地的实际情况来制定。虽然在道路以及公共设施建设的规划中也有一些大规模改造,但是在日本由于土地所有者众多,在开发过程中地权关系的调整非常复杂,所以这种大型的改造往往要花上几十年时间[2]。

---

[1] 日本的一种各户都享有独用庭院的多层住宅。

[2] 笔者了解的最著名的事例就是东京市内连接从中央政府办公地虎之门到东京湾筑地附近的一条约3公里长的快速道路。该道路别称为麦克阿瑟大道,由"二战"后占领军于1947年规划,而由于周围众多地权者等悬而未决的一些问题,相隔66年的今天仍未开通。

所以在这样的条件下，旧城改造不一定要局限于大范围的改造，还可以对现有的建筑进行再利用，实现多元化的城市再生。建筑密度大的闹市区虽然在开发时比较困难，但是也有一些好的创新规划。比如，可以进行整修和改建。

在今天的日本，比如：东京的东神田、大阪的道顿堀、京都的西阵都是历史悠久、建筑密集的城市街区。这些街区通过对老化的街道、店铺、仓库、事务所等再利用，以其富有特色的建筑结构吸引了一批小规模事务所、厂房、小店、饮食店等承租商入驻。这就是旧城再生所创造出的新附加值。同时，这种旧城的改造费用低廉，即使是在市中心也能够以低价租到，还有传统建筑的特有魅力也聚拢了很大的人气，如果能够再配上常住人口，一个地区社区就会应运形成。

3. 城市的公共政策实践与地区具备的资源

在日本经济高速增长期的城市政策都是建立在城市人口增加与城市范围扩大的基础之上，同时又重视解决公害等城市问题。这一时期的城市规划，不管是大城市还是地方核心城市，受到日本政府的国家综合开发政策的影响，计划内容基本一致，缺乏地区特色。各个城市的规划整体呈现一种偏向经济规模和经济效率的趋势。在日本经济高速增长期，由于各地财政收入宽余，带来了大规模城市开发的方式，并席卷了日本。

随着日本经济增长的减缓，通货紧缩的长期持续，加之人口减少、人口老龄化，以及经济全球化引发的产业向海外转移，各个地方城市的行政负担增加等问题接踵而至。而这些一定都是城市再生过程中必须要解决的问题。最近在日本提出来的以地区具备的资源灵活运用为核心的政策或许是解决这些问题的有效对策。所谓的地区具备的资源，不仅仅是那些地区特产，更是通过历史、景观、气候、地理、人才、建筑等融合的区域特性或者地区象征。

在《城市规划方案》的制定过程中，要对地区具备的资源做一个相当长期的规划，要在城市规划中体现出地区特色。特别是在客观评估历史建筑物这类文化遗产的同时，也希望把这些建筑打造成该地区的代表与象征。此外，日本为了更好地保全城市景观与街道布局，构建城市空间的设计框架，在《城市建设条例》的基础之上强化运用地区规划制度和城市建设协议，更好地实现地区资源的灵活运用以及各地区的附加值增加。这是因为丰富的城市生活是由城市各地域魅力的持续创造与发挥所带来的。

8.3.3 公共交通与紧凑型城市的开发融合

1. 公共交通当为城市轴心

公共交通是连接商业、公司业务、教育、医疗、行政等城市功能与居民的重要纽带。只有通过城市功能的各种相乘效果才能实现城市的便利生活。但是由于城市功能过于分散导致了大型枢纽车站周边衰退，利用者数量减少，因而城市的魅力也随之消散。不论是大城市还是地方核心城市，在制定城市规划方案时，都要考虑到这样一点，就是"大型枢纽车站作为城市圈公共交通的起点具有象征着该城市的魅力"。因此，城市范围越大，就越要把公共交通作为城市轴心纳入到城市规划方案里来，以期提高城市范围内移动的便利性。

在进入私家车时代的现代日本社会，像富山市和福井市，二者都把地方轨道交通作为城市轴心提供方便利用，其城市的自身已经得到了很高的评价。这是因为以上两市的公共交通发达，即使暴风雪的天气也不会影响上班和上学等出行以及人们的日常生活。更有像富山市导入有轨电车也是考虑到由于市内人口老龄化的加深，目前已经有30%的居民不方便自驾私家车出门这样的实际情况。

2. 整合地区的公共交通体系

日本按照迄今为止的道路整理规划，已经对城区到郊区的道路进行了大规模建设。但是除了人口稀少地区之外，城区范围内的道路建设已经接近极限。如果要合理安排街区中心的交通的话，与其规划新的道路，不如大力提倡居民使用公共交通。在城区内，重审私家车利用规定的同时必须提倡公共交通的使用。这就需要完善大型枢纽车站等公共交通的路线规划、等待时间、提供公共交通运行路线的信息以及多种费用支付方法。还有从车站到目的地的徒步距离，以铁路车站500米范围，公交车站300米范围内为宜。

此外，在日本人口老龄化加深的今天，必须考虑并实现交通工具的无障碍化移动。同时，也要加强与社区中心等公共设施的合作，完善交通体系，充实大型车站功能[1]。

3. 发展建设大型车站以及增加公共交通运营量、方便城区生活

大型公交站作为城市圈的交流据点，应当发挥其潜在的作用。比如，在大型车站周围布局保健所、图书馆、保育所、医疗、福利事业基础设施等商业、相应业务领域之外的公共设施。提供保育所、便利店等设施的建立，从而可以促进女性就业。现在，可以通过在大型公交站点、铁路车站附近提供新的服务，增加公共交通利用者的数量。这样商业活动比起传统的 KIOSK 型[2]小店以及商品种类齐全的站内便利店的营业额更高，这也充分显示出大型公交车站的客源集约能力。

大型车站的优势不仅仅表现在城市交通便利这一点上，它还可以成为象征地区历史文化的一个场所。如此一来，在这些大型车站附近就可以布局适合的艺术、文化设施以及地区大学的研究机构，也包括信息交流中心。特别是作为面向成年人的生涯教育以及讲座的地点也最适合设立在交通便利的大型车站附近。大型车站附近的功能完备必能带来更多新设施的集聚，实现一个街区的良性循环。

8.3.4 新城市的改造与未来展望

1. 城市创建与新公共建设事业方法的革新

在地区中长期的社会经济环境的变化过程中，人口构成、产业布局、生活方式也在不断变化。同时，随着时间的推移，城市原有的街道布局、基础设施都在慢慢地老化。如果没有新的城市规划来维持城市的魅力与活力，城市人口必将减少，城市也必将走向衰退。城市的历史其实也就是一个城市功能更新与城市再开发的过程，紧凑型城市的导入也只不过是城市历史中的一个阶段而已。

日本在迄今为止的城市开发中，政府或者是民间组织在城市再开发以及区域规划整理过程中发挥了很大的作用。目前，日本经济低增长、人口减少、老龄化程度加深，在这样的时代背景下，传统的城市发展方法似乎显得有些制度疲劳。

---

[1] 充实大型车站功能或许是在大型车站附近安排一些公共设施，更加方便老年人的出行。

[2] 在公交车站周围的传统的报刊亭式小店。

第八章　紧凑型城市与成熟社会的政策实践

特别是建设紧凑型城市需要我们引入新的制度理念，进行制度创新。需要改变以往把推倒重来为中心的大规模再开发的方式以及新建道路进行沿线开发的模式。城市创建再生需要新型开发手法，在进行小规模开发的前提下，把街区景观以及环境等新城市规划等要素加入到地区的区域规划以及街道创建协议中来。

通过大规模城市开发，并进行基础设施建设这样的模式似乎在日本已经达到了极限，目前所要做的就是召开社区共同会议，了解居民所想所求，打造一个居民心中的"城市形象"。政府除了人文服务相关的事业之外，也应该考虑维持和保全城市环境、城市绿地等。

2. 日本人口结构的变化与大城市圈以及地方的未来展望

日本泡沫经济之后，人口又再度向着三大城市圈回流。随着今后大城市圈老龄化程度加大，大城市与地方核心城市之间的社会经济格局又将发生巨大的变化。

随着日本老龄化人口比率的不断上升，老龄人口的急剧增加给三大城市圈带来了严重的影响。由于老龄人口的增加劳动力人口数量不断减少，包括设备投资以及技术进步等生产性改革在内的城市生产活动水平不断下降。另一方面，由于大城市老龄人口的医疗卫生事业等基础设施大量短缺，这些设施的增加无论从时间上还是从财政角度上来讲负担都比较重。因此，虽然会增加居民的负担，但政府增加税收的措施也不可避免。由此，在日本大城市的生活环境变得越来越严峻。

在地方城市，同时出现人口减少和老龄化这两个问题，因此需要进行必要的面向紧凑型城市的制度创新设计。比如本章第二节中提到的金泽市、富山市这两个地方核心城市，人口都在30万人到50万人之间。如果能实现合理的产业布局并长期稳定城市生活，在今后的发展中也就能稳定人口构成比例，保障劳动人口的供给以及老年人基础设施的充足，从而创造安定舒适的城市生活环境。一旦地方核心城市生活环境的优势展现出来，就会出现大城市人口向地方城市的人口移动，而随着这种人口的转移，大城市产业发展以及行政的负担也就能相对减轻，城市圈的压力又会有所下降。

引入紧凑型城市的理念，作为一项城市再生、减轻行政以及城市环境负担的有效措施，在地方核心城市的社会经济环境维持中占有非常重要的地位。同

城镇化过程中的环境政策实践

时也是在未来发展中能够发掘城市潜力的一个很好的方案。稳定城市居住还得引导具有城市生活魅力与活力的生活方式。在这个过程中，日本需要像欧洲学习，以城市的可持续发展为基础进行传统城市生活的再评估。通过地区资源的灵活运用，创造一个集历史、传统、文化于一体的新型城市（图8-7）。

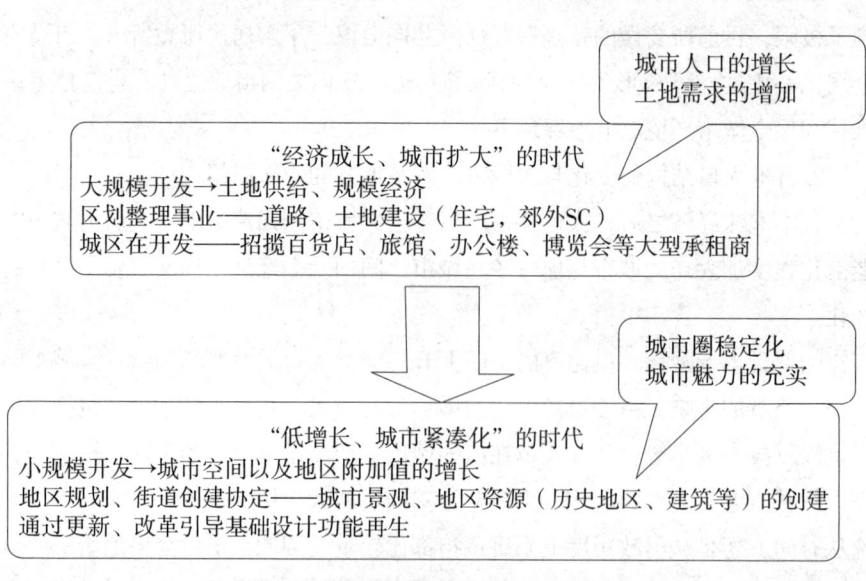

城市人口的增长
土地需求的增加

"经济成长、城市扩大"的时代
大规模开发→土地供给、规模经济
区划整理事业——道路、土地建设（住宅，郊外SC）
城区在开发——招揽百货店、旅馆、办公楼、博览会等大型承租商

城市圈稳定化
城市魅力的充实

"低增长、城市紧凑化"的时代
小规模开发→城市空间以及地区附加值的增长
地区规划、街道创建协定——城市景观、地区资源（历史地区、建筑等）的创建
通过更新、改革引导基础设计功能再生

图8-7　面向紧凑型城市的城市开发手法革新

3. 创建紧凑型城市在日本势在必行

日本自从明治维新以来，在政府的"殖产兴业、富国强兵"的口号之下，日本的社会经济得到了迅猛发展。日本国内总人口从江户时代末期1860年前后的3000万人增加到昭和初期的1926年前后的6000万人。第二次世界大战结束后的1945年，国内总人口增至7200万人，到了2000年已经达到了1.27亿人。战后55年间人口增加了5500万人。日本社会在经济高速增长时期呈现的最显著社会变化，正是从地方特别是农村地区向着城市地区的人口迁移和聚集，城市范围以东京首都圈为中心迅速扩张。

20世纪50年代中期开始到70年代中期，城市的近郊区域大规模开发住宅区、卫星城，也是一种应对当时人口大迁移的政策措施。此外，家庭小型化和核家族化、购房制度的普及也被认为是影响城市人口增加以及郊区开发的重要原因。随着私家车的普及，道路建设的不断完善，逐渐确立起来了郊区居住的生活方式，同时又伴随着路边便利商店以及大型购物中心等区位的确立，在日本逐渐确立下来了欧美式的私家车社会形态。由于城市的无序扩张，商业等城市功能的分散，最终导致了城区空洞化，学校、医院等公共设施也逐渐向郊外转移，城市中心区域存在的意义也被逐渐淡化。由于一般大学设立在郊外，大学生也住在了郊区，像这样，城市街区居住的便利性下降，人口向着郊区流出。

但是，进入21世纪由于日本经济的低增长以及人口老龄化的加深，城市圈的范围扩大已经达到了极限。新一代的人们为了追求生活的便利，回归城市中心的城市规划便应运而生。紧凑型城市的创建，是以增强城市魅力、提升城市价值、复兴城市街区居住、提高行政效率为目的。但是，如果不能很好地恢复城市街区的功能，就很难把分散在郊外的居民重新集聚到城区。所以，需要通过一些高附加值的城市型产业的发展，创造出新的城市魅力和活力。

今后，日本的大城市将和一些社会经济环境较好的地方核心城市产生激烈的竞争。因此，为了聚集一定的人口必须创造出大城市特有的魅力和活力。日本社会受到人口老龄化的影响，可能会出现一部分人口向地方核心城市转移的现象，因此，代表"城市存在方式"以及"城市居住方式"的紧凑型城市的创建在日本势在必行。

8.4 紧凑型城市与徒步经济圈构想

8.4.1 城市中心的购物中心

1. 人类最基本的"行走"与紧凑型城市

以人类最基本的动作"行走"为核心，再一次重新构筑城市的经济社会系统。在紧凑型城市的创建过程中，徒步经济圈超越了城市结构的范围，其中也蕴含着改变经济活动的可能性。

日本推行的环境低污染的紧凑型城市的创建和徒步经济圈的建设将如何影响人口的流动、街道的变化以及商品和服务业？在2009年，日本内阁府对徒步生活街区建设的意识调查表明，日本人赞成和大体赞成"推进构建徒步生活型城市"的合计为93%，占压倒多数。这个调查也可以说"日本人喜欢走路"。如果大家都在路上走，从中发现价值的话，那么这种变化就会波及全部的商业活动，比如：形成商业圈。当你想去郊外的大型购物中心时，不开车而是坐公交或者地铁，然后再徒步逛商业圈，通过这种方式，以人类最基本的动作"行走"为核心，就能构建起城市街区的"徒步经济圈"（表8-4）。

表8-4　93%的日本人赞成徒步街和"徒步经济圈"

赞成	大体赞成	大体反对	反对	不清楚	合计
61.5	31.5	2.2	1.0	3.8	100.0

资料来源：内阁府大臣官房政府广报室（关于徒步生活街区建设的民意调查）。

在日本，实际上到了20世纪80年代中期，那些城市内的繁华街道后来都被当作"徒步经济圈"确立了下来。每逢周末东京的银座对私家车辆的通行实行限制，成为著名的徒步者天堂[1]，正因如此，银座已经成为日本少数几个休闲消费场所之一。"银巴"本是银座的一家非常有名的喝巴西咖啡的咖啡馆，就连日本人也不知道从什么时候开始已经用"巴巴"[2]来形容去商业街休闲散步了。致力于在郊外开设购物中心分店的永旺商业公司于2010年6月在JR京都车站附近的黄金地段开了一家中心市区的购物中心。从前开着私家车到郊外购物中心购物的消费模式也逐渐开始转向了城市中心。日本服装连锁经销商迅销公司旗下的优衣库、宜得利等都吹响了向城市中心集结的号角。

利用私家车只在于目的地集中于一点的这种消费形式。而采用徒步"行走"这种消费方式则可以来回地走动选择。因此徒步消费方式已经将商业扩展到了面。这几年，日本在JR东京车站的丸之内街区的黄金地段也建起了徒步的大型新商业消费圈。

---

[1] 日文原文为：步行者天国。东京最著名的"徒步者天堂"还有位于秋叶原的电器街徒步者天堂等。

[2] "巴巴"在日文已经转意为休闲散步的意思。"银巴"就是去银座休闲散步。

2. 徒步经济圈成立的必要条件

公共交通设施容易到达，商圈中心设施又具有招揽客户的魅力和活力。这便是徒步经济圈成立的条件。当然在大城市成立这样的徒步经济圈是很容易，其实只要满足必要条件，这样的徒步经济圈在中小城市也能建立起来。实际上在中小城市也有建立起徒步经济圈的案例。

获得B级美食家[1]圣典"B-1优秀奖"，以及第一、二届优胜奖，被列入"名食堂"的"富士宫炒面"就是其中一例。静冈县富士宫市建立起了以炒面为核心的徒步经济圈。

从JR富士宫车站到市中心的浅间大社徒步仅需要10分钟。在这里，途中的商店和小饭馆鳞次栉比，酱油的飘香味扑面而来，街道上满是卖炒面的小饭馆。中国餐馆、咖啡馆、炒面店在这里迎接八方来客。浅间大社前面的宫横丁是一家体验店，在这里您可以品尝到140多家富士宫市炒面店所提供的美味。富士宫市的炒面买卖做得好的秘诀不仅仅在于味道，而在于整条街道都是炒面的飘香味，使得附近居住的居民或者观光客都可以边吃边走。

由于每家店铺的炒面味道都略有不同，也有能一路走来吃个5—6家小店的"猛士食客"。由于是边吃边走，在这里滞留的时间随之增加，那么也就有更多的消费留在了这里。从2001年到2009年的这9年中，仅仅通过炒面，该徒步商圈就获得了累积经济效益达到了439亿日元。富士宫市不仅财政收入增加，而且也因炒面闻名于日本全国。

这里的人口的移动手段也发生了转变。最初由于许多游客都是利用私家车前往这里，随之产生了严重的交通堵塞问题。现在前往这里的人们更多使用富士宫市提供的公共交通。近几年，国内各地的旅游巴士也被纳入其中，这样一来远道而来游客们也能够在步行商业街上更加悠闲地"行走"逛逛了。

8.4.2 徒步经济圈的兴起

1. 徒步经济圈是世界的潮流

在徒步经济圈方面走在前面的是德国、法国和美国的城市，徒步经济圈在

---

[1] 在日本与使用高档食材（A级美食）的和式料理和法式大餐等相对应，把食材简单而且单一经营的小店美食称作"B级美食"。在日本，中餐的"B级美食"还有拉面和煎饺等。

德国兴起的契机是 20 世纪 70 年代爆发的石油危机。为了能够更高效地利用能源，德国政府出台了鼓励使用公共交通设施替代私家车出行的交通政策。法国则是以 20 世纪 80 年代解决城市中心人口过少为契机，政府引进了新一代有轨电车来提高城市内移动的便利性。美国最具代表性的是旧金山，该地多坡道，不方便自驾出行，很早以前人们就开始用有轨电车来完善这里的公共交通了。

徒步经济圈的繁荣已经成为世界的一个潮流。虽然，建立徒步经济圈的理由是多种多样的，但是最新的动向是徒步经济圈已经与政府支出和城市环境以及节省能源等问题也挂上了钩。以前以私家车为中心的城市构建是指将居住地、医院和学校向郊外扩张。随之而来的却是电和煤气、用水以及垃圾回收等公共服务的成本也随之增加。而且私家车比起公共交通来能源使用效率更低，二氧化碳的排放量更大。目前为了避免这样的污染，日本的一些城市也从紧凑型城市的理念出发建立了"徒步经济圈"。

2. 战后的日本中小城市建设与徒步经济圈的复兴

反观战后日本，随着各地中小城市的现代化发展，许多向郊外扩展的小城市建设完成。而市区中心街道却越来越空洞化，徒步经济圈的这样的城市形态逐渐淡出了人们的视野。有轨电车等公共交通的衰落也是其中的一个重要表现。在 1968 年的时候，日本还有 36 个城市拥有路面有轨电车的线路，但是今天在横滨市、京都市、北九州市等 100 万以上人口的城市，由于抢占了汽车运行道路的有轨电车变成了累赘，现在有轨电车都已经不再运行了。

以日本最具代表性的观光城市京都市为例。京都市是日本最早拥有有轨电车的城市，20 世纪 70 年代以来，随着现代化的快速进展，京都逐渐转变成了"私家车的天堂"。1978 年的时候已经停止使用所有的有轨电车。根据日本国土交通省所做的京都市居民出行调查，我们发现，1980 年有 22% 的人选择私家车自驾行，这一比例到了 2000 年的时候就已经上升至 28%。即使在外地游客当中也有将近三成的人们采用私家车自驾行的方式游览京都的名胜古迹。其结果如何呢？由于私家车自驾行比例的上升，京都最为繁华的中心街道——"四条通"已经变得非常冷清。2010 年 8 月，位于四条通的百年老店阪急百货店由于店面冷清，经营难以为继终于关闭而退出了京都，公司自身也显现出前所未有的颓势。

然而时代却在悄悄地变化，京都市城市中心的徒步经济圈正在显现出复苏的迹象。如今，京都市准备修整街道，再一次开始徒步经济圈。京都市政府具有很强的危机意识，必须通过建造徒步快乐生活的城市，使得中心的商业街道重新热闹起来。京都市政府果断地推出新政策，从 2008 年就开始在市政府内设立了"徒步城市京都推进办公室"。该办公室以"建造徒步快乐的京都"为口号宗旨，并推出广告说："开车游京都的话，可是看不清楚京都舞姬的面容哟！"足见京都市已经对复兴徒步经济圈建设的诚意和重视。

3. 徒步经济圈使城市分散的功能收缩

现在日本已经进入人口减少的老龄化社会。日本的一些地方政府有一种危机感，那就是如果构建依赖私家车的城市，将会加快城市衰退的步伐。比如：富山市的私家车依赖度非常高，74% 的家庭都拥有两辆以上的私家车。由此带来了富山市的城市功能极为分散，现已经成为日本的县级政府所在地中人口密度最低的城市。

像富山市这样的城市问题主要可以从三方面来理解。（1）对于不能自由使用汽车的居民来说，生活非常不便。由于过分依赖私家车，那么轨道交通和公共交通就会衰落;（2）城市管理的成本大幅上升。由于城市功能向外分散，福利以及垃圾巡回回收的成本不断上升。且富山市地理位置处于日本的多雪地区，冬季的除雪范围加大使得财政负担也随之增大;（3）市中心变得很冷清。现在商业街已经看不到从前的繁华景象了。如果不能建成能够让公司的职员和他们的家属喜欢居住的城市的话，招商引资也就成了问题。

为了解决以上的问题，富山市提出了构建以徒步经济圈为中心恢复城市功能的紧凑型城市的提案。具体内容是以完善公共交通设施体系为主导，采用促使居民更愿意住到公交线路沿线区域的公共政策。

富山市的这些公共政策施行以后，成果正在一点一滴地显现，住在城市中心的居民也逐渐增加起来。虽然中心商业街还没有完全恢复到往日的繁华，但是一个城市的建设和复兴绝非一朝一夕的事情。富山市动员了所有的面向紧凑型城市的城市化公共政策，正在构建一个可持续发展，而且可以漫步的富山市。

8.4.3 徒步经济圈、紧凑型城市与"智能城市"

1. 融合环境技术的徒步经济圈

北欧国家瑞典正在向全世界推广瑞士模式的紧凑型城市。瑞典的紧凑型城市不是因为它拥有能源、铁路、水处理等高新技术,而是因为它在建设宜居以及提高能源利用率的城市上非常有优势。首都斯德哥尔摩的近郊有一座环境示范的紧凑型城市,本来是面向大海的被称作哈马比地区的瑞典重工业地区。瑞典在20世纪90年代开始彻底重建该地区,其结果是打造成了一个以公共交通和徒步为中心的城市。融合了环境技术的徒步经济圈,同样也是非常适合老年人的宜居城市。

徒步经济圈中必要的产品和最具代表性的事例还是铁路和有轨电车。不仅需要连接城市之间的高速铁路,城市内部的铁路也非常重要。最具市场发展前景的当属使用环保能源的新一代轨道公共交通工具了。京都市为了发展徒步经济圈,已经着手开始发展新一代的公共交通工具了,在2010年9月决定2013年度以后引入电动公交车作为城市的巴士。2011年2月电动巴士在京都市内做了试运行,制定了以京都市政府作为起点和终点的循环运行线路,该巴士具有双向通信功能。此外还具有目的地到达时间显示、换乘提示、观光介绍、上下车乘客的个别咨询功能。而且,利用实际运行数据的统计,不只针对单个车辆,还要着手做交通系统整体的开发,旨在构建高效的公共交通移动系统。

2. "智能城市"的兴起

另一方面,"智能城市"是当今的流行语,可以说徒步经济圈也是智能城市的雏形。智能城市这一新概念产生,在利用新能源以及信息技术网络等最先进城市的形象方面,给现代的人们带来了深刻印象。用电力来驱动环保性交通,通过IT信息技术网络进行控制。世界各地都在为建设紧凑型城市努力的同时,实际上也和新兴市场和技术的创造联系在一起。如果城市相应的功能机构可以聚集到中心地带,城市整体的用电成本也会大幅下降,全电动EV汽车等环保交通的应用可能性也在扩大。随着充电站越来越多,建造成本也会越来越低。

另外在较为狭窄的地区建造高层大楼和高层公寓,使中心街道朝着纵向发展。不仅横向的交通基础设施,纵向的交通基础设施也非常重要,因此电梯的需求也在不断增加。近10年来，世界电梯市场增速迅猛，根据日本某公司的2003年调查，需求量为31.5万台，到了2009年的时候增加到了48万台，2015年有望增加到60万台。特别是以中国为代表的新兴国家的经济发展，是高楼大厦建设潮流兴起的主要原因。今后，世界上的城市越来越向着紧凑型城市的趋势发展，那么对电梯的需求就会更大。

3. 紧凑型城市与"智能城市"的未来

从目前环境技术整合的角度来看，实际上建设紧凑型城市是日本所擅长的。由于日本国土狭小，平原面积非常小，拥有很多可以使人们在狭小空间内舒适生活的产品和技术。家用空调和高功能厕所是其中最具代表性的事例。高楼建筑、铁路建设和汽车技术也位居世界前列。"智能城市"的设计公司，巧妙地统合了机械制造公司、发电公司、水处理公司等各种先进技术，正在日本实验建造紧凑型城市。目前的实验区域从城区边缘到市区中心驱车只需要20分钟。可以将本地区收集的废弃物作为燃料提供给暖气设备供热，还实现了利用太阳能的温水区域共享，同时也达到了完善城市功能的效果。

现在，世界各国未来的基础设施需求量很大。铁路、污水处理和能源相关技术为主备受关注，但那些只是基础设施特殊需求的一个断面而已。试图建设新型城市的各个新兴国家，需要全面的城市基础设施，而城市建设本身就有可能成为一项交易商品。日本以这套经验为基础，可以在世界各国展开共同开发事业。问题点就在于日本还没有承揽过一项城市全体基础建设，虽然其个别技术比较先进，但是缺乏整体统筹能力。但从实际情况出发，未来世界各国的城市建设比起建造最先进的城市，更需要避免城市建设中行政成本的增加和能源消耗的增长。

4. 白金城市设想的介绍

三菱综合研究所倡导的白金城市是指对地球环境无害的且可以让老年人自由活动的城市结构。对于老年人来说，功能较为分散的城市不宜居住。为了让大家便于交流，有必要构建徒步生活的紧凑城市。三菱综合研究所测算，到2020年面向老年人的日本白金城市的相关产业规模为13万亿日元（表8-5）。这项测算以日本实现约100个城市的再开发为前提，主要内容包括：太阳能发电设备的装配和能源相关投入3.3万亿日元，城市再开发、住宅投入3.2万亿日元，构建交通网络6万亿日元。单是日本国内市场就有如此潜在规模，如果包括海外市场的话，那将构筑更大规模的市场。如此白金城市的"徒步经济圈"具有巨大的潜在需求，非常有可能成为新兴产业的突破口。

表8-5 白金城市相关市场规模测算

相关领域	市场规模	雇佣人数	主要内容
城市再开发、住宅	3.2万亿日元	53万人	城市基础整备、环保房建设
交通	6万亿日元	100万人	有轨电车、EV电动车、小汽车比重
能源	3.3万亿日元	50万人	智能网络、太阳能发电等
水、铁路输出	4000亿日元	6万人	新干线、水处理事业的海外输出
基础设施维护管理	4000亿日元	8万人	依靠信息技术进行监视

资料来源：三菱综合研究所。

首先在白金城市这个领域发起挑战的是日本三菱综合研究所。2011年4月以成立"白金社会研究会"为契机，日本正在结合政府和民间的智慧进行创新。目前该研究会包括了丰田汽车、松下等116家企业，东京都、大阪府等55个政府机关。还有东京大学和庆应义塾大学等33所大学和研究机构也加入其中。

第九章
日本智能城市创建的政策实践

进入21世纪以来，地球变暖等环境问题日益严峻。如何维护地球环境以及减缓化石燃料的枯竭已经成为全球性的课题并得到了世界的广泛认同。为了应对这一系列的问题，包括中国和日本在内的世界各国已经制定了2020年到2050年之间大幅削减二氧化碳排放量的具体目标，并且签署了相关的协议。比如，日本政府于2008年在内阁会议决定的"创建低碳社会行动计划"中就明确确立了到2050年将削减60%—80%的二氧化碳排放量的目标。其他国家二氧化碳排放量削减目标，美国为83%，欧盟为60%—80%，中国为40%—45%等。不仅发达国家，新兴国家也都已经设定了非常高的减排目标。

基于全球这样的时代大背景下，世界需要开发对地球环境友好而能源又可以更好地循环，同时人们可以更舒适地生活的城市。于是，智能城市[1]悄然兴起。

9.1 智能城市——日本企业的逻辑

9.1.1 智能城市的市场规模与企业行为

1. 智能城市的未来市场与各国的产业战略

2010年美国IBM公司正式提出了"智能城市"的概念。此后，智能城市的市场迅速扩大，给各国的企业带来了商机。根据日本一些调查机构的预测，世界智能城市的市场规模，预计从2010年到2030年的20年间将会累计达到3100兆日元。从不同区域的发展来看，正在走向大规模城镇化过程中的中国

---

[1] 智能城市英文为：Smart City，中文也翻译为"智慧城市"。

位列第一，达到687兆日元。北美地区（美国、加拿大）为631兆日元，欧盟地区为624兆日元，中国和印度以外的亚洲地区为394兆日元。日本国内智能城市的市场规模有可能达到108兆日元，仅占世界整体份额的3.5%。另外，如果关注每年的市场规模变化的话，智能城市的增长速度会实现飞快增长，预计到2020年年平均增长率为14.9%。

世界各国为了能够尽快地抢占迅速增长的智能城市的市场份额，各国政府一方面严格削减二氧化碳的排放量，另一方面也开始实行新的"绿色新政"[1]战略。根据日本的一些研究表明，世界各国的"绿色新政"战略已经趋于白热化状态，特别是以中国为首的新兴国家在智能城市的开发和吸引方法方面非常直接，对于那些拥有高科技并且希望获得市场的发达国家，以"提供资金与市场"加盟到计划中来为目标，在推进"本国项目也获得优势地位"的同时，也学到了"发达国家的技术和经验"。进而，可以推动"自己国家的企业为中心的产业化"进程,强化"向世界出口的竞争力"。但从智能城市的世界各国动向来看，日本可以说仍然保持着非常高的优越性，特别是在智能城市领域中，技术能力非常强。比如，在智能城市领域中非常重要的技术之一——日本的太阳能电池和电动汽车相关技术的专利申请数目占世界的70%左右，而这种优势能够一直保持到2030年。由此，日本的智能城市相关产业就真的能够成为支撑日本经济的一个重要产业。因此为了能够在智能城市市场中取得成功，目前日本企业不仅在日本市场进行开发，同时也瞄准海外市场展开战略。

2. 日本企业的行动

日本智能城市创建推进的一个显著特征就是它是由日本社会主导而非由日本政府主导。确切地说，日本智能城市创建推进的是一个日本各行业的龙头企业联合体。为了应对全球化进一步加快，实现日本经济可持续增长，提升日本企业的国际竞争力,日本经济团体的母体——经团联[2]在2009年年底提出了"未来城市示范项目"计划，并在2010年9月发表了"未来城市示范项目"中期报告。2009年11月日本的SAP、夏普、日本惠普、日建设计、三井不动产、未来设

---

[1] 这里的绿色新政是指在利用自然能源和解决地球温室效应的对策中，世界各国政府通过公共投资，创造出更多的就业以及经济增长点。

[2] 全称为日本经济团体联合会。

计中心、e-solusions[1]等8家企业共同开展了"智能城市项目"的创立。成立该项目的宗旨是将各个企业的推进日本智能城市的国家课题进行具体化，最终目标是将日本的智能城市模式作为一种"社会体系"范例推广到世界各国。之后又有许多日本公司赞成推进该项目。到2010年末，伊藤忠商事、LG、NTT、清水建设、JX日矿日石能源、日立制作所、山武等总共有15家企业加入到了这个项目当中。[2]这样不仅是日本国内的龙头企业，海外的许多龙头企业也参与到了日本的"智能城市项目"当中。可以看到，以日本企业为核心的该项目的运作，从设立之初就瞄准了海外智能城市的市场进行战略拓展。

9.1.2 创建智能城市的目的和构成要素

1. 创建智能城市的目的和具体目标

日本"智能城市项目"的目的是通过可再生能源和储能技术，以降低二氧化碳排放量。同时集合不同领域的领军企业的各种先进技术，构建可适应全球各国不同地域的多样需求的新一代智能城市模型，并将日本的智能城市技术推向海外。在提升日本生活质量的同时，推动日本的环境和能源优势产业的发展。日本智能城市项目的发展重点包括：可以实现能源供需的可视化、为居民提供安全服务的地区一体化管理系统；可以自动进行能源系统等运营管理的智能楼宇；具备电力需求响应技术的智能住宅；新一代车辆基础设施系统，含电动汽车和智能交通系统[3]；更可靠的分布式电力供应系统，通过配置电网蓄电池及通过预测天气调整电力供应提供更可靠的电力供应。

日本"智能城市项目"的具体目标是解决目前城市中存在的一些社会环境问题，营造一个更加宜居的都市空间，同时发挥日本的综合技术力量以增强日本产业竞争力，同时通过国内外发展实现经济增长。该项目的重点具体内容包括实现低碳社会、先进医疗机构设立、新一代运输和物流系统、尖端研发、新

---

[1] 本章第一节的主要内容根据本课题项目的日方合作研究者e-solusions的佐佐木经世社长提供的研究成果，由笔者改写。

[2] 据最新资料显示到2013年7月共有27家企业加入到该项目中。

[3] 英文原文为：Intelligence transport / traffic systems。

一代电子政务、国际旅游中心、先进农业、先进教育等。

2. 日本"智能城市项目"的政策建议

该项目的各个企业为了顺利展开"智能城市项目",积极向日本政府以及各地方政府提出了相应的政策组合建议,包括以下9项建议。

①引入先进的节能技术,包括安装智能电表,开发并部署家用和商用的能源管理系统,实现零能耗建筑,启用电动汽车并部署相关基础设施等。

②推广信息化医疗和远程医疗,包括利用ICT采集和分析诊疗数据,促进医疗机构的联网与诊疗数据共享,推广在线处方,开发医疗和介护护理机器人等。

③引入新一代智能交通系统(ITS),针对道路与道路、车辆与车辆之间的通信、卫星定位技术、交通信息收集和发送、交通管制、安全驾驶及危险回避支持系统、自动驾驶、ITS地面设备、车载设备等开展示范项目;并推广使用高速公路不停车电子收费系统(ETC)。

④构建新一代物流系统,实现对各企业国内外在库商品的一体化管理,在港口/船舶、机场/飞机与仓库之间部署自动搬运装置等高效物流系统。

⑤推广电子政务,包括设立通用的社保和税务账号,实现国民身份证制度,构建处理日常事务的行政门户网站,发行互联网上使用的公开证明,使用人体认证技术,引入选举制度的电子投票系统等。

⑥构建先进的电子社会,包括开发并应用云计算、电波、ITS、定位、射频识别、电子文书等最先进的ICT技术和设施;开发并应用节能信息通信设备;创建多样化的数字内容并通过各种终端等。

⑦在旅游业方面,利用电子通告板、移动终端、车载设备、导游机器人等各种信息设备向国内外游客提供相关信息。

⑧推广农业信息化,实现农产品的在库管理和高效追踪。

⑨推行教育信息化,例如采用平板电脑、电子教材、电子黑板,推行远程教学,实现动画和语音检索及多样化信息活用,确保学校的ICT支持人员等。

3. 智能城市的主要构成要素

①参加企业为了明确在技术上达成的目标,目前展开的日本的智能城市的主要构成要素,主要包括以下5个方面。

A. 地区能源量的可视化，为居民提供安心、安全服务的地区能源管理系统（EMS）。

B. 运行自动能源管理与运转的智能化楼宇。

C. 能应对电力需求响应计划（DR）的智能化住宅。

D. 包含电动汽车及智能交通系统（ITS）在内的新一代汽车基础设施体系。

E. 配合应对天气变化的发电预测和蓄电池而提供稳定电力供给的分散式发电系统。

②同时，参加企业也从以下 6 个方面提供日本智能城市构成要素的主要功能以及具体服务内容。

A. 地区 EMS 中心

a. 地区能源使用量、发电量的可视化

b. 根据能源的供需状况发出相应的蓄电或 PV 抑制指令

c. 智能化楼宇。智能化住宅的节能支援（包含远距离操作）

d. 提供新一代汽车充电站位置信息等相关服务

e. 为居民提供安心、安全服务

B. 智能化楼宇

a. 楼宇能源使用量、发电量的可视化

b. 能源使用最优化的智能管理

c. 热门网络、地区冷暖空调使用最优化

C. 智能化住宅

a. 住宅能源使用量、发电量的可视化

b. 自动节能操作

c. 电力需求响应计划

D. 建立新一代汽车基础设施体系

a. 用户信息以及公共税金管理服务

b. 充电站以及电动汽车合伙利用的预约服务

E. 分散式发电系统

a. 应对天气变化的发电预测

b. 蓄电池提供稳定电力供给

F. 进行模拟实验

在某个街道的范围内进行智能城市的设备建设和功能导入

日本的智能城市建设关键就在于导入客户需求目的和设备规模。导入客户需求目的包括三点:(1)控制二氧化碳的排放;(2)提高可再生能源的利用比重;(3)导入生活的质量(QOL)内容。而导入客户需求设备规模包括四点:(1)太阳能发电容量(电容);(2)风力发电容量;(3)EV/充电器导入数量;(4)蓄电池容量。

9.1.3 日本智能城市亟待解决的三个课题机制

参加智能城市创建的日本企业,在确定以上的目的和具体目标,针对日本政府的政策提议,提供智能城市的主要构成要素、主要功能以及具体服务内容,预测智能城市的客户需求目的和设备规模之后,明确表示智能城市的创建有三个重要的课题机制存在。

1. 课题机制一:解决各国以及各地区不同的需求和地域条件

智能城市的创建就是必须要针对世界各国的需求、地域条件来应对不够充分的提案。

智能城市的创建在世界各地区可以有三种分类法,发达国家、新兴国家、孤岛地区。发达国家是日本、美国、欧洲;新兴国家是中国、印度;孤岛是夏威夷等。如果分析地域条件和需求的话就会发现即便同是发达国家、新兴国家,因为地区不同,各地的地域条件和需求也存在着区别。

比如在发达国家这个类别当中,已经达到世界顶级电力品质水平的日本,今后增加太阳能发电的发展是主要的需求,而相对于电力品质较低的美国,为了缩短停电时间,更新老化的电力网才是他们最为重要的需求。

新兴国家这个类别当中,中国和印度电力基础设施本身不足。据了解,中国缺少相当于30GW的电力设备,印度则缺乏18GW的电力,直到现在还有许多地区没有通电,存在着对于基础设备的需求。

孤岛这种类型当中,运输成本高是主要原因,对于高电力成本有必要采取对策。以夏威夷为例,工业用、家庭用1MWh的电费超过200美金。这是美

第九章 日本智能城市创建的政策实践

国本土两倍以上的价格,因此该地有对于低成本的可再生能源的需求。

世界各国、各地区的需求和地域条件千差万别,智能城市在开拓世界市场时,首先需要理解这一点,从上游提供技术和服务是避免做"零售商"的关键。

因而针对课题机制一所提出的问题,需要优先解决的几个重要课题。日本"智能城市项目"的参加企业从世界的需求、地域条件的整理出发,抽取出需要优先解决的十四个重要课题。其中包括:(1)太阳能发电普及时的多余电力的对应方法;(2)需求响应[1]的供需调整能力的把握;(3)可以压缩成本的小型电网[2]等。因此作为应对世界各地的地域条件和需求的有效办法是优先解决这些重要课题。

为了解决这些重要课题,加盟企业通过对智能城市的构成要素的主要功能以及具体服务内容所提供的"六个要素"进行组合。(1)地区EMS能源管理系统;(2)智能化楼宇;(3)智能化住宅;(4)新一代汽车基础设施;(5)分散电源系统;(6)模拟这些服务内容。这些要素组合作为解决这些重要课题的具体方案。

考虑以上这些要素组合的一个案例就是,假设重要课题需要解决(考虑太阳能电池普及时,剩余电量处理)的对策时,结合能够应对天气情况进行发电预测的"分散电源系统"和使地区能源使用量、发电量可视化的"地区EMS能源管理系统",就可以找到解决问题的方案。

调查这些解决问题的方案发现的结果是:地区EMS能源管理系统提供的解决方案是"大规模可再生资源和控制系统的最佳组合";智能化楼宇提供的解决方案是"环境设计和省能源技术的最佳组合";新一代汽车基础设施提供的解决方案是"从城市规划的观点出发最适合的充电基础设施配备设计和附加服务"等。进而,将抽取出的重要课题分别对应到"六个要素"中进行功能分类,需要实现这些问题解决方案的话,分别需要"地区能源的供需调整","环保型建筑设计","充电设施最适化配置"等总共25个必要的功能。

进一步在世界各国实施智能城市的过程中,有必要建立包含有具体架构、

---

[1] 需求响应英文原文为demand response。当电费达到峰值的时候,通过智能电表(新一代电表),按照需求的顺序削减用户方面的用电量的方法。

[2] 建立分散型小规模电力供应网络。

全面覆盖、形成体系的整体组织。这样的整体组织首先需要考虑的是将25个必要的功能对应到一个平面上，以此为架构做整理。然后再考虑智能城市在全世界范围内展开的时候，必须要使用这样的具体架构，并抓住全面覆盖的必要功能。最后考虑各功能之间的相关性进行体系构筑。这些都与世界各国的不同需求以及地域条件相互紧密地联系在一起。

2. 课题机制二：解决企业联合之间的合作不足

课题机制二就是在开发智能城市的实证实验的开展方法方面，必须解决个别企业的研究开发和经营活动，从而形成企业联合之间的合作。比如，美国新墨西哥州的阿尔伯克基和洛斯阿拉莫斯，日本的横滨市、丰田市以及北九州市都是由不同的企业联合在积极推进。比如，阿尔伯克基的智能城市是由清水建设、明电舍、富士电机系统、东京煤气、三菱重工、古河电力工业、古河电池等十几个公司参加的项目。另一方面，横滨市的智能城市是由埃森哲、东芝、日产汽车、松下、明电舍、东京电力、东京煤气等十几家公司参加的项目。这样就形成了不同的合作形式。但是这些企业联合之间，到现在仍没有看到能够形成标准化的合作动向。所以不同的企业合作当中方式和规格上的不匹配也是可想而知的。

可以设想一下这样没有合作的日本企业联合在海外市场开展过程中将会是一种什么样的结果呢？

这些个别企业的研究开发和经营活动的弊端就在于无法形成合作关系。这种日本企业联合对于那些希望通过最少的投入就能获得最多经验知识的国家，在日本企业内部就会引起价格竞争。结果日本企业在智能城市的商业竞争中，仅仅只能做下游的"零售商"博取薄利，而且技术还有可能被这些国家学去。对日本企业更为糟糕的是获得了技术的国家，今后将独立开展项目，而且会在其他海外市场的竞争当中与日本去分享那块蛋糕。

3. 课题机制三：解决政府的经济援助计划不足

从日本的角度来看智能城市的建设速度的话，世界的主要项目当中的经济规模，目前大型的经济计划与城市开发合作紧密结合，正在加速智能城市的发展速度。比如中国的"天津环境城市"项目，中国政府和新加坡政府各出资50%，共筹集到了3.5兆日元的建设智能城市的资金。另外以政府基金为中心的阿联酋的"智能现代城市"项目当中，政府共投入2兆日元，加速了阿联酋的新商业发展。

在中国和阿联酋在借助资金的力量推动智能城市建设发展的同时，日本则面临着大型经济支援计划不足的问题，目前仅仅停留在相应的实证实验的水平上。这带来了日本智能城市项目的开展速度滞后，意味着日本企业在快速增长的智能城市的市场上正在失去商机。这种开展速度的差距和未来的世界智能城市的市场占有份额紧密相连，将会带来日本企业和技术的"加拉帕戈斯化"[1]。

9.1.4 用日本模式来确立世界智能城市的业界标准

根据上面探讨的三个课题机制，日本的智能城市展开就必须针对每个课题的内在机理采取有效的措施和对策。如果将社会系统的展开、标准模式的构建与提供解决方案的策划和运营公司与基金的组合，这三项结合起来就会变得非常有效。在这里依照顺序对这三个解决方案进行说明。

1. 解决方案一：社会系统的展开

第一个解决方案是在考虑到社会系统的整体展开基础上，首先必须针对世界各地区的需求和地域条件对前面的 25 项功能做全面的探讨。为此，使用前面介绍到的架构将情况可视化的方法就格外有效。

进而将各个功能相结合，组成一个非简单结合体，而是一个有机结合体的解决方案。进而有必要做系统性的计划，使之成为一整套方案。要想达到这样的效果，就必须从市场的需求和地域条件的角度出发，将各个企业的关键技术所能提供的功能串联组织起来，构成一整套的解决方案。

整套解决方案在全世界范围开展的时候，应当理解和把握不同地区的需求和条件。根据各地的情况推出整体上最为合适的解决方案。具体到方法论上，最为有效的方法就是应该采用模拟实验。通过模拟实验，将世界各地的需求和地域条件显现出来，就可能提供成果丰富的高效率解决方案。一旦做到了

---

[1] 加拉帕戈斯化是指在加拉帕戈斯群岛上的生物资源异常丰富，并且大多数保持着原始风貌，不过它们正面临严重的威胁。一方面，偷掠者盗掠岛上有经济价值的动植物，捕捞稀有鱼类和海生动物，另一方面，家养动物变得孤僻而粗野，严重地侵蚀了岛上的动植物资源。

以上这些，日本就可以在满足世界的需求和各地条件的情况下，提供上游的提案。这样既能保护日本的技术，同时也可以使这项业务在全世界范围内得以顺利推广。

2. 解决方案二：标准模式的构建

第二个解决方案，就是必须构建标准模式。具体做法是将现在日本正在实施的实证研究中的成功事例作为标准模式，也就是"日本模式"确立下来。其他的实证实验也应该有同样的趋势。

如果实现了以上内容，那么在海外推广的时候，日本模式就可以在对象国家的上游工程中作为"推荐模式"给出提案，发挥企业之间的联合，避免价格战的发生。其结果日本企业就不会是"零售店"，技术被模仿的风险也随之降低，之后在其他城市开展和其他市场开展中的优势也都能得到强化。这样可以通过日本的技术展开攻坚战。

3. 解决方案三：策划和运营公司与基金的组合

第三个解决方案是使提供解决方案的策划和运营公司与可以提供大量资金的基金相互合作，以此来加快在世界范围开展智能城市领域的拓展速度。而在基金形成这方面，由国家和政府的金融机关提供主要资金，结合社会和个人投资者的负债经营方式则效果会更好。[1]

在前两项解决方案的基础上，加上第三项解决方案使得日本在快速发展的海外智能城市上占有一席之地变为可能，并用"日本模式"在世界上确立业界标准[2]也是有可能的。

为了应对快速扩张的智能城市的市场，日本已经开展了许多的实证实验。比如已有的实证实验如"八户市微行电网项目"、"太田市集中联系型太阳能发电系统"、"阿尔伯克基智能电网实证"、"洛斯阿拉莫斯智能电网实证"等项目。

但是，如果用上面提到的架构对这些实证实验进行整理，我们发现只能对

---

[1] 目前有 PPP 方式（Public Private Partnership，公共私营合作制）和 PFI 方式（Private Finance Initiative，英文为"私人融资活动"，中国也译为"民间主动融资"）。

[2] 英文可以理解为 de Facto standard，中文译为"事实上的标准"。

应智能城市必要功能中的一部分。另外，现在作为新一代能源和社会系统的实证研究地区的横滨市、丰田市、京阪、北九州市都在进行着以日本企业为中心的大型实证研究。然而，同样使用这个架构进行整理，即使拥有这些实证内容，但是可以说也没有对必要的功能做过全面覆盖并形成体系的探讨。对于功能之间的相互关系是否做过探讨这一点也不甚明确。

日本所展开的智能城市的实证研究，不足以应对世界范围的需要和地区的条件，日本所积累的技术就有可能发生加拉帕戈斯化现象。根据前面所谈到的课题机制，智能城市一旦引起了加拉帕戈斯化现象，就必须针对各课题的机理采取有效的措施。

9.1.5 日本智能城市的实证实验

1. 提供全体最优化的一站式整体解决方案

日本的智能城市项目的实证实验不是仅仅将各个企业所拥有的技术做简单的汇集，而是要将这些技术朝着一个有机结合的整体去提供解决方案。因此，为了提供一站式整体解决方案，需要推动一揽子计划的进展。而且必须事先调整整体最适的城市设计方案，在模拟开发方面也要加大力度，灵活运用，瞄准智能城市的国际市场进行开发。现在这种一站式整体解决方案已经在世界各国广泛受到好评，目前，日本企业联合已经接到对这种一站式整体解决方案抱有好感的城市发来的订单。

2. 摸索智能城市项目的商业模式

"智能城市项目"的作用是对各加盟企业的相关技术和业务进行模拟和整合，以此作为构建标准模式的催化剂。利用这样的企业组织，在营业方面针对各个公司的个案，其他企业应给予支持，制作出综合的解决方案，使得高附加值的提案成为可能，营业通道也变得更广阔。这样的话，在开展国际业务的时候可以发挥日本企业之间的合作，避免价格竞争战，守住各企业的技术优势。同时在其他城市和其他国家的地区开展智能城市业务时，也能保持优势地位。

3. 战略的实践

本章中所说的日本"智能城市项目"不只是一个简单的构想，目前，已经在实证实验中得到了实践和深化。开展日本"智能城市项目"实践的中心地点位于东京都东部方面的千叶县柏市，在这里正在进行"柏之叶校园城市项目"，该项目由三井不动产株式会社主导，充分利用乘坐筑波急行线到达东京都市区中心仅需 30 分钟的区位优势，以"官民学的全力合作建设国际学术城市和新一代环境城市"为理念推动项目的进展。日本"智能城市项目"正在通过先进的实证实验和导入解决问题方案，推动着日本的标准模式的探讨和构建。

4. 应对世界不同需求和地区条件的相关体制

①智能城市的实证实验一般都受到几个制约条件的限制：

A. 基础设施和地理条件；

B. 电力基础设施的整合状况；

C. 山脉、森林、海岸等地理条件；

D. 日照、风力、降水量等气候条件；

E. 年温变化状况等。

②而且智能城市的对象地区的特征还包括：

A. 构建方案导入可能的占地面积；

B. 住宅、商店、办公楼、工厂等所占比例；

C. 对象地区的延展面积、占地面积等。

因此在日本"智能城市项目"当中，基于 25 个基本功能的架构，实现在解决方案一中所提示的"社会系统的构建和展开"，在推进项目进程的同时，也为了能够覆盖智能城市的各个领域，欢迎相关的新企业加入。

比如：地区 EMS 能源管理系统由日立制作所担当主导；智能化大楼由三井不动产主导、日建设计、清水设计、山武担当负责；智能化住宅由夏普担当主导；新一代汽车基础设施由日本惠普、伊藤忠商事、JX 日矿日石能源共同担当；分散电源系统由日立制作所担当主导；实证实验模拟工作由日立制作所担当主导。而将这些内容整合在一起的软件支援体系是以 SAP、日本惠普、LG 等企业为中心，逐渐整合起来应对全世界的需求和地区条件的相关体制。

9.1.6 加拉帕戈斯化与日本智能城市

1. 日本企业的加拉帕戈斯化

回顾日本企业的历史，对日本"智能城市项目"的乐观预测显然只是自我满足和自欺欺人。从日本曾经拥有非常优秀技术的 DRAM 记忆卡、液晶面板、DVD 播放器等市场占有率变化情况来看，有许多日本企业的技术逐渐显现出了加拉帕戈斯化效应，这些产品和技术都已经被跨国公司分去了一杯羹。

从以下几个事例来看，DRAM 记忆卡在 1989 年的世界市场占有率为 80% 以上，2005 年就已经跌至 10% 以下。液晶面板在 1996 年拥有骄人的 90% 以上的市场占有率，而到了 2005 年仅占 10%。这样的日本企业的事例举不胜举。而且可以看到，市场占有率损失的速度是年年递增，越来越快。实际上，液晶面板是在以相对于 DRAM 记忆卡的两倍以上的速度迅速失去了市场占有率。

日本企业虽然在市场形成阶段占有较高的优势，保持了较高的市场占有率，但是由于只重视国内市场和技术，随着市场的扩大却被世界远远甩在了后边。这样的情况如果用发生在加拉帕戈斯群岛上生物界的现象来比喻的话，应该被称作日本企业或日本技术的"加拉帕戈斯化"现象。

近年，最典型的加拉帕戈斯化现象的事例就是日本的移动电话技术。虽然，曾经日本拥有世界最先进的移动电话技术，但是却身陷技术为中心以及国内市场为中心的错误发展模式。到了 2008 年，日本企业在该领域的全球市场的占有率仅为 5%。

可以说在世界市场中占有率难以为继的加拉帕戈斯化现象，是在日本众多企业中发生的结构性问题。针对加拉帕戈斯化现象这样的问题，如果不尝试从根本上来解决，还是按照以往的方法推进的话，现在还抱有优势的日本智能城市市场技术也将在几年之内就会失去现有的技术和市场地位。

2. 催生加拉帕戈斯化现象的课题机制

针对加拉帕戈斯化现象的这些问题，不能分别直接采用疗法，而应该针对产生这些问题的内在机制进行分析，从而找到解决它的方案。因此需要俯瞰智能城市市场整体，将市场各处产生的现象通过因果关系结合起来，必须采取能够弄清楚整体内在机制的研究方法。

首先，俯瞰环境能源市场，可以分为供给国和需求国。供给国方面有政府、开发公司、金融机构；而需求国方面则存在着开发主体、城市使用者等角色。其次，将市场整体所发生的情况弄清楚，就会发现存在只能在下游接受订单的"零售商"、海外发展速度不足、难以取胜的价格竞争、需求国本身参与竞争等现象。最后，将各种现象的因果关系总结起来，而亟待需要解决的课题就是前面所讲的明确智能城市的三个课题机制：(1)针对世界的需求、地域条件的应对提案不够充分；(2)企业个别的研究开发、经营活动；(3)财政援助计划不充分等。

使用以上这三种解决方案就能使得本来就处于领先地位的日本运用技术去争夺智能城市的市场。即以技术力作为核心竞争力，从项目的上游入手，保持技术的先进性的同时，避免价格竞争。而且得到经济支援的推动后，在众多的智能城市建设中引入"日本模式"，最终确立业界标准。这些都关系到企业竞争力的增强、保持较高的市场占有率，并同时能避免日本企业和技术的"加拉帕戈斯化"现象的发生。

9.2 北九州市挑战智能城市

9.2.1 日本"新一代能源及社会系统实验地区"项目的展开

1. 日本各地正展开实施的智能城市示范地区

近几年，作为环境友好型城市的"智能城市"的兴起，是通过使用IT信息技术，并利用太阳能等可再生资源，将地区整体能源的使用效率提高来实现的。在智能城市中起到关键性作用的是可以灵活供给电力的地区EMS能源管理系统。在今天的日本，智能城市不仅关系到2011年的大地震后的重建工作，还关系到全球能源问题的解决。为了开拓更美好的明天，现在这项"智能城市"的工作已经在日本被提上了日程，日本政府和企业都在积极推进示范地区的实证实验。

2010年4月，日本经济产业省指定的"新一代能源及社会系统实证地区[1]"有神奈川县的横滨市、福冈县的北九州市、爱知县的丰田市、关西地区的京都府（京阪名学研城市）这四个示范地区。以上这些城市都是以发展信息技术、削减能源消耗、缩减二氧化碳排放量构建 EMS[2] 能源管理系统为目标的示范验证地区。具体为横滨市将实施"横滨智能城市项目"、丰田市将实施"'家庭社区型'低碳城市建设实证项目基本计划"、京都府将实施"关西文化学术研究生态城项目"、北九州市将实施"北九州市智能社区项目"等一系列智能城市项目。

示范地区的重点目标涉及降低二氧化碳的排放量。所以这四座城市承诺到2030年，二氧化碳排放量相比2005年削减40%，并且提高太阳能等可再生能源占能源消费的比重。同时这四座城市要建立多层次的地区电力供应系统，推广家庭 HEMS 能源管理系统，建设智能化住宅，布置住宅和电网的蓄电池，实现家庭 HEMS 及商用 BEMS 的联动，提高电网稳定性和效率，开发新一代电动汽车及充电设施，建设智能化办公室、商店、学校、医院、出租车站等示范点。

2. 各示范地区的实证实验的重点

四座示范城市的侧重和具体细节各有不同。在丰田市以及横滨市，重点是新一代电动汽车，包括电动汽车与电网之间的充放电协调实验，即电动汽车储存多余的可再生能源电力，当电网发电量下降时，再将电力返回电网。在北九州市，重点是氢燃料电池的实证实验。在关西科学城，将重点关注一种新型软件，使消费者可以看到并管理能源的使用，系统也将会包含电动汽车以及太阳能光伏系统。

横滨市推进的"横滨智能城市项目（YSCP）"是以整合办公写字楼和商业楼的"海港未来21"以及大规模住宅区"港北新城"，还有住宅和工业用地构成的"横滨绿谷"这三个地区为对象。在已有的城市中导入智能城市系统是横滨项目的一大特点，该项目将以4000户居民与商业设施为对象实行大规模的

---

[1] 为了避免与智能城市的概念混淆，日本政府所使用的术语为"新一代能源及社会系统实证地区"。

[2] 地区 EMS 能源管理系统又分为，HEMS=家庭用、BEMS=商用、FEMS=工厂用，以及CEMS=中心控制能源管理系统。

能源管理。不仅使用太阳能，同时还积极利用未经使用的热能和废热能，推动电动汽车等 2000 台新型汽车的普及。

丰田汽车大本营所在地的丰田市则着眼于家庭和汽车的关系。在新建的约 70 栋住宅中，将太阳能发电和蓄电池以及插入式混合动力汽车（PHV）进行绑定，通过 HEMS 对用电系统进行统一管理。在提高使用电力的效率同时，当遇到大地震等特殊情况时，甚至可以将 PHV 的电力引入到这些住宅中去。

京都府的京阪名学研城市在保证能源负荷均衡化的同时，非常重视新兴商业模式的构建，以实现住宅、办公楼、大学等的能源流动的可视化和可智能控制的"微型电网"为目标。该地区也大力鼓励当地居民购买环保电器和环保个人用汽车。

日本政府期望以智能城市作为本国复兴的原动力，而实验验证也不仅是在这四座城市中，现在已经有包括地震受灾地区在内的 6 个地区，共 11 个环境未来城市。[1] 目前，日本正在这些地区进行着各种各样的技术尝试，各地凝聚智慧和技术也展开着竞争。目的是开创一条由日本模式主导的智能城市国际标准。

9.2.2 北九州智能社区创造项目——北九州的挑战

1. 北九州智能社区创造项目的实验模式

由"地区节点站[2]"收集到的信息，用来确定每日的电价，这样的景象已经在北九州市八幡东田地区变为了现实。某天在北九州市已经可以看到以下景象。某个夏天的 A 家："啊！今天太热了，下午的电费是昨天的两倍呢！把放暑假的孩子们都叫到客厅来吧，必须要省电了。"某天的 B 公司："今天天气真棒，而且还有风，真舒服。全程使用太阳能和风力发电，电费比从前减少了三成。给蓄电池和电动汽车冲上电吧。"

在北九州市由于导入了根据供应用户电力需求引发的电费变化的"动态电价"收取方式，从 2012 年 4 月起，已经正式开展了"新一代能源与社会系统

---

[1] 其中包括第一节的柏市项目，还有一部分与经济产业省的四个实证实验地区相重复。
[2] 地区节点站就是 CEMS= 中心控制能源管理系统。

第九章 日本智能城市创建的政策实践

实证项目——北九州智能社区创造项目的实验"(图9-1)。

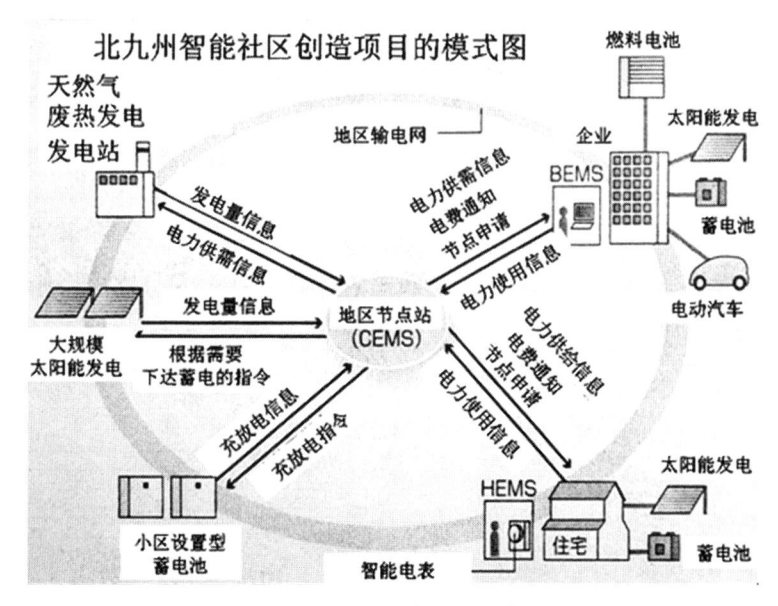

图 9-1 北九州智能社区创造项目模式图

北九州市的该地区是日本经济产业省所选出的四个全国"新一代能源与社会系统实验区"之一,所以作为该项目实施主体的北九州市政府与新日铁、富士电机系统、东芝等53家企业和团体构成了北九州智能社区创造协议会,该示范实验地区辐射面积为120公顷。

2. 项目的实证实验推进

实证项目整体概念推进的重点在于电力使用的供需双方的沟通管理,以地区节点站CEMS为中心,与家庭HEMS、商用BEMS以及氢气蓄电系统等联合实现"社区能源管理",并利用"设定变动电价"以及"优惠方案"等,通过居民参与进行需求方的能源管理(图9-2)。其最主要的目的就在于以下三点。

(1) 实现整个地区能源(电力、热能、氢气)有效利用;

(2) 提出分散型能源系统应有的方式(特别是在灾区的有效利用);

(3) 为省电和高峰时段节电做贡献。

城镇化过程中的环境政策实践

图 9-2 项目推进的时间进程表

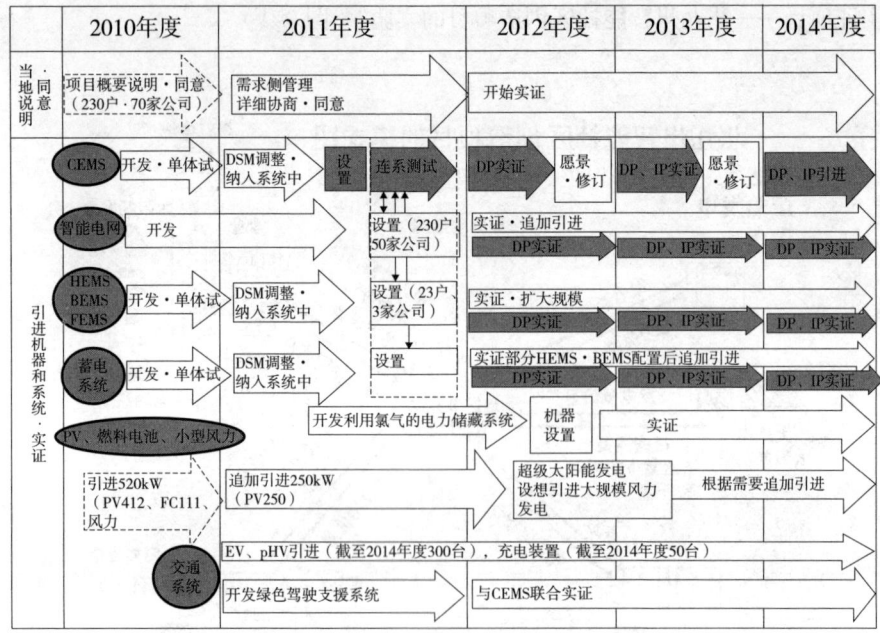

*DSM：需求侧管理；DP：设定变动电价；IP：优惠方案。

该项目预定将在 2014 年完成全部的实证验证研究，目前已经完成了相当一部分切实推进环境的具体设施的建设（表 9-1），从 2015 年开始将全面转入商业化运营。北九州市政府迄今为止为此项目负担的经费为：2010 年度约 0.9 亿日元（折合当时 720 万元人民币），用于研究实施计划、宣传项目、在公共设施配置风力发电设备等。2011 年度约 7.2 亿日元（折合当时 5700 万元人民币），用于建设地区节点站等、市政府发放企业补贴、电动汽车及建设充电设备的补贴等。2012 年为 5.6 亿日元（折合当时 4480 万元人民币）用于推进实证项目、市政府发放企业补贴、宣传项目、发放能源相关研究机构补贴、电动汽车基础设施建设等。

表 9-1 切实推进环境具体设施建设

项目内容	设置新能源等内容
环境共生公寓、企业单身宿舍	公寓：太阳能发电 170kW、设置 HEMS、配置智能电表 宿舍：太阳能系统、地热能系统、配置 BEMS
氢能源实证住宅	燃料电池 1kW×7、太阳能发电 3kW、蓄电池 3kW

· 292 ·

续表

出租写字楼（配置 CEMS 场所）	太阳能发电 10kW、风力发电 3kW、配置 BEMS
设置透析专业医院	太阳热能系统、配置 BEMS
环境博物馆、北九州生态住宅	太阳能发电 6kW、风力发电 3kW、燃料电池 1kW
生态史、历史博物馆	太阳能发电 160kW、燃料电池 100kW、配置 BEMS

9.2.3 智能调整的电力供需

1. 项目进展的特点和重要环节

北九州市环境未来城市推进室的智能社区项目的负责人一针见血地指出"消费者和企业等用电方也积极地参与建设北九州市智能城市项目，这可以促进创建该项目的更好的管理体制"。这就是北九州市的项目进展的最大特点。因而，建设北九州市智能城市项目其中最重要的环节不是发电站建设，而是设置"地区节点站（CEMS）"，并且给参与的各个家庭配置智能电表（HEMS）、给企业和商业设施配置（FEMS 和 BEMS）来进行系统构成的集成和整合。

北九州市首先在实验验证地区内建设地区节点所（CEMS），统一管理整个地区的电力和能源使用。给 230 户家庭配置低压智能电表（HEMS），住宅内电能显示器电表包括：确认用电量画面、确认电费画面、各种通知画面，以及在 HEMS 内配置沟通用机器人。同时北九州市政府还给 70 家企业配置高压智能电表（FEMS 和 BEMS）。并在东田地区内的 9 栋公寓和门司地区的 14 户独栋住宅配置了 HEMS。到 2012 年底，已经完成了在表 9-1 中所示的出租写字楼、企业单身宿舍、透析专业医院、出租写字楼、博物馆以及一些商业设施内配置 BEMS。

2. 地区节点所（CEMS）的作用

设置地区节点站最主要的作用就是调整电力供给，同时制定相应的电价。首先，除了作为主要供电单位，使用天然气废热供电的"东田废热发电"以外，也要同时掌握以太阳能、风力发电或者利用工厂的低温废热发电等的二元发电等分散型电源的供电能力。同时，还要从"HEMS"和"BEMS"等住宅和企业等的能源管理系统中获取供电需求的相关信息。通过对二者的相互比对，建立根据智能电力供应的超过与不足来进行调节每天的电价和供电量的这样一个系统体制。当有必要的时候，就可以向该地区的大型蓄电池等相关设施下达充电或者放电的指令。当然，有时也可以对那些需要供电的单位传达控制用电的请求（图9-3）。

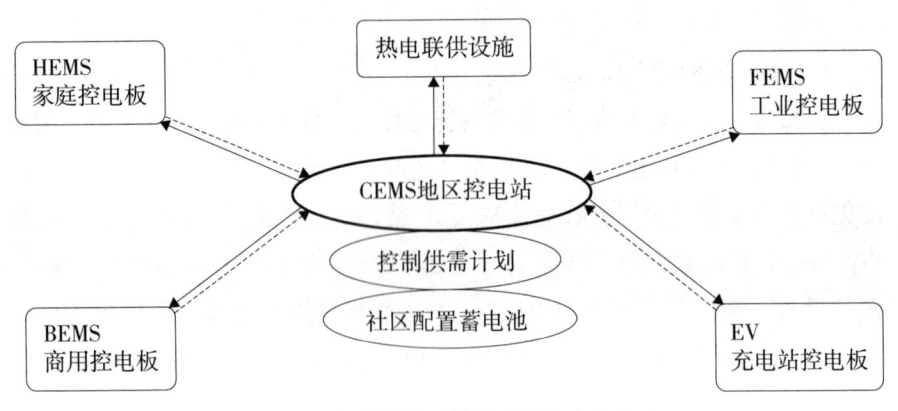

图9-3 智能调整系统构成的整合和集成

那么使用者应该如何应对这一新的情况呢？北九州市在230个住宅区和70家企业中安装智能电表，该装置可以读取每天或者每个时段的电量消费情况。每个家庭可以通过使用终端模块将电价以表格等方式展现在家中的显示器上，根据所显示的情况来控制电量的消费。另外该装置还具有显示"相对于昨天，今天的用电量较高，请节约10%的用电，可以调节一下空调的设定温度"等提示的功能。通过使供电量和用电量的"可视化"方法提高了北九州市民的节电意识。从而也使得居民可以更好地调整热水器，洗衣甩干机的使用时间。而且在装入HEMS、FEMS和BEMS的住宅、工厂等单位可以根据地区节点站的请求，自动调节空调、照明、家用电器和充电装置等的使用时间。

9.2.4 设定智能动态的"变动电价"

1."变动电价"机制的基本理念

北九州市的这个验证实验的关键就在于通过每天供应的电力需求,来改变使用电费的智能动态"变动电价"机制。那么,地区节点所 CEMS 是怎样来决定每天的电价呢?"变动电价"的基本理念如图 9-4。

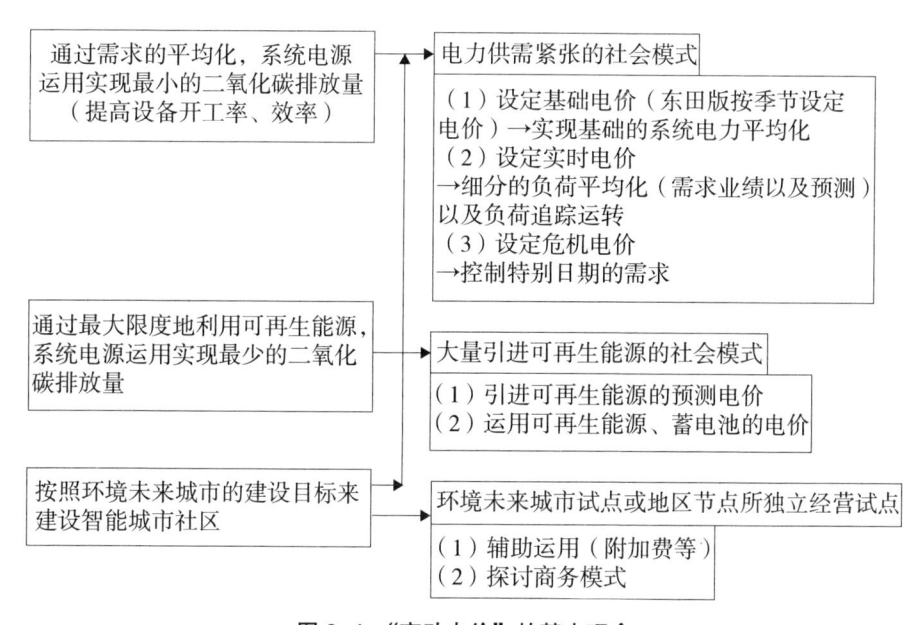

通过需求的平均化,系统电源运用实现最小的二氧化碳排放量(提高设备开工率、效率)	→	电力供需紧张的社会模式 (1)设定基础电价(东田版按季节设定电价)→实现基础的系统电力平均化 (2)设定实时电价 →细分的负荷平均化(需求业绩以及预测)以及负荷追踪运转 (3)设定危机电价 →控制特别日期的需求
通过最大限度地利用可再生能源,系统电源运用实现最少的二氧化碳排放量	→	大量引进可再生能源的社会模式 (1)引进可再生能源的预测电价 (2)运用可再生能源、蓄电池的电价
按照环境未来城市的建设目标来建设智能城市社区	→	环境未来城市试点或地区节点所独立经营试点 (1)辅助运用(附加费等) (2)探讨商务模式

图 9-4 "变动电价"的基本理念

掌握供电情况的第一步就是获取准确的天气气象信息,因为这直接决定了太阳能和风力等清洁能源的发电量变化。进而影响到利用天然气废热供电的发电计划,以及能够从大型蓄电池发电量中获取多少电量。这些数据是用来为次日使用提供参考。

同样,还可以从气象信息和 HEMS、FEMS 和 BEMS 的信息中预测出所需用电量,根据供应的情况来决定电价。智能动态"变动电价"机制在前一日下午两点的时候通知次日每个时间段的电价,当天早上六点再依据更高精度的天气预报进行二次调整通知。北九州市按照变动电价机制的基本理念考虑制定了实证进程表（表9-2）。

表9-2 按照基本理念考虑的北九州市实证进程表

项目内容	2011年	2012年	2013年	2014年
电力供应紧张的社会模式（设定负荷平均化电价）	（1）现状调查;（2）请求需求用户的配合;（3）设定价格	引进设定变动电价的制度机制:（1）设定基础电价（按季节设定电价）;（2）设定实时电价;（3）设定危机电价（CPP）		引进优惠方案等新制度（暂定）
大量引进可再生能源的社会模式（设定环境型电价）		（1）验证电价设定所带来的负荷平均化效果;（2）研究引进可再生能源的预测电价	大量引进可再生能源社会的设定变动电价制度	
未来城市预想模式，或者地区节点所独立经营模式		（1）辅助运用的研究调查;（2）商务模式调研		

2."变动电价"的具体设定

具体的"变动电价"按照企业和家庭的两种形式区分。同时"变动电价"的具体设定是根据基本的时间段设定三档"分时段电价"，在此基础上，一方面通常将假设需要控制用电量的时段设定电价最高为1.5倍，需要刺激用电量的时段则设定电价最低为0.7倍。时段间隔均以30分钟为单位进行设定。另一方面，当预测供电紧张的时候，将电价设定为平常值的5倍。由于天气炎热导致的电力供应紧张，情况非常严峻的时候，节点站只需要提前2小时发出通知，就可以将电价上升到这个水平。

像在图9-5那样的家庭用电方面，根据用电供需变化的高峰时间段可分为5—10月和11—4月两种，每种各设立五个价格段。5—10月的高峰时间段是下午1点—5点;11—4月的高峰时间段是上午8点—10点和下午6点—8点。比如:5—8月的这个时间段中，每千瓦时最便宜为1级的19.2日元，往上依次为50.08日元、75.0日元、100.17日元，而供电最为紧张的时期，电价则升至5级——150.25日元。如此一来，即便是同一个时间段根据电量的供需情况，电价也能差出7、8倍。而最便宜的晚10点到早上8点这个时间段的电费为6.6日元，最高价格更是这一电费的22.8倍。

节点站在设定这样的动态"变动电价"时，是根据夏天最高在30℃以上，冬天最低不足5℃这一天气情况为参照基准来进行设定的。北九州市的实证实

第九章 日本智能城市创建的政策实践

验由于涉及如何了解受天气条件影响的太阳能和风能等的清洁能源有效利用和价格变动所带来的供需情况的变化,因此这种动态"变动电价"模式具有格外重要的意义。

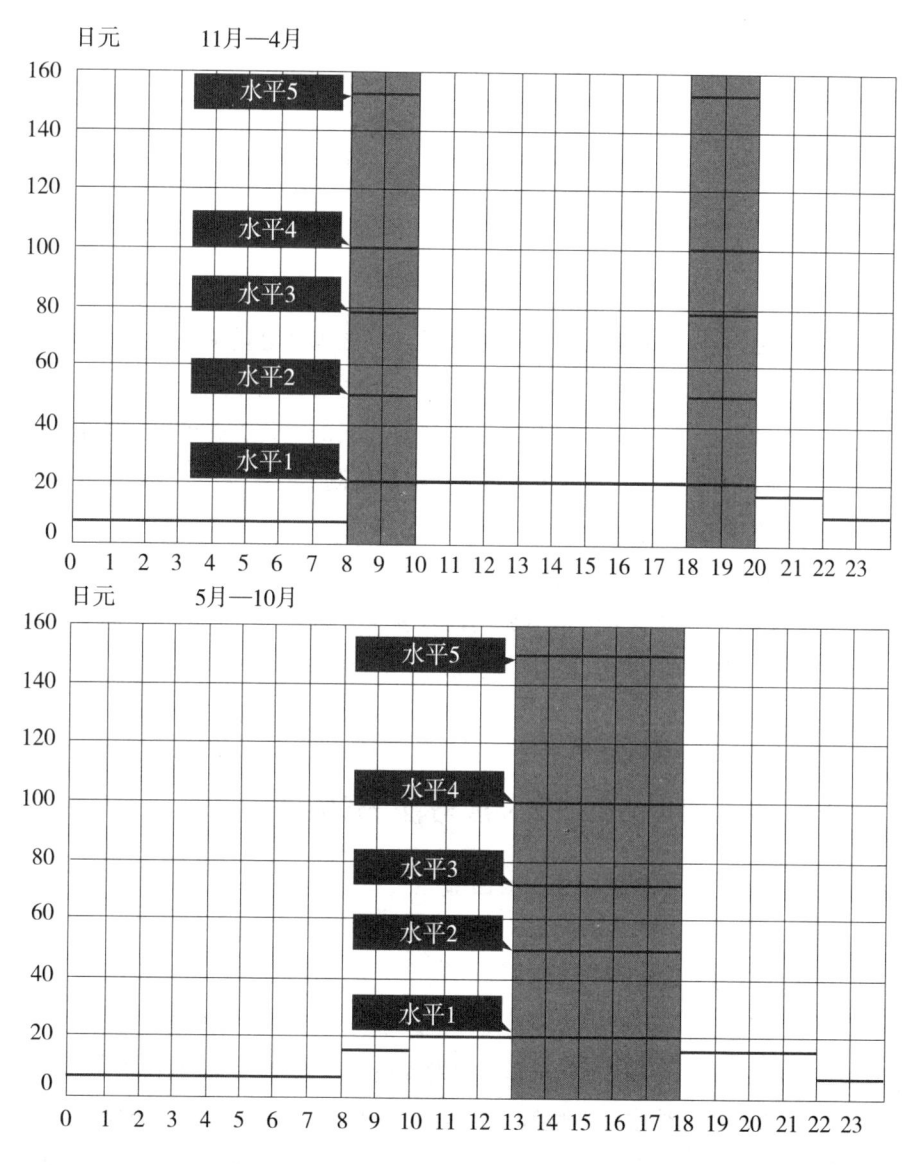

图 9-5 家庭用动态"变动电价"设定图（11月—4月,5月—10月）

此外，供电紧张对策是应对如何能够抑制社会用电高峰情况，以便使负荷平均化所制定的一种电价模式。

供电紧张社会模式（负荷平均化电价）包括以下三个方面。

① 设定基础电价（按季节设定电价）

  A. 目的：基础的系统电力平均化

  B. 按季节变更实际用量合同、计次合同的电价

  C. 不给需求方造成损失，分组按组修订电价

  D. 差别对待以便成为平均化的动机

② 设定实时电价

  A. 目的：细分负荷平均化

  B. 根据前一天的电力需求预测和可再生能源发电量预测，为了高效运转系统电力，通过设定电价进行部分调整供需平衡。

  C. 根据地区的电力供需状况变动调整当天的电价，并可以在2小时前通知用户。这是在全世界最先引进的机制。

③ 设定危机电价

  A. 目的：控制特别日期的需求

  B. 特别是在高温天气对空调的需求就会大幅增加。提前预测将会产生供需紧张的情况，通过设定危机电价控制需求。

9.3　北九州市的氢能源社区与新一代能源

9.3.1　氢气站的建设和氢燃料电池

1. 北九州市氢能源的开发

由于北九州智能社区创造项目所在地区是将新日铁公司曾经的八幡制铁所旧址改造成的开发区，因此在这里可以发挥地理产业优势，从制铁所得到氢气可以应用到燃料电池或者新型汽车开发中。20世纪伊始，在北九州市设置了官营的钢铁公司，这座当时引领日本近代化发展的工业城市，也将在21世纪

第九章 日本智能城市创建的政策实践

转变为一座能够高效率生产并且使用能源的一座环境友好型城市。

北九州市富含氢能源,并具有潜力在不远的未来成为一座氢能源利用的先驱城市。作为北九州市"环境模范城市"的主要项目之一,氢能源利用项目在北九州市八幡东区东田一带建设加氢站,在街区运用管道进行氢气供给,并在一般家庭、商业设施、公共设施这样具有正式规模的社区级别进行实证。这在世界上还属于首次,它构筑了"氢能源模范社区",使人们看到了未来氢能源社会的曙光。

从2009年开始,北九州市利用制铁厂生产的氢气在东田地区建设了氢气站。以此作为契机,在附近的公寓、住宅和商业设施、公共设施下面铺设氢气管道,进行氢气供给的技术实证实验,家庭用、营业用纯氢型燃料电池的运转实证实验,以及与太阳能发电和蓄电池的联合实证实验等。

2. 氢气站的建设和基本内容

北九州氢气站是利用管道将钢铁在生产过程中产生的副产品——氢气直接供应接到厂区外的站外式氢气站。通过管道提供氢气的这种方式在日本还是首次,北九州氢气站也因此成为世界上第三座为提供新一代能源而进行实验的氢气站。该站作为福冈县所推进的"氢气高速路"的东部氢气供给站,已经于2009年9月正式开始运营,基本内容见表9-3。

表9-3 北九州氢气站的基本内容

使用	JX日矿日石株式会社、岩谷产业株式会社、新日铁株式会社
氢气供给方式	钢铁厂生产的副产品氢气通过管道运输
压缩设备能力压力	$45Nm^3/hr$ 吸进:0.75MPa 排出:40MPa
储气设备内容积最大压力	270L×6根,双罐式填充 40MPa
填充能力	3台连续,35MPa
主要构成机体	氢气接入单元、压缩机、蓄压单元、输气单元
特征	通过管道输送氢气的次时代站外式氢气站
所在地	福冈县北九州市八幡东区东田

作为新一代能源提供的第一个项目,为了向北九州市导入的电池燃料汽

车填充氢气，北九州市与福冈县及民间企业[1]共同建设了加氢站（图9-6）。同时，将在福冈市九州大学的伊都校区建设的加氢站之间的路段连接起来，进行一系列开发氢燃料电池汽车的实证实验。这一路段现在被称之为"氢能源高速"路段。

图9-6 北九州市东田地区的加氢站

3. 氢燃料电池的开发

北九州市目前正在开发和使用的氢燃料电池有以下几种（表9-4）：

1kW级燃料电池承担建筑物的热电负荷基底负载，平时进行适合一定功率发电运转的磷酸型燃料电池系统的热电同时供给实证实验。发电时产生的废热作为制冷和制热用的空调能源得到了有效利用，力图实现能源使用效率的提高。

100kW级燃料电池用于废热利用设备，生命之旅博物馆空调设备、电灯等。

---

[1] 参加的国家企业以JX日矿日石株式会社、岩谷产业株式会社、新日本制铁株式会社为主。

第九章 日本智能城市创建的政策实践

而 3kW 级燃料电池主要在加氢站,当外部电力停电时,氢燃料电池和蓄电池联合提供备用电力,维持向氢燃料汽车提供加压的氢气,此类实证实验也正在进行中。

表 9-4 北九州氢气社区项目中使用的氢燃料电池的各项参数

种类	1kW 级	3kW 级	100kW 级
种类	固体高分子形	固体高分子形	固体高分子形
额定功率	0.7kW	3kW	105kW
发电效率	48%	41%	48%
统合效率	90%	41%	高温水 80%、中温水 90%
引进数量	12	1	1
引进地点	生态房屋 东田生态俱乐部 Bird House 氢燃料电池实证住宅 NAFCO home center	加氢站	生命之旅博物馆

由于氢气是无色无臭的气体,因此在市区街道铺设氢气管道时,为了防止漏气产生不必要的危险,在氢气输送的过程中加入了颜色和加味剂[1],使输送的氢气附有气味而便于察觉。但是,由于加味剂本身对燃料电池的影响还是一个未知数,因此目前在利用的时候,再使用活性炭将其去除。除味装置内安装有氢气泄漏感知仪、感震器,并且配备有紧急情况发生时能够切断氢气输送的装置。另外还安装有通过实际气体校正后的氢气流量计。

同时开发了小型移动体用的低压氢气充填装置,灵活运用在燃料电池的电动助力自行车上。在利用氢气能源的起重机上安装的氢气吸附合金,其内部安装的可拆卸式氢气罐是用来充填氢气的装置。为了能够使自动充填成为可能,还应用了各种连锁式装置。

北九州市还用 SGP 碳素钢管在地下铺设了 10 千米的氢气管道,将配管铺设位置在公路下方约 1 米的地方。为了防止其他施工对管道造成损害,在 SGP 碳素钢管上方约 50 厘米处埋设标志薄布的同时,还平行埋设有能够检测到施

---

[1] 加味剂为环己烷类物质。

城镇化过程中的环境政策实践

工造成的震动的光纤。

此外，氢燃料电池实证住宅（图 9-7）也正在积极实验中，这是一个利用三联体系电池[1]实证实验。在氢燃料电池实证住宅的一部分区域中，将其与太阳能发电和蓄电池结合起来，对配合家庭内部热电负荷平衡的高效、稳定供给系统进行验证实验。

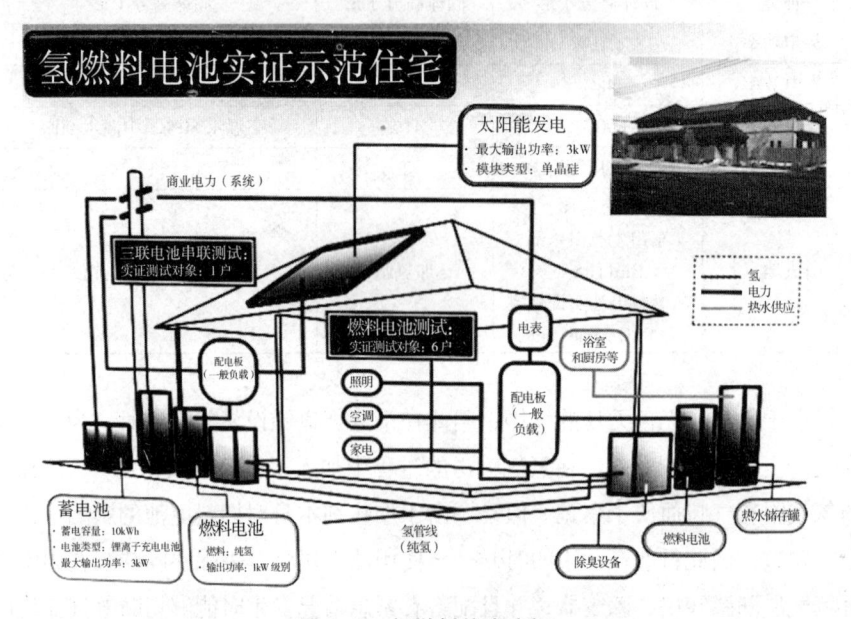

图 9-7　氢燃料住宅实证

9.3.2　氢燃料电池汽车实证与新一代交通系统的构建

1. 日本的 JHFC 计划[2]和 FCV 燃料电池汽车

日本从 2002 年开始实施 JHFC 计划。这个计划就是让搭载氢能源的燃料电池汽车在公路上进行行驶实验，并由加氢站提供氢能源，进行实现应用的性

---

[1] 三联体系电池是指燃料电池、太阳能发电、蓄电池。
[2] 日本氢燃料电池实证计划，简称为 JHFC 计划。

能评估和各种技术课题的数据提取。此外，为了在日本实现 FCV 燃料电池汽车[1]的普及，目前也在进行重新考虑制度设计、取得实现标准化的数据样本以及各种宣传活动。至 2007 年合计有 12 处加氢站参与到了日本 JHFC 计划中来。

FCV 燃料电池汽车是通过氢气与空气中的氧气发生化学反应，利用由此燃料电池产生的电力使汽车发动机运转。与现有的汽车相比，其能源效率较高，减少二氧化碳排放量和节约能源的效果都值得期待。FCV 研究开发的意义就在于减少导致地球温室效应的二氧化碳气体的排放量，降低对资源总量有限的石油依赖度，但是需要对各种革新性技术加大投入。为了减少运输系统二氧化碳的排放量、降低石油依赖度，作为革新技术之一的 FCV 的研究和开发已经势在必行。

从 2007 年开始，参与 JHFC 计划的车型合计有 60 多种，它们囊括了世界各大汽车厂商的不同类型的汽车。在日本有丰田汽车 FCHV、日产汽车 X-TRAILFCV、本田技研工业 FCX、马自达 RX-8HydrogenRE、丰田汽车—日野汽车 FCHV-BUS、铃木 MR Wagon FCV 等，其他国家有通用 HydroGen3、梅赛德斯奔驰 A-Class F-Cell、宝马 Hydrogen7 等。目前共有 FCV 汽车 43 辆，氢引擎汽车 12 辆，以及 FC 汽车 5 辆在进行行驶实验。

目前的实证实验在用途上包括两大方面。一方面，汽车制造商进行燃料电池的研发、车载氢储藏的技术开发、车辆开发、公司内行驶实验等，用途在于实证实验、FCV 公路行驶、向民间与地方政府提供租赁加氢站以及建设利用。另一方面，能源企业进行氢制造技术开发、氢运输技术开发、氢气站的技术开发。用途在于 FCV 可信度和持久性的提高、基础机器技术的积累、氢气站利用知识的储备以及保证标准化和可信度等。

2. 构建新一代交通系统

FCV 燃料电池汽车的最大特征就是环境性能非常好。根据实证实验的结果，相对于内燃机汽车和混合动力汽车，FCV 的综合能源效率高，二氧化碳排放量非常小。而依靠氢能和电力的汽车在行驶时不排放二氧化碳。因此，北九州市目前正在着手以新一代交通系统为核心构建适应电气社会和氢能源社会的各种社会系统。这个社会系统主要表现在以下三个方面。

---

[1] 燃料电池汽车 FCV: Fuel Cell Vehicle。

第一，大量引进电动车（EV）、电油混合车（pHV）以及充实充电设备。北九州市政府已经与民间合作引进了 300 辆左右的电动车（EV）和电油混合车（pHV）等，以东田地区为中心设置约 50 套充电装置，开发智能 IT 系统[1]并开展实证实验。

第二，开发并引进连接各公交机关的交通系统。为实现小型移动体，自行车等交通手段与公交机关之间的顺利换乘，开发应用 IT 系统的大规模模拟和最优化系统，现在正在不断地进行着实证实验。同时，北九州市政府与医院等共同合作，还引进了满足老年人需求的随叫随到型社区巴士服务。

第三，充实"环保积分"活动和"环保学习"系统。健全环保积分的系统，奖励并促进市民的环保行为。充实环保游的体制、发挥电子学习和"推特"（Twitter）等手段的媒体作用，积极宣传介绍实证实验的各种情况。

9.3.3 日本氢能源开发的未来战略

1. 福冈县氢能源战略会议与 Hy-Life 工程

氢能源为未来社会提供了一种极其具有广阔发展前景的能源。从二氧化碳排放量的大小来看，一次能源的顺序为石油、液化石油气、天然气、煤、生物量、核能、水能、风能、太阳能等。汽车燃料的能源顺序为汽油、柴油、液化石油气、压缩天然气、生物燃料、氢能、电力。而汽车排放的顺序为内燃机汽车、氢燃料发动机汽车、燃料电池汽车、电动汽车。

为实现有益于生态环境的氢能源社会，2004 年 8 月 3 日福冈氢能源战略会议在工业、学术界、政府的支持下成立了。这个处于世界先驱的会议立志于在福冈建立世界先进的氢技术研究基地，通过在日本唯一的氢专家培训中心发展相关人力资源，从事从生产到存储的实证活动，运输、氢利用的整合性研究。这就是福冈氢能源战略会议实施的福冈氢能源战略——Hy-Life 工程。

福冈县推行 Hy-Life 工程的优势就在于：九州大学的世界领先的知识能源，每年北九州的钢铁厂制造的 500 万立方米的氢气，日本唯一的 10 千米长的城

---

[1] 也包括 IT 付费系统等。

市间氢能源管道,九州大学伊藤小区和北九州生态城市的氢能源基础设施建设,以及高度集中而又范围广的制造业部门非常适合氢能源的产业化和商业化。

参加福冈氢能源战略会议的目前有超过600家公司及学术机构,囊括了福冈县产学研的精英。包括顾问:福冈县知事、九州大学校长、北九州市市长、九州经济产业局局长、日本制铁公司社长、福冈市市长。会长:日本制铁公司副经理。副会长:岩谷公司高级执行董事。JX日本石油能源执行顾问,氢材料先进科学研究中心所长,以及丰田汽车执行技术指导。

2.Hy-Life工程的具体内容和项目(图9-8)

①研发:以世界性研究机构(产业综合研究所、氢材料先进科学研究中心、九州大学)为首的氢制造、运输、储藏、利用综合性各类研发项目的推进。

②社会实证以及实证验证活动:使氢能源社会具体实现的社会实证推进,包括氢城的建设,氢高速路的建设。

③氢方面的人才培养:培养各种氢人才(商业经理、技术人员、大学生、研究生)成为革新的骨干。

④世界最先进氢信息据点的建设:面向世界传递信息,推动人才、企业、研究所、投资的汇集。

⑤氢能源新产业的开发:通过缩短研究到为社会利益应用的循环,发展并吸引新的氢产业。

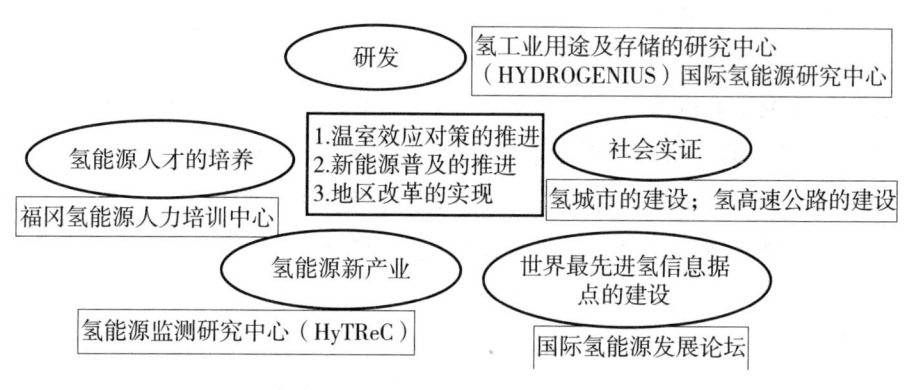

图9-8 福冈县实施氢能源战略示意图(Hy-Life工程)

3. 福冈 Hy-Life 工程分布的区域

① 九州大学伊藤校区（福冈市西区本冈）

　　A. 九州大学氢站

　　B. 氢产业研究中心（HYDROGENIUS，AIST）

　　C. 九州大学国际氢能源研究中心

　　D. 福冈氢能源人才培训中心

② 糸岛地区

　　A. 福冈氢城（糸岛市南风台/美关丘地区）

　　B. 氢能源监测研究中心（HyTReC）（糸岛市富地区）

③ 北九州地区

　　A. 北九州氢城（北九州市八幡东区东田）

　　B. 北九州氢站（北九州市八幡东区东田）

　　C. 丰田 FCHV-adv（北九州市）

　　D. 马自达氢混合氢 RE（严谷公司）

④ 福冈地区

　　A. 丰田 FCHV-adv（福冈县）

　　B. 本田 FCXCLARTY（福冈县）

　　C. 福冈知事住宅的燃料电池系统

在技术和普及方面，福冈的 Hy-Life 工程设立了三个中心，包括产业综合研究所氢材料先进科学研究中心（HYDROGENIUS）、九州大学氢能源国际研究中心以及氢能源监测研究中心（HyTReC）。先进科学研究中心于 2006 年 1 月在九州大学伊藤校区建立 HYDROGENIUS。通过邀请来自世界各地的研究员，研究中心的目的就在于建设氢气利用的安全技术。九州大学氢能源国际研究中心推动能源电池、氢应用以及安全技术的研究。此外，它也支持校企合作以及氢研究的教育。氢能源监测研究中心支持并促进联合研发以及中小企业或新创业的企业进入氢能源产业，并提供测试等服务。比如：包括阀门和传感器在内的与氢相关的成分耐久力测试以及压力循环测试。

9.3.4 零氟化先进街区形成推进以及各种环境事业

北九州市在以 JR 城野车站前为中心的城野地区，通过促进公共交通的使用、导入电力汽车制度，从而抑制私家车的利用率，进行环保住宅及节能设备的安置，并通过导入能源管理而力图能量的最大化利用。该地区将多种低碳技术及对策综合性的采用进来，整备以零氟化为目标的先进住宅街区。

另外北九州市尽可能地导入正在八幡东田地区进行的"北九州市的建设行动迅速的地区自治团体构想"的实证所需的，以智能电网为基本的新一代城市建设所取得的一些成果。2009 年开始，对拥有低碳技术、策略的企事业单位实施了听证，并从二氧化碳的减排效果及普及性的观点，对即将导入本地区的低碳技术、策略进行了筛选。

为了对环境、能源领域的吸引，进一步发展环境模范城市，北九州市不仅在制造业方面的技术、制品的开发起到了促进作用，也在被认为有未来发展空间的环境、能源相关产品的技术开发领域，积极吸引着对此领域抱有兴趣的企事业单位加入到北九州市的行列中来。2009 年，实施了以"有机 EL·白色 LED"的先进技术为主题的演讲，并有 224 个企业参与到了其中。此外还积极推进与产学合作的环境技术开发，以北九州学术研究城市与市内各大学等研究机构为基础，策划并运营各种各样的研究会，并通过开展共同研究等活动，将建设低碳社会所需要的技术开发，从与产学的合作基础上进行推进（表 9-5）。

表 9-5　目前主要的研究会

研究会名称	内容
北九州薄膜太阳能电池研究会	以色素增感型、有机薄膜型、硅质薄膜型的太阳能电池作为对象，对零件开发和设备开发及新项目开发进行相关支持，并进行最新信息的共享、信息交流的推进等活动
汽车用轻量化高品质零件加工技术研究会	将重点放在顾及环境的便捷而又有节能效果的高品质零件的实用化开发，并进行新素材的零件试做以及评价工作
先进能量设备可信赖性研究会	就电力汽车的新一代汽车以及家用电器的节能化问题所必需的能量设备（能量半导体），进行可信赖性实验方法确立方面的研究

附表　北九州市新一代能源实验验证

【保障生活的能源供给基地】

△煤炭

对于曾经作为筑丰煤田的装运港繁荣一时的北九州若松，煤炭是与其关系极为密切的能源之一。

焦炭工厂

〈日本焦炭工业（株）北九州事务所〉：利用煤炭生产焦炭、焦炉煤气、焦油等规模在国内首屈一指的焦炭工厂

焦炭生产能力：5800 吨／天

开采年数：133 年

* 以九州地区筑丰煤田为首的煤炭业曾经繁荣一时，但随着廉价的煤炭进口量增加，现在 99% 依赖进口煤炭。

△石油

不仅是汽车用汽油和暖炉用煤油，还有服装和塑料制品，石油是广泛利用在各个领域的能源。

石油储备基地

〈白岛国家石油储备基地（白岛展示馆）〉：储备着可供日本使用 9 天的海上石油储备基地。还拥有可供了解基地和石油的展示馆。

石油储备容量：560 万 KL

可采年数：42 年

* 虽然在新潟县等部分地区拥有油田，但是 99% 依赖进口。

△天然气

北九州的发电厂也正在引进，是目前作为石油替代能源而积极促进引进的能源。

城市用燃气制造工厂

〈西部燃气（株）北九州工厂〉：利用天然气生产城市燃气，供给北九州地区的城市燃气生产工厂。

城市燃气生产能力：372 万 m³／天

可采年数：60 年

* 与石油一样,虽然在新潟县等部分地区也能够开采天然气,但是约 96% 依赖进口。

【肩负新一代的自然资源】
△风力发电
全年风力资源充沛,成为响滩地区标志性的能源。
〈(株)特德拉能源 HIBIKI〉:响滩地区第 11 座风力发电机。单机发电能力为日本最大级别。
发电能力:1990kW
〈(株)NS 风力发电 HIBIKI〉:日本第一个港湾地区风力发电项目。10 座 1500kW 的发电机成为响滩地区的标志。
发电能力:15000kW
原理:靠风力转动风车发电。发电量是风速的三次方,所以风速达到两倍时发电量就会达到 8 倍。
△光伏发电
住宅房顶上的光伏发电设备有所增加,是北九州市政府推动力度最大的能源。
〈源开发(株)若松综合事务所〉:安装了多达 5600 片太阳能板的 Mega-Solar 发电厂。
发电能力:1000kW
原理:光伏发电是利用硅等半导体材料接触太阳光,将辐射转换为电能的方法。
△水力发电
中小规模的水力发电是不需要大型水库开发也能实现的有效能源。
〈九州市水道局顿田发电站〉:利用从水库流向净水厂的落差进行发电的小型发电厂。
发电能力:68kW
原理:水力发电是利用水流的落差转动水车进行发电的方法。

【再生利用产生的生物质能源】
△生物能源
种植油菜花,并对使用过的废油进行再生利用,生物质是最贴近我们生活的

能源。

BDF 生产设施〈九州 山口油脂事业协同组合〉:从单位或家庭等回收的废油进行再利用,生产生物柴油燃料(BDF)。

BDF 作为柴油的替代燃料,供市属公交车和垃圾回收车等使用。

厨余垃圾乙醇生产试验项目〈新日铁工程(株)〉:利用厨余垃圾生产的乙醇的最先进试验设施。将 3% 的乙醇混合在汽油里的 E3 汽油,供公务车等使用。

【能源的企业间联合(地产地销=自产自销)】

△电力的企业间联合

复合核心设施〈北九州环保能源(株)〉:作为生态工业园的核心设施,将废物气化溶融进行发电。产生的电力,经过北九州生态工业园电力接收协同组合广泛应用在整个地区。

发电能力:14000kW

△蒸汽的企业间联合

干熄焦设备(CDQ)〈日本焦炭工业(株)北九州事务所〉:通过 CDQ 对焦炭生产过程中产生的热能进行充分利用。不仅用作发电,产生的蒸汽还提供给附近的工厂。

发电能力:27900kW

【能源利用的创新技术】

△煤炭气化

将固体煤炭气化后进行复合发电,与传统的粉煤火力发电相比,能够提高发电效率。

EAGLE 项目

〈电源开发(株)若松研究所〉

煤炭气化技术的最先进研究设备=EAGLE 项目。可实现发电效率的飞跃性提高。

北九州学术研究城

环保先进技术的研究城市。区域内引进了光伏发电、燃料电池和热电联产系统等。

光伏发电

发电能力：150kW；

燃料电池，通过与电气分解相反的化学反应提取电力的装置。

发电能力：200kW；

热电联产（天然气），同时利用燃气发电机发电时产生的热能供热水器或暖气使用的系统。

发电能力：160kW（燃气发电机）。

第十章
面向中国未来城镇化的政策实践启示

10.1 日本环保问题研究的进展

今天，已经进入21世纪第二个十年的中国已经置身于相当发达的现代社会。便捷富裕的生活也给我国的生存环境带来了巨大压力。特别是世界各发展中国家方兴未艾的城镇化，依然是以传统的大量生产和大量消费型的社会发展模式和生活样式为中心展开。由此，导致了在城市内的大量废弃物的出现，从而严重地影响了城市生存环境的保护与良性的资源循环。因此，在中国未来的城镇化过程中，必须改变传统的社会发展模式和生活方式，推进中国的循环型社会和低碳社会的形成。也就是说，在中国未来的城镇化过程中，必须要把资源开发与废弃物生成对环境的影响控制在最低程度，从而实现资源的良性循环。由此，中国可持续发展社会的创建已经刻不容缓，循环型和低碳型城市的构建必须提到日程上来。

10.1.1 可持续发展的新理念和新方法

日本在进入21世纪伊始，就把2000年定为了"日本环境型社会元年"。在这一方针的指导下，日本的许多有识之士以及学者们针对以环境为核心的社会科学命题，从各个角度开展了环境型社会与可持续发展的系列研究。其中引人注目的是以东京大学的学者们为主，近年开展的"可持续学"研究的一些启示。

从循环型社会来看"可持续学"研究，其问题的关键点就在于必须清醒地认识循环型社会的思考方式是如何促进可持续消费的生活方式。从目前人类全球资源消费量的角度来看，资源消费主要体现在以下5个方面：(1)水资源；(2)谷物粮食资源；(3)森林资源；(4)化石燃料矿物资源；(5)工业制品生产。而实现这些资源的循环利用就是建立促进可持续消费的生活方式。再从全球人类的废弃物产生量来看，资源消费的结果产生了废弃物，而废弃物产生量则带来了大规模的环境负荷。简而言之，废弃物产生量随着各国GDP的增加而增大，而GDP的进一步增加却难以使得环境负荷的废弃物产生量减少。即从废弃物产生量和GDP的相关关系来考察环境库兹涅茨曲线的话难以成立，因而建立资源循环利用的可持续消费就显得日益重要。比如稀缺矿物资源面临枯竭，如何利用所谓的"城市矿山"这种静脉产业就是建立循环型社会的思考方式之一，这也就是促进可持续消费。而考虑循环型社会的关键点和出发点就是在今天的地球上，人工制品已经基本趋于饱和。因而，从审视矿物资源未来大局，审视能源与生物资源未来大局，加之审视再生利用的合理性这三个方面进行循环型社会的审视极为重要。

近些年，日本可持续发展的环境研究在新理念和新方法方面有以下几点值得我国去思考借鉴和探讨。

第一，就是在我国的城镇化过程中，面向循环型社会的制度设计首先必须设想一些新的远景和理念。在日本，"可持续学"研究的学者们提倡走向2050年远景，并提议在人工制品饱和、资源枯竭、地球温暖化这三个问题意识的前提下，将能源使用效率提高三倍，同时将可再生的非化石能源翻倍。在这样的远景和理念的指导下，我国在走向循环型社会的可持续发展城镇化构建过程中，必须要将各种各样的知识与行动进行结构化。这里的进行结构化的内容包括以下三个方面：（1）必须先赋予问题有现实意义；（2）从知识的结构化走向行动的结构化；（3）必须从区域自身的角度出发来解决这些问题。

第二，现代社会的物质循环紊乱加剧的两大特征就在于：（1）量的紊乱带来了大量废弃物；（2）质的紊乱带来了人造化学物质（DDT、PCB等）的泛滥使用。建立资源循环型社会的经济学就在于物质资源的市场营销化过程，必须使资源循环与经济行为相关联。即可以认为，自然中的"物质循环"和经济中的"资源循环"是密不可分的。但是，人类的经济行为往往扰乱了自然的物质循环，反之，迄今为止几乎没有观察到从物质循环的观点来驾驭经济系统的思想观点。这可以说对今天社会经济的评价既具有有效性，也具有片面性。由此，我们可以理解产业革命带来的技术进步以及经济发展，还有化学工业的兴起使得自然中的物质循环紊乱不断加剧。

第三，在从资源循环的经济学角度来看，所谓"废弃"这种经济行为一般被认为是基本上不产生费用开支。从经济理论上来理解，相比人工制品的生产费用，人工制品的废弃费用小到了可以忽略不计。但事实上从目前日本的废弃物最终处理场所面临着稀少价值的角度来分析的话，废弃费用已经上升到不容忽视的地步。但是如何废弃而后又怎么再生利用，从经济学的角度来看是一个具有相对性的矛盾问题。由于在今天的日本，再生利用的封闭循环静脉市场的未成熟性，以及信息的非对称性，即使在经济学意义上达成了"零废弃"，但是也很难达到"零排放"。因此，在我国今后的城镇化过程中资源循环的制度设计尤为重要。同时，许多物质本身既具有潜在资源性，也具有潜在污染性。潜在资源性带来了潜在资源价值，而潜在污染性必须合理地得到处理和管理。因而，我国必须从根本上从经济学费用的观点来理解合理的管理和处理以及合理再生利用。

第四，为了使发展经济与保护环境共存，首先必须把握合理控制资源循环和静脉市场的质，从而进行可持续发展的经济制度设计。从经济学意义上来讲，合理控制资源循环主要体现在两个层次上，即存量管理和流量控制，而循环本身的意义就在于由流量来合理控制资源循环。流量控制的可持续发展的经济制度设计的主体就在于导入扩大生产者责任（EPR），与此同时要把握好静脉经济和市场的质的问题。

第五，可以说人类社会活动自身就已经带来了相当大的环境负荷，应对资源消费日趋减少的挑战，资源的再循环就显得尤其重要。由于消费物质所引发的环境负荷已经表现在所有的人类行为的环节上，因而各种阶段的资源利用都会产生环境负荷或者带来诱发负荷，建立测量诱发负荷的指标体系就显得越来越重要。目前在学术上最值得信赖的方法就是用"生命循环周期评价（LCA）"体系来进行测量。

第六，循环型社会的指标体系建立就在于必须从区域层次开始评价。循环型社会的形象以及物质流量的指标体系包括：(1) 扩大循环型社会的概念；(2) 引入循环型社会的基本规划和指标；(3) 建立循环型社会的基本规划的指标体系和数值目标；(4) 检验规划的进展以及扩充二次规划中的指标体系。日

第十章 面向中国未来城镇化的政策实践启示

本为了推进3R活动的努力及其指标体系包括:(1)3R及再生利用率;(2)循环型社会基本规划中必须努力的指标体系。

在我国未来的城镇化过程中,必须努力建立地区内循环圈的思考方式,面向支持循环型社会指标的发展首先要理解循环型社会应有的概念状态。在日本,首先是构筑分层式循环型社会,然后是制定二次循环基本规划和地区循环圈。在本书第七章对北九州市的环境产业的事例剖析结果表明,日本式的循环型社会是把产业的制造过程(动脉产业)和再生利用过程(静脉产业)分割开来考虑的,而中国式的循环型社会概念的思考方法已经抓住了产业开始制造到最后废弃之间的不可分割的关系,面向废弃最小化的制造方法来不断扩展产业循环的连环。这在概念上,中国式的思考方法比起以再生利用资源循环为中心的日本式的思考方法更加宽广,因而在建设中国式循环型社会的政策实践上更加有调整的余地。面向中国将来的城镇化过程中,建立可持续发展的循环型社会必须要整合这些思考方法,制定中国式的具有整体体系的发展战略和公共政策。

10.1.2 需要区别循环型社会与低碳社会

面向中国未来城镇化的公共政策实践,我们必须要区别在我国建设循环型社会与建设低碳社会有什么不同。

从1973年的石油危机开始人类强烈意识到资源和环境容许的问题,而1972年罗马俱乐部撰写的《增长的极限》是明确认知这一问题实质的最具代表性的作品。但在当时这个问题还仅仅只是停留在认知这一层次,未能揭示出以认知为基础的相应的政策和解决方案。此后,又经过了十几年的努力,联合国终于在1984年中提出了可持续发展[1]的概念。在这里可持续发展的概念被定义为"既不损害后代人满足其需求的能力,又能满足当代人需求的发展"。此后,以资源和环境容许等问题作为解决方案的关键,"可持续开发"、"可持续性社会"这样的词语被屡次提出,但是这些词语都还没有走出抽象概念的范围。

---

[1] 可持续发展的概念首次提出于联合国的报告书"Our Common Future"中。

城镇化过程中的环境政策实践

20世纪60年代后期,爆发出的发达国家环保问题主要是由工厂造成的大气污染和水污染等公害问题,而并不是资源和环境容许的问题。正如本书第一章所示,发达国家的公害问题通过安装公害防治装置以后,在形式上转变成为废弃物,而在性质上却转变为环境容许的问题。同时,从很长时间以来,工业化一直是以生产→消费→废弃这样单方向的形式推进的。这种单方向非循环的工业化是不可持续发展的方式。这种不可持续发展的方式一方面必然会导致资源枯竭,另一方面也必然会引起污染和废弃物处理厂的满负荷的环境容许问题的产生。为了工业化的可持续性发展,必须要保证工业自身的可循环性。

如果观察自然生态的话,比如在森林中这样的物质循环无限地重复着,因此森林能够延续其可持续性,在森林中也就不会产生所谓的垃圾和废弃物。反观农业生产的话,随着农作物被运离土地,这一物质循环就被迫中断了。在物质循环被迫中断的情况下,继续进行农作物生产的话,土地中的营养成分就会逐渐趋于枯竭。因此为了能够持续进行农业生产,必须要为土地补充养分,即向土地施肥成为一项不可缺失的工作。由于人类根据各地区的水土和文化研究出了施肥方法等农业技术,并通过将施肥列入必要的农业技术,使得农业的物质循环得以延续,从而实现了农业的可持续性。

20世纪90年代前后凸显出来的地球环保问题之一就是不管是发达国家还是发展中国家,所有国家的城镇乡村都面临着大量的废弃物无法处理等问题。所幸的是这十几年以来,人类基于对资源和环境容许问题的认知,终于开始着手重塑以城镇为中心的社会系统。由此循环型社会的构建使得长时间以来保持着单方向发展的工业化终于走到了尽头,人类出现了开始学习生态系统的动向。自20世纪90年代以来,以欧洲为中心开始全面展开了循环型社会的构建。

在循环型社会中,伴随着生产所产生的产业废弃物和消费后产生的一般废弃物都由分解者[1]作为再生资源再次投入到生产活动中,由此经济活动的循环系统得以成立。循环型社会中的生产者、消费者和分解者这三者之间的关系已经与生态系统中物质循环的生长、消亡和分解这三者之间的关系形成了完全一致。

那么什么又是建设低碳社会?

---

[1] 这里的分解者一词等同于"再生回收产业"。

生态系统的物质循环和循环型社会的资源循环的最大不同就在于作为循环动力所使用的能源。在生态系统中物质循环的动力是太阳能，只要太阳能可以照射到地球上，物质循环就可以持续下去。与此相反，在循环型社会中资源循环如果不采取人为地投入能源，资源循环就无法持续下去。显然，人类自身也受到了能源方面的制约，这就产生了地球温室效应问题。

关于地球温室效应问题的原因来自于人类排放二氧化碳，对于这一点也有一些置疑的声音。但是，从国际政治博弈的观点出发，排放二氧化碳原因学说被广泛认同。今后各国受到二氧化碳排放量制约的状况，至少在当前的技术条件阶段还将会持续下去。另外，不论地球温室效应问题的原因何在，地球上的化石燃料都是有限的资源。因此，在尽量珍惜使用这些化石燃料的同时，如何构建一个尽可能不依赖化石燃料的低碳社会，毫无疑问是人类必须面对的课题。

从以上的理解出发，在我国未来的城镇化过程中，应该强烈呼吁建设"低碳社会"的必要性。因为，"低碳社会"是彻底满足二氧化碳排放量最小化的社会。今天，"碳中和"或"无碳"等词语也开始逐渐为我们所使用。比如化石燃料在燃烧时，会将存在于化石燃料中的碳以二氧化碳的形式排放到大气中，因此燃烧化石燃料这一行为不能称为"碳中和"。与此相对，如果燃烧木材的话，虽然同样也会向大气中排放二氧化碳，但是如果同时种植能够吸收同样数量和规模的二氧化碳的森林的话，就可以实现"碳中和"。

从理论上讲，我国未来城镇化过程中建设循环型社会，只是要求投入的能源可以维持资源循环，并不关心被投入的是何种能源。而在我国未来城镇化过程中以建设低碳社会为目标，就有必要将投入的能源由化石燃料的能源转换为碳中和的能源。

10.2 地方政府在环保方面的作用

10.2.1 加强地方政府的监督作用

在我国未来的城镇化过程中，各地方政府最大的责任就是如何起到积极主动的监督作用。而日本的地方政府在处理环保问题时，首先最重要的就是明确了企业必须履行的法律义务。以企业的产业废弃物处理为例：自从导入扩大生产者责任（EPR）的处理法以后，已经明确规定了废弃物排放企业、废弃物处理企业应履行的相应的各种义务。

具体到废弃物排放企业的法律义务就在于努力控制废弃物的排放，支持以市町村为中心的基层地方政府的各项工作，做好废弃物的分门别类，处理好自己责任范围内的废弃物，在产业废弃物移动前做好保管工作。并且，在委托第三方进行处理时，严格确认产业废弃物从运出到最终处理各个阶段的合法性，按照委托标准进行废弃物委托处理，履行在本书第一章中介绍的管理票交付任务。此外，废弃物处理企业的义务就是遵守处理标准，遵守处理设备的构造标准以及维护管理标准，在废弃物处理完成时，向排放委托企业返还管理票。

就日本地方政府的功能而言就是从根本上来强化废弃物排放企业的责任意识，这是因为产业废弃物正确的排放和处理至关重要的就是废弃物排放企业如何处理的责任意识。日本的国会在1991年、1997年和2000年，针对废弃物的处理法案进行了三次修订，其目的就是为了强化废弃物排放企业的责任意识。

10.2.2 地方政府的具体监督和善后处理

在强化废弃物排放企业的责任意识的同时，日本的地方政府对废弃物排放企业的责任检查重点，则主要侧重于以下三个方面。

1. 如何选择废弃物处理企业。包括:(1)确认废弃物处理业者许可证上的许可项目、有效期限、处理设备的处理能力等;(2)确认收集、搬运者是否具有都道府县知事(政令城市则为市长)颁发的允许进入排放与处理现场的许可;(3)确认处理设备和处理现场，确认管理状况是否恰当;(4)确认处理价格是否妥当，特别是要确认与地区其他处理企业相比，价格是否廉价到了相当离谱;委托处理后，地方政府的职员必须定期到处理现场视察，确定废弃物是否被合理的处理。

第十章　面向中国未来城镇化的政策实践启示

2. 废弃物处理委托合同是否规范。包括:(1) 是否和收集以及搬运业者签订了合同;(2) 是否和处理企业签订了合同;(3) 是否委托合同里有处理业者的许可证复印件;(4) 是否都正确填写了各种必须填写的项目。[1]

3. 在使用纸质管理票的情况下地方政府的具体操作。包括:(1) 产业废弃物的每一次移动,都发出一张纸质管理票;(2) 各种填写项目都必须正确填写;(3) 处理业者在规定时间内返还 B2 票、D 票和 E 票(企业必须配有专门的管理员来确认此事);(4) 排放企业保存好 B2 票、D 票和 E 票;(5) 管理票的保管期为 5 年,保管方法由各企业自行决定;(6) 电子版管理票在产业废弃物移交之后三天以内必须进行相关登记;(7) 废弃物搬运以及处理后三天以内查看是否有详细的报告。

此外,地方政府为了去除企业非法投弃的不良影响,规定非法投弃的产业废弃物基本上都是由投弃者负责善后。但是,如果非法投弃者受资金和技术的限制,无法对非法投弃进行处理时,则需要在明确企业的非法投弃的法律责任以后,由地方政府给予相应的财政支持来代为处理。日本政府根据1997年改订的废弃物处理法修正法案,在产业界和国家补助的支持下,创立了产业废弃物正规处理推进中心基金制度。该制度的特征就是由国家补助或承担非法投弃善后的 1/4 的费用,产业废弃物正规处理推进中心基金承担非法投弃善后的 2/4 的费用,都道府县为中心的地方政府承担非法投弃善后的 1/4 的费用。同时,由地方政府负责去除对环境的不良影响。该制度实施以后,对于 1998 年 6 月 17 日之后的非法投弃进行了一定支持。截至 2008 年底,共计支持日本各地方政府的相关环境处理 72 个案件,提供处理费用为 27 亿日元。

另外,对于 1998 年 6 月 16 日之前的非法投弃处理,根据 1998 年 6 月 17 日开始实施的《产业特措法》,由日本政府提供财政基金支持负责进行全面处理。截至 2009 年底,经由日本环境大臣同意,按计划处理了香川县、青森县、岩手县境内等 12 起案件。到 2008 年底日本政府总共出资 205 亿日元基金来支持 1998 年 6 月 16 日之前的非法投弃处理。

---

[1] 包括合同日、合同期限、产业废弃物的种类、数量、金额等,如有中间处理必须注明中间处理后的情况等。

10.2.3 形成互动的公共参与形态机制

在日本为了解决环保问题，政府通过经济手段可以从财政调拨资金来支援设施整备，比如建立产业废弃物处理设施模范整备事业等。但是，如果是以民间企业为主体的话，虽然在资金方面与公共设施没有直接联系，但是可以通过公共参与在规章制定、政策指导等多方面对其进行支持援助。特别是在日本的产业废弃物处理设施整备等的公共参与，已经形成了包括民间企业主体参加经营，用经济财政手段支持，以及通过规制、指导、政策引导等多种互动的形态机制。

在这些方面，具体涉及解决环保问题的公共参与的形态机制，它包括：(1)企业主体出资参加经营；(2)政府通过经济手段，确保用地支持，无偿提供、出租与买卖公共用土地，同时通过硬件支持构建援助体系，援助设施整备费用，提供低利息贷款，债务保证等；(3)确立规章制度，开办宣讲会进行指导；得到当地居民的理解与支持，并通过政策引导从软件方面支持申请手续等，进行环境评估支持以及给予城市规划审议会申请业务等；(4)其他还包括创建安全安心的废弃物聚集环境，支持回收利用品的流通，确保残留物的最终处分地，以及提供环保信息等。

同时，日本的环境省以确保废弃物的正规化处理以及广泛区域内处理为目的，还设立了民间主体的公共参与法人团体[1]，这些法人团体积极为指定的废弃物处理中心开展废弃物设施整备的援助等工作。

10.3 日本式政策实践的几个凸显的问题点

10.3.1 环境政策？抑或产业政策？

日本政府在制定的《循环型社会形成推进基本法》中，明确规定了废弃物

---

[1] 公共参与的法人团体包括：地方政府出资或者参与出资的财团法人、株式会社、PFI选定事业者。

处理的优先顺序为再使用、再生利用、热回收、最终处理。并且，已经把它确定成为日本国家的产业政策。与此同时，日本社会还在大力推行以"3R倡议"活动为主旨的，通过减量化、再使用、再生利用来构建循环型社会。自从日本的《容器包装再生利用法》施行后，可回收再使用的玻璃瓶量从1997年的400万吨下降到了2003年的192万吨。为什么可回收再使用的玻璃瓶量出现了日趋减少的状态？这是因为在日本的《容器包装再生利用法》中并没有规定优先再使用的顺序。

这里就产生了一个日本式的公共政策实践的悖论。为什么即使在《循环型社会形成推进基本法》中规定了优先顺序，而在重新评估的《容器包装再生利用法》中却没有将优先再使用的规定纳入其中呢？原因就在于日本式的循环型社会的构建，与其说是将其作为日本的一项环境政策加以推行实施，倒不如说是作为日本的产业政策的一环以振兴再生利用产业为目的而加以推动的政策实践。对于空塑料瓶在欧洲的"再使用（Reuse）"已经取得了令人瞩目的良好成绩，但是如果空塑料瓶的"再使用"在日本推行的话，就会造成再生利用产业的原料供给量减少。对于通过空塑料瓶作为原料来生产服装纤维或建材、地毯这样的日本再生利用产业来说，日本政府的《容器包装再生利用法》的政策实践机制，一方面可以为这些企业提供利用税金的便宜，另一方面还可以提供质好价廉的原料。作为日本式的常识，经常会听到这样的说法，就是由于严格的日本食品卫生法的规制，日本的空塑料瓶不允许"再使用"。但是，事实果真如此吗？之所以在日本无法实现空塑料瓶的"再使用"，是因为日本食品业界如果使用了"再使用"的空塑料瓶的话，由于日本人具有好洁癖倾向，这样就会使得日本食品业界自身的饮料市场需求下降。根据笔者的观察，这种源自于文化层面而产生在公共政策实践中的悖论影响较大。而在欧洲，空塑料瓶的"再使用"已经应用在矿泉水和清凉饮料等方面，在一个非常广泛的领域内被积极推动，并且取得了非常好的成绩。

因而，在我国的城镇化过程中，需要借鉴日本的公共政策实践经验的时候，必须先要理解日本制订政策的这些悖论。但不可否认的是，仅仅观察空塑料瓶再使用和再生利用这样一个领域的公共政策实践问题时，无论采取欧洲式的"再使用"，还是日本式的"再生利用"，即便是政府注入财政来振兴再生

城镇化过程中的环境政策实践

利用产业，建立大量生产→大量消费→大量再生利用的模式，取代原有的大量生产→大量消费→大量废弃的模式，也应该是中国构建循环型社会的未来城镇化目标所在。

10.3.2 亟待改善的废弃物处理机制

在日本的《废弃物处理法》中明确规定，一般废弃物的处理责任由市町村等地方政府承担，而产业废弃物的处理责任则由生产者承担。并且，在实际处理时，一般废弃物也是由地方政府（市町村）进行处理，而产业废弃物由生产者进行处理。即便是委托废弃物处理业者来进行处理时，废弃物处理责任也都是由地方政府或者生产者来承担的。可以说，日本的废弃物处理机制遵循着"一般废弃物地方政府处理，产业废弃物民间企业处理"这样一个既定方针。但是，在今天由于日本的产业废弃物处理已经完全市场化，由排放废弃物的生产者自行处理或自由将其委托给处理业者，这样一来的话产业废弃物易于在市场上流通，其结果就是环境污染的连续不断扩散。

相比较日本的经验，德国的经验就是产业废弃物的排放者必须向管辖地方政府提交接手产业废弃物的处理业者和处理方法的书面申请。另外，在所排放的废弃物是有害废弃物的时候，地方政府可以指定该废弃物的处理地点，此时废弃物的排放者不能自由选择承包方。因为，将有害废弃物的处理全权交给排放者将会导致有害废弃物更容易在市场上流通，因此必须受到政府的管理和规制。因而，在我国的城镇化过程中，尝试像德国这样实现了"政府对市场进行监督管理和规制"的公共政策实践或许也是一种比较好的政策选择。

10.3.3 如何构建再生利用的循环机制

日本将2000年确定为建立"日本环境型社会元年"。实际上从2000年开始，包括：废金属、废塑料、废纸等大部分再生利用资源都被出口到以中国为主要目的地的国外市场，这不得不让人们对日本式的循环型社会的环境政策倍感讽刺。

可以说，作为"世界工厂"的中国也正在推进以再生资源为原料的工业化进程，这唤起了对再生资源的旺盛需求。另一方面，日本常年在国内积蓄起来的工业制品由于报废而形成了大量的再生资源，因此日本对中国的再生资源出口势头十分强劲。另外，日本产生的大量使用完毕的产品也大多被卖到了国外。有的日本学者针对这样的事态，指出日本将"无法培育国内再生利用产业，无法应对资源价格的下跌"。但是，这就产生了一个政策实践问题，即再生利用资源一定都必须在日本国内进行消费吗？

再生利用本身是一种经济行为，日本要在政策上阻止再生利用资源或报废产品流向经济上具有比较优势的一方是非常困难的，并且在经济上也属于徒劳无益。例如，从日本冲绳县的石垣岛明明可以看到中国台湾，但如果仅仅因为石垣岛属于日本就将其产生的再生利用资源和报废产品运至日本本土参与循环经济的话，在经济上是一种浪费行为。当然，经济上的合理性与人为地以及政治性地划分出的国境并不相关。

如何力图实现再生利用资源或报废产品国际性的循环，这需要各国达成在国际性循环的法律方面的共识。反观当今日本的生产→流通→消费的实际现状，大量的产品生产基地已经转移到了中国和东亚国家等地，在那里生产出来的产品被大量地进口到日本，因此，只在日本国内实现再生利用的资源循环几乎是不可能的。没有将国际性再生利用的资源循环列入法律视野的日本"循环型社会相关联法"，更应该将其修订成为允许国际性再生利用的资源循环法律。但是，不恰当的再生利用不仅会带来环境污染，还会损害人们的健康。在这种情况下，必须要求出口国和进口国同时进行规制，双方也有义务通过提供各种再生利用技术等方式来努力对其进行改善。

10.4 对中国未来城镇化的政策实践启示

10.4.1 日本式环境社会的争论焦点

日本自从20世纪90年代初以来，虽然不断健全与完善了各种环境相关的

城镇化过程中的环境政策实践

法律，日本政府也自认为已经全面进入了环境型社会，从表面上来看，其以往的各种公害污染对策以及今天的环境型社会的建设都在有条不紊地展开着，但是1997年在废弃物处理场所发生的严重致癌污染物二噁英物质的大量排出还是成为日本社会的严重环境问题。[1]虽然政府在此后针对治理二噁英物质的法律条款和循环型社会构建的相关法律得以进一步完善，而隐藏在表面井然有序的背后，其实还是存在:(1)如何应对垃圾以及再生利用的问题;(2)如何理解日本式的循环型社会和低碳社会的问题;(3)日本政府在制订什么样的方针和在何种政策实践下如何采取行动等问题。在日本社会实际上这些环境政策和制度建立的问题无时不在困扰着每一个日本居民。

另一方面，由于日本式的循环型社会是把制造过程和再生利用过程分割开来考虑的，一些对此抱有疑问的日本学者从居民和地方政府应该从怎样的视角来应对城镇化的垃圾和再生利用的问题进行探讨。目前认为在日本的政策实践方面已经形成了这样一种态势，那就是日本国家和产业界明确提出推进"产业政策下的循环型社会构建"，这在相当程度上是为了不停地规避产业界和企业的责任。更进一步，由于将税金注入推进产业发展的"产业政策下的循环型社会构建"当中，使得污染物披着合法的外衣流向全国各地以及世界各地。这些学者认为如果日本式的"产业政策下的循环型社会构建"持续下去的话，那么全国各地的空气和水质以及土壤都将受到污染，到那时建立起来的就不再是日本"资源循环型社会"而是日本"污染循环型社会"。

这些学者还从污染、家庭垃圾、产业废弃物、再生利用、垃圾回收再生利用等问题入手，讨论应当瞄准何种循环型社会以与之配套的社会行动来对抗日本政府的"产业政策下的循环型社会构建"问题的同时，也提出了相应的构建循环型社会的方案。而在这其中的几个关键词语就是，首先，在污染问题方面建议"针对大气、水质、土壤的全方位规制"和"建立污染防治的社会体制"。其次，就是在家庭垃圾方面引入"负向财产"和"扩大生产者责任"的概念。第三,在产业废弃物方面建议"负向财产"和"在公共管理下的处置"的原则。最后，让日本社会在再生利用方面实行"回收型再生利用和扩大型再生利用"

---

[1] 近期福岛核电站每天向周围海域排放300吨核污染水，这依然预示着日本社会所面临的严峻环境问题。

以及"在公共管理下的再生利用"并行机制。这是每一个居民和地方政府在分析垃圾和再生利用问题时所必须拥有的视角,这就在处理垃圾以及探讨再生利用问题时,为设定目标和采用相应政策以及对策方面提供了帮助。

毫无疑问,这一角度的出发点就是站在居民的立场来探讨垃圾和再生利用的公共政策的实践问题。今天的日本对垃圾和再生利用问题的认识也已经今非昔比,20世纪80年代以前的日本一提到废弃物回收"再生利用"的时候,日本政府和地方政府都会避而不谈。但是现在的日本已经从国家层面上积极倡导"循环型社会"和"3R"活动。然而,虽然在表面上已经发生了很大的变化,但垃圾和再生利用的政策根本的最深层次的日本国家和企业体制却一直没有发生改变。日本的这种体制就是一种视产业和经济增长较之于人类和环境保护更为重要的国家和企业体制。这一视角其实就是日本式环境社会争论的焦点。

笔者认为在分析中国未来城镇化的政策机制问题的时候,包括城镇化过程中的优先顺序以及垃圾处理问题等,即便是在探讨中国式的循环型社会时,以上的日本式环境社会争论的这一视角非常重要。如果没有这一视角,地方政策制定者在中国未来城镇化过程中制定公共政策时,面对庞大繁杂的信息量就会陷入无所适从的境地,也将会被淹没在信息的洪水中。反之,如果能够理解以上这些关键词语的含义,对于构建本地区怎样的循环型社会的问题也会起到相当大的启示作用。另外,地方政策制定者在中国未来城镇化过程中实施政策以及具体行动时,一定要设定目标以及为达到此目标必须采取的方针政策。没有这些,也将会迷失方向难有进展,抑或是一味低头前行而走错了方向。

尽管如此,不管是中国还是日本,国家和企业都很难从产业优先的体制中脱身。而且,这种产业优先的体制由于市场原理的作用反而会愈发得到强化,越来越多的人的生存将会受到威胁。本文所探讨的日本式循环型社会构建是"产业政策下的循环型社会构建"。而基于"产业社会的逻辑"所产生的各种各样的发展中的问题,毫无疑问其根本原因就在于所制定的政策实践机制。其实纵观环保问题的解决政策,与解决贫富差距扩大、就业和贫困问题在本质上没有任何的区别。

10.4.2 中国可持续发展目标的社会构想

本书最后就是要论述什么是中国可持续发展目标的社会构想。关于这一点，笔者认为目前各种争论错综复杂。前述的循环型社会和低碳社会其实是表里如一的内在关系，两者都认为天然资源利用具有有限性，同时废弃物处理的问题也是两者所面临的共同课题。但是，只有考虑自然生态系统和人工循环系统的内在统一才能形成最高层次的循环型社会。以中国为中心的东亚传统思想中的循环概念，已经将人类作为自然循环的一部分，在思考这种更高层次的循环型社会的时候，更应该将其作为哲学思想的基础加以探讨应用。因此，中国未来城镇化中构建循环型社会的可持续发展目标，与东亚传统思想中的"自然共生社会"也有着密切的关联。

现在几乎所有人口超过百万人的中国大城市，其地区面积不断扩大。并且都面临着十分严峻的垃圾问题、大气污染问题、交通堵塞问题、水质污染问题等由于物质循环停滞而带来的环保问题。许多研究表明在中国的城镇与乡村之间，可以利用城镇和乡村相互作用的观点讨论具有中国特色的可持续发展的城镇化课题。中国应该考虑以生物物质循环为基础的城市乡村间的资源循环，这种城市乡村间的资源循环的思考方式就在于有效利用城市和乡村中产生的有机资源来促进城市乡村间的循环，而这个着眼点就在于我国可利用的资源循环的规模效应上。一方面可以开发来自大城市的有机废弃物的发生量和技术利用，这包括：城市生物资源的种类以及城市生物资源利用技术。另一方面，作为城市资源供给源的乡村，掌握着乡村中的生物资源的源泉和由从乡村到城市的生物资源的流量，同时，还能够抓住乡村中生物资源利用中产生的各种问题点。

由于在过去二十年里，中国社会的基础设施得到了快速建设，使得城镇和乡村之间的距离不断缩短，以及在空间上已经形成了城镇和乡村之间相互交错的新型关系。如果城镇产生的排出物被运送到乡村和田地，在其转化为农作物后又被运送回城镇，如果能够构建起这种以有机物为中心的物质循环关系的话，就能构建起健全的具有规模效应的区域性物质循环系统。由于这样的物质循环系统也与人的交流形成了紧密联系，由此也就有可能形成城镇和乡村近距离共存的中国式可持续发展的城镇化。这就是将自然生态系统的物质循环扩大到包括人类社会在内的人类与自然系统的物质资源循环的结果，可以认为这就是比今天日本正在进行政策实践的更高级形式的循环型社会的存在模式。

在日本作为可持续发展基础的低碳社会、循环型社会、自然共生社会，这三个社会分别对应各自的课题提出了各自方案，其文化背景很容易理解。但是作为未来社会的构想却被分别提出，这难免形成了一种不协调感。尽管它们之间存在着紧密的相互关联性，并且经过了世界各国围绕着地球可持续发展问题的一系列争论，笔者认为作为中国未来城镇化可持续发展的更进一步的目标，日本的这三个社会提法终将会被综合成为一个统合模式。从日本近期的可持续学研究探讨来看，三个社会统一的模型作为新的日本环境政策的基本观点已经开始得到认同。由可持续学研究和日本的近期环境政策理念产生的这一框架，在考虑中国可持续发展构想时依然非常有效。笔者认为这三个社会统合的未来构想正是中国未来城镇化过程中必须要努力的方向。更进一步来说，日本的可持续学研究倡议在这三个社会的基础上再加上一个"安全以及安心社会"，构成了 3+1 社会作为未来可持续社会的目标。这里所提到的安全并不仅仅局限于物理上的安全，许多的发展中国家都将克服贫困和人民的安全保障作为社会发展的具体目标。从这个广义安全的视角来思考的话，3+1 社会构想作为东亚地区可持续发展社会的目标，应该最具有系统性和广泛性。

我国未来城镇化过程也必须将如何实现低碳社会、循环型社会、自然共生社会和安全与安心社会的构建，以及如何实现它们之间相互和谐发展作为基本视角，来建设可持续发展的中国。在本书即将结束之际，笔者强烈提议在我国未来城镇化过程中应该在以上四个社会的基础上再加上一个崇尚"创新进取社会"的视角，只有实现 3+1+1 这五个社会价值才是中国真正追求的可持续发展社会的远景和目标。

参考文献

日文文献：

［1］アジア低炭素化センター:『北九州エコタウン事業の概要』，アジア低炭素化センター 2012 年版。

［2］アレグレ、クロード著，林昌宏訳:『環境問題の本質』，NTT 出版社 2008 年版。

［3］『ECO で世界に環をむすぶ』，北九州市環境局環境国際協力室 2008 年版。

［4］〔株〕E-solutions 編:『「スマートシティプロジェクト」の概要』，スマートシティ企画株式会社 2010 年版。

［5］『川崎から世界へ伝える環境技術～過去の経験と未来へのメッセージ～』，2010 年版。

［6］川崎市:『川崎市 市勢要覧 2009 年版』，神奈川新聞社 2009 年版。

［7］川崎市環境局生活環境部廃棄物政策担当編集:『かわさきチャレンジ・3R．川崎市一般廃棄物処理基本計画－概要版－』，2004 年 4 月策定。

［8］川崎市環境局生活環境部廃棄物政策担当編集:『環境局事業概要－廃棄物編－かわさきチャレンジ・3R の推進に向けて』，川崎市環境局生活環境部廃棄物政策担当発行，2010 年版。

［9］『川崎市環境局事業概要―廃棄物編―ダイジェスト』，平成 2009 年版。

［10］川崎市編:『ごみと資源物の分け方・出し方』，2010 年版。

［11］川崎市編:『平成 23 年 3 月 1 日から「ごみと資源の分け方・出し方」保存版』，2010 年版。

［12］『かわさきチャレンジ・3R 川崎市一般廃棄物処理基本計画―概要版―』（日文），川崎市環境局廃棄物政策担当策定，2005 年 4 月策定。(2009 年 4 月一部改定)。

［13］環境省:『「チーム・マイナス 6%」―成果と原理・原則―（Ver.4)』，環境省 / イーソリューションズ株式会社 2008 年版。

［14］北九州市:『環境モデル都市北九州市～世界の環境首都を目指して～』，2008 年版。

参考文献

［15］北九州市環境局環境国際協力室:『環境友情物語〜よみがえった大連の青い空〜』

［16］『北九州国際技術協力協会２０年史　平成１１年 ODA　Project』，1999 年版。

［17］北九州市産業経済局:『INVEST KITAKYUSHU』，北九州市産業経済局、産業振興部、貿易振興課，2011 年版。

［18］『北九州市の環境　概要版　環境モデル都市北九州市』，2010 年版。

［19］熊本一規:『日本の循環型社会づくりはどこが間違っているのか?』，合同出版株式会社 2009 年版。

［20］経済産業省編:『産業構造ビジョン 2010 年』，（財団法人）経済産業調査会 2010 年版。

［21］公益財団法人旭硝子財団編著:『生存の条件』，信山社 2010 年版。

［22］小島朋之、厳綱林編:『日中環境政策協調の実践』，慶応義塾大学出版会 2008 年版。

［23］小宮山宏、武内和彦、住明正、花木啓祐、三村信男編:「サステイナビリティ学」『①サステイナビリティ学の創世』，東京大学出版会 2011 年版。

［24］小宮山宏、武内和彦、住明正、花木啓祐、三村信男編:「サステイナビリティ学」『②気候変動と低炭素社会』，東京大学出版会 2010 年版。

［25］小宮山宏、武内和彦、住明正、花木啓祐、三村信男編:「サステイナビリティ学」『③資源利用と循環型社会』，東京大学出版会 2010 年版。

［26］小宮山宏、武内和彦、住明正、花木啓祐、三村信男編:「サステイナビリティ学」『④生態系と自然共生社会』，東京大学出版会 2010 年版。

［27］佐々木経世:『世界で勝つ！ビジネス戦略力「スマートシティ」で復活する日本企業』株式会社 PHP 研究所 2011 年版。

［28］財団法人産業廃棄物処理事業振興財団編集:『誰でもわかる！！―日本の産業廃棄物（改訂 4 版）』，環境省監修，（株式会社）大成出版社 2010 年版。

［29］『サスティナブル産業都市に関する調査―新居浜市を事例として―』，財団法人日本経済研究所 2004 年版。

［30］『重慶市における廃棄物処理システムの確立に係る提案型案件形成調査　最終報告書 2003 年 3 月』，北九州市／国際協力銀行 2003 年版。

［31］スマートシティ企画株式会社:『Smart City One Stop Total Solution』Smart City Project, 2012。

［32］『大震災、津波、原子力災害と復興に向けた日本政府の取り組み』，原子力安全保安院、日本政府 2011 年版。

［33］『都市と環境変化―新たな都市創造の展開―』，2010年版。
［34］日経ビジネス:『「歩ける街」に消費者が戻り始めた「徒歩経済圏が生む新市場」』，日経BP社，2010年版。
［35］『大連市環境モデル地区に係る開発調査の結果について』，JICA社会開発調査第二課鈴木　環境局環境国際協力室，平成12年5月30日。
［36］橋爪大三郎:『21世紀は人類が「国家」ではなく「環境」で連帯』，人間会議2007夏季号。
［37］ブラウン，レスター:『プランB 4.0――人類文明を救うために』，株式会社ワールドウォッチジャパン　2010年版。
［38］牧葉子:『川崎环境整体情况（ごみリサイクル行政，水污染対象）』，牧葉子川崎環境技術情報センター所長，2011年2月4日10時。
［39］三菱総合研究所編著:『世紀型新産業』，田中将介監修，東洋経済新報社，2010年3月9日。
［40］柳内久俊:シリーズ「コンパクトシティの都市像と創造」第1回『「コンパクトシティ」の導入と都市政策』，財団法人日本経済研究所調査局2011年版。
［41］柳内久俊:シリーズ「コンパクトシティの都市像と創造」第2回『「コンパクトシティ」の創造～金沢市、富山市の挑戦～』，財団法人日本経済研究所調査局2011年版。
［42］柳内久俊:シリーズ「コンパクトシティの都市像と創造」第3回『地方中核都市のサスティナビリティ』，財団法人日本経済研究所調査局2011年版。
［43］『MACC川崎火力発電所　東京電力株式会社川崎火力発電所』，2009年11月期。
［44］『東京電力グループサステナビリティレポート』，2010年3月期。
［45］『川崎市　第七回アジア・太平洋エコビジネスフォーラム』，2011年2月14日、15日及び『川崎国際環境技術展』資料，2011年2月16日、17日。

中文文献:

［46］桥本道夫著，冯叶译:《日本环保行政亲历记》，中信出版社2007年版。
［47］驻华日本国大使馆编:《福岛第一核电站核事故》，驻华日本国大使馆2011年4月。
［48］旭硝子财团著，孟健军译:《谁惹了地球？——人类生存的困境和出路》，中共中央党校出版社2011年版。